بسم الـله الرحمن الرحيم

<u>إهداء</u>

إلى

زوجتى وأبنائى حبا وإعزازا .

المؤلف

التحليل الطيفى باستخدام الأشعة تحت الحمراء

الأستاذ الدكتور

عبد العليم سليمان أبو المجد

أستاذ الكيمياء الفيزيائية

جامعة الأزهر

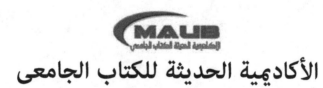

MAUB

الأكاديمية الحديثة للكتاب الجامعى

الكتاب: التحليل الطيفى باستخدام الأشعة تحت الحمراء

المؤلف: الأستاذ الدكتور عبد العليم سليمان أبو المجد

مراجعة لغوية: قسم النشر بالدار

رقم الطبعة: الأولى

تاريخ الإصدار: ٢٠١١ م

حقوق الطبع: محفوظة للناشر

الناشر: الأكاديمية الحديثة للكتاب الجامعى

العنوان: ٨٢ شارع وادى النيل المهندسين ، القاهرة ، مصر

تلفاكس: ٥٦١ ٣٠٣٤ (٠٠٢٠٢)   ٠١٢/١٧٣٤٥٩٣

البريد الإليكترونى: J_hindi@hotmail.com

رقم الإيداع: ٢٢٦٩٦ / ٢٠١٠

الترقيم الدولى: 3 - 55 - 6149 - 977

تحذير :

المقدمة

الحمد لله رب العالمين وصلاة وسلاما علي خير الخلق أجمعين، وبعد فإن اهتمامي في هذا العمل هو تأهيل طالب الكيمياء للتحصيل مع الخلفيات الأساسية الأولية بجزء ولو بسيط لاستخدام جهاز طيف الأشعة تحت الحمراء في العمل اليومي المعملي ومعرفة استنباط إيجاد الدوال ومعرفتها في المركب المحضر. ومع الخبرة التدريسية في مجال الكيمياء جعلتني أتقدم بهذا الكتاب بغيه المشاركة العلمية للترجمة إلي اللغة العربية تسهيلا وتيسيرا لطلاب الكيمياء والسنوات التدريسية وللدراسات العليا.

وهذا الكتاب يتيح الفرصة ليس فقط لقسم الكيمياء، ولكن لقسم الكيمياء الحيوية والتحليلية وغير العضوية والعضوية وقسم النبات والحيوان والفيزياء والهندسة والطب والصيدلة والأسنان والزراعة، وهناك العديد وحتى في مصانع الأدوية، والتعدين والكثير والكثير من المجالات العلمية. كل هذه الأقسام تحتاج بشدة معرفة وتحليل المركبات التخليقية المحضرة معمليا.

كما أن هذا الكتاب يضم بين دفتيه عشرة أبواب كلها تدور حول معرفة المركبات المختلفة والدوال الوظيفية في المركب. وبعض المركبات غير العضوية ومن تلك المجاميع المرادة مجموعات الهيدروكسيل، الاستر، الكينونات، الالدهيدات، الأمينات والايميثات والآمين بأقسامها، الكحولات بأقسامها، الكبريت. وكل تلك المجاميع بما فيها الأليفاتية والعطرية، ولا يفوتنا الروابط سواء الأحادية والثنائية والثلاثية، السيانيد، الايزوسيانيد. المركبات الحلقية العطرية وغير المتجانسة. كل هذه المركبات فقط للحصر. ولكن يحتوي الكتاب أيضا علي الجداول للطول الموجي والعدد الموجي لكل مجموعة سواء مما ذكر مسبقا.

وكذلك الألكانات والأوليفينات وغيره وغيره من المركبات المحضرة.

كذلك لا يفوتنا في هذا الكتاب أنه يضم خمسين مسألة تحتاج للحل بجميع الأشكال الخاصة بها لتلك المركبات غير المعلومة، كذلك ربما يحتاج الأمر إلى بعض إضافة الصيغ البنائية أو التفاعلات لنواتج مجهولة. كل تلك المركبات إضافة إلى ذاكرة القارئ.

أضف إلى هذا النوع أيضا يوجد ثلاثين مركبا بنماذج مختلفة محلولة بالأشكال كنوع من زيادة الإدراك للمركبات المختلفة وبجماعيها والدوال الوظيفية الدالة لها.

ويضم هذا الكتاب هدفين مهمين أحدها العلاقة بين الطول الموجي والعدد الموجي علي صورة جداول للإتاحة للقارئ الصورة المقابلة للطول الموجي من علي الجهاز وكيفيه الاشتقاق.

كما أن القارئ يري أيضا إيجاد طريقة حسابية لإيجاد قيمة التردد للأربطة المختلفة بناءا علي حسابات بسيطة استخدام قانون هوك في الباب الثاني. حتى يلم القارئ بالمعلومة وبالسرعة التي يريدها.

أخيرا. أدعو الله سبحانه أن أكون قد أهديت إلي المكتبة العربية هذا الكتاب بهدف المشاركة الفاعلة للتيسير إلي طلابنا الأعزاء لكي ينهلوا من المعرفة والعلم.

و الله ولي ذلك والقادر عليه
وهو ولي التوفيق ،،،

المؤلف

قياس شدة الضوء النسبية بالأشعة تحت الحمراء

The Infrared spectrophotometer

أصبح التحليل الطيفي باستخدام الأشعة تحت الحمراء وسيلة من احدي الوسائل لتعيين ماهية التركيب للمركبات العضوية وتطبيقات هذا العلم علي الأنظمة العضوية في منطقتي التحاليل النوعية (الكيفي) أو التقديري (الكمي). والتحليل الأول اتخذ اعلي تطبيقا إلي حد بعيد عن هذا المجال في الكيمياء العضوية. كما أن معظم الباحثين عموما استخدموا هذه الطريقة المحددة لفحص المواد غير المعلومة التركيب أما وتلك المادة في حالة خام أو في حالة نقيه، وللمجموعات الدالة (أو الوظيفية)، أو تركيبات أخري.

وتأخذ أجهزة أشعة تحت الحمراء في وقتنا الحالي فائدة عالية في الكيمياء، وهي تعتبر اقل تكلفة في معظم المعامل لإجراء التحاليل وهي للكيميائي جزء هام في عمليات الفحص في معامله اليومية.

والتطبيقات المحتملة للأشعة تحت الحمراء غير محدودة والكيميائي يود أن يصل للهدف بأقل زمن والي المعطيات والبيانات المطلوبة، ويكون علي يقين بالبيانات من تقنيه مناسبة، وعلي يقين أيضا بعده حقائق لمعالجة الأمور بالتفصيل.

ويستخدم الكيميائي العضوي علي العموم الأشعة تحت الحمراء لتقدير المجموعات الموجودة الدالة في مخاليط التفاعل.

مثال: استره حمض فينيل اسيتيك مع الكحول (بطريقة معملية بسيطة قياسية وذلك بأخذ كمية من الحمض في وجود كمية كبيرة من الكحول في حمام مائي في وجود كمية ضئيلة من حمض معدني) عند درجة غليان الكحول (ايثانول)، وفي هذه الحالة وبإجراء الفحص باستخدام الأشعة تحت الحمراء لوحظ وجود حزمه ضوئية مبينه فقط للاستر المتكون وأما المواد الخام فهي غير موجودة. وبعد إجراء الفحص والشرح نجد أن المنتج النهائي هو ايثيل فينيل اسيتات (استر). ويمكن اخذ الشكل التالي (١: ١) لعملية تحلل ثلاثي ميثيل اسيتو نتريل لمعرفة المواد الابتدائية والناتج الخام للأشكال (A, B)

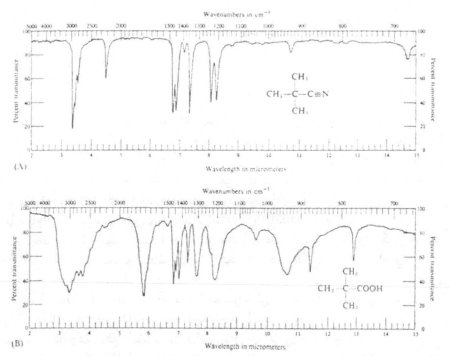

Fig. 1.1 Typical spectral data obtained in the routine examination of the course of an organic reaction. (A) The spectrum of trimethylacetonitrile (pivalonitrile), the starting material before attempted hydrolysis. (B) The spectrum of trimethylacetic acid (pivalic acid), the reaction product obtained after the treatment of trimethyl-acetonitrile (A) with hot mineral acid.

يلاحظ للمادة (A) في الشكل ١: ١ أن طيف ثلاثي ميثيل اسيتو نتريل وطيف (B) وبين ناتج التحلل للاستر. وكذلك تبين للكيميائي وجود وعدم وجود المجموعة الدالة

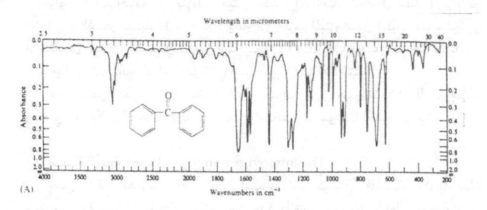

(A)

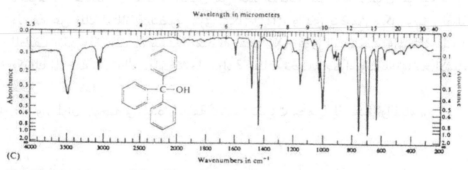

(C)

Fig. 1.2 Typical spectral data obtained in the routine examination of organic reactions. (A) The spectrum of benzophenone. (B) The spectrum of methyl benzoate. (C) The spectrum of triphenylcarbinol. (Courtesy of Sadtler Research Laboratories, Inc.)

والشكل (٢: ١) يكون أكثر فائدة لطيف الأشعة تحت الحمراء للتقييم السريع لنواتج تفاعلات كل المجموعات الفعالة (الوظيفية) ومماثلة الناتج الموجود الجائز من حيث إما بنزوفينون (طيف A) أو ميثيل بنزوات (طيف B) عندما يتم معالجته مع كمية فائضة من بروميد فينيل مغنسيوم وفي وجود ايثير جاف ليعطي ناتج عال لمركب ثلاثي فينيل كربينول (طيف C) الذي يتم الحصول عليه بعد فصل ناتج التفاعل الخام.

والحقيقة هي أن كلا التفاعلين يعطيا نفس الحاصل المبين من الفحص للمركب (A) وحتى (C).

ولو حدثت إضافة إلي بنزوات ميثيل طيف (A) يتم الحصول عليه من الناتج المتوقع، وبالفحص للطيف (C) فانه لا يشير لأي حزمه للبنزوفينون (طيف A) مشيرا إلي أن التفاعل الوسطي المنتج في تكوين البنزفينون، هو الأكثر نشاطيه عن بنزوات ميثيل.

وبالتالي فان ناتج التفاعل هو ثلاثي فينيل كربينول في كلا التفاعلين.

هذه بعض الاقتراحات في تلك التقنية للكشف عن المجموعات الفعالة الموجودة، وبمعني أخر يكون الكشف عنها غير ممكن باستخدام مجموعات اختبار كيميائية.

منطقة الأشعة تحت الحمراء The infrared region

يعتبر طيف الكهربية المغناطيسية المساعد لكل كيميائي. فالمنطقة الأولية تدلنا لمعلومات مفادها أن المنطقة تتكون من عدة طاقات متوهجه لأطوال موجية عالية طفيفة عن تلك المتلازمة للضوء المرئي شكل (١:٣)، والذي يتضمن شكل وثيق الصلة للطيف الكهرومغناطيسي، مشتملا منطقة أشعة (X)، فوق البنفسجية والمنطقة المرئية وكذلك المنطقة تحت الحمراء وتشمل دراسة الطاقة تحت الحمراء وتفاعلاتها مع الأشياء مجال واسع جدا .

والأطوال الموجية في هذه المنطقة تتطلب تقنيات معملية للتطبيق والقياس.

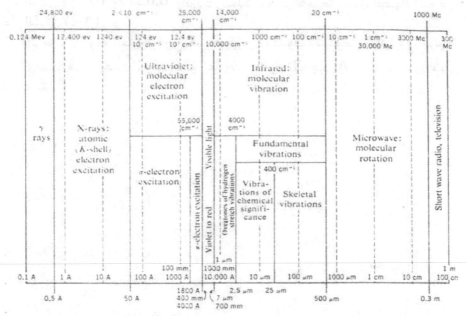

Fig. 1.3 The electromagnetic spectrum.

فوحدة الطول المـوجي (λ) المبينـة في الشكل (١: ٣) بالانجسـتروم A والميكروميتر (μm). والتعريف للطول الموجه هو بالميكروميتر، الذي يمكـن أخـذه في وحـدة المسـافة مثل سنتيمتر أو الانجستروم حيث واحد طول موجي هو المسـافة بـين عقـدتين للموجـه وان واحد ميكروميتر (μm) مساويا 10^{-4} سـم أو 10.000 انجستروم (A) بالنسـبة لكـل الأطوال الموجية، ووحدة التردد (ν) التردد- الدورة الموجيه لكل ثانية، ويمكـن استخدامها أيضا لتمييز الإشعاع. والسرعة هي سرعة الضوء C وتساوي $3 \times 10^{10} \, Cm/Sec$، تتخذ لكل الأطوال الوجيه، والتردد يتغير انعكاسيا مع الطول الموجي

$$\nu = \frac{C}{\lambda}$$

ويجب أن نلاحـظ للحالـة الملائمـة لتلـك الوحـدات وعلاقتهـا بـالعرض الطيفـي، أن الأطوال الموجيه الطويلة تمتلك تـرددات قليلـة. وعمليـا يسـتخدم العـدد المـوجي (عـدد الموجات لكل سنتيمتر) أكثر من التردد الفعلي، وكلاهما يعتمد علي الطاقة (التردد وعـدد الموجه) (E) طبقا

لأساس معادلة بلانك وهي $E=hc/\lambda , E=h\nu$ ، حيث h ثابت بلانك 6.6239×10^{-27} $erg.Sec^{-1}$ والتردد والعدد الموجي هما متعلقان للطول الموجي انظر الشكل (٤-١)

والوحدة المألوفة للعدد الموجي هي معكوس (مقلوب) سنتيمتر Cm^{-1} وفي جزئية تلك الوحدة فان العدد الموجي هو مقلوب الطول الموجي (λ)، عندما نعبر عنها بالسنتيمتر.

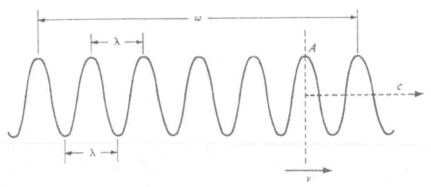

Fig. 1.4 The relationship of wavenumber and frequency to wavelength where: λ = wavelength; ν = number of waves passing point A per second; ω = number of waves per centimeter (wavenumber); c = velocity of light.

والتذييلة (١) تبين العدد الموجي والطول الموجي مبتدءا من (٢) وحتى 20 μm ($5000\ to\ 500\,Cm^{-2}$) ويمكن اخذ العدد الموجي كوحدات للطاقة إذا أن كل $1Cm^{1}$ يقابله 1.9855×10^{-16} $erg.molec^{-1}$ أو 11.959×10^{7} $ergmol^{1}$ أو تحول لطاقة مقدارها :

$$2.858\ call/mole10^{-16}\ erg.mole$$

$$\lambda=\frac{C}{v^{1}} \qquad w=\frac{v}{c}=\frac{1}{A}$$

وبناءا علي أساس التقنية المعملية والتطبيق، فكل منطقة تحت الحمراء يمكن تقسيمها انظر الجدول (١-١)

Table 1.1.   Common Subdivisions of the Infrared Region

Region	Frequency Range (cm⁻¹)	Wavelength Range (μm)
Near-infrared (overtone)	13,300–4000	0.75–2.5
Fundamental rotation-vibration	4,000–400	2.5–25
Far-infrared (skeletal vibration)	400–20	25–500

وتعالج المنطقة ما بين $5000\ to\ 400\ Cm^{-1}$ كل المناطق الثلاث (2to 25μm) بالتفصيل الشامل. ومن هنا نجد دراسة متأنية جيدة انظر الشكل (٥-١) الـذي يـبين عقدتين لعرض طيف في جزئية الطول الموجي أو تدرج الـتردد المسـتخدم كإحداثي لخـط سيني

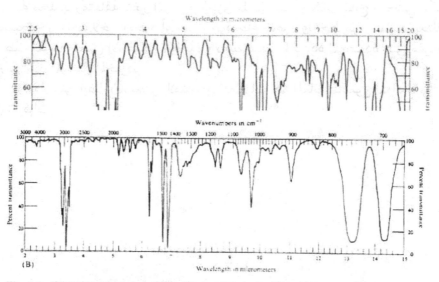

Fig. 1.5   Typical presentation of spectral data in terms of linear wavenumber scale and linear wavelength scale. (The spectrum is of polystyrene, and the reader should note the differences in appearance of the bands caused by each form of presentation.) (A) Linear in wavenumber measured in cm⁻¹. (B) Linear in wavelength measured in microns.

قبل الدخول في الاعتبارات النظرية لطيف الأشعة تحت الحمراء، من الأفضل أن نصف أمورا بسيطة كلما أمكن وهي عن كيفيه حدوث الطيف وما هي العوامل الأساسية العامة لطيف الأشعة تحت الحمراء المؤدية إلي معلومية التركيب.

ومن المعلوم انه كلما ارتفعت درجة حرارة المادة فإنها تبدأ في تشعيع أشعة لها طاقة، وكمية الإشعاع المنبعث من المادة يعطي منحني كدالة للطول الموجي أو التردد معتمدا علي كمية الحرارة الممتصة بواسطة المادة وعلي إشعاعها.

فلو إننا رسمنا عملية الإشعاع المنبعث (التوهج) مقابل الطول الموجي، انظر الشكل (٦-١) كخطوط متقطعة تم الحصول عليها. فلو أخذنا أبخره الأسيتون إلي طريق الإشعاع، فالمنحني يظهر وكأنه خط واضح ثقيل مبينا تغير متخلف الصفات. لاحظ حزم الإشعاع التى تم إزاحتها من طيف انبعاث المواد الساخنة والاستنتاج هو أن الأسيتون امتص طاقة محددة من الإشعاع المعرض، بالأحرى ذات ترددات خاصة أو أطوال موجية خاصة.

وباستبدال مواد مختلفة عضوية في الإشعاع، فمن الممكن يلاحظ وجود أطوال موجية محددة ومتعلقة بتغير المركز أو الجزئ الماص هنا، ويكون ناتج المنحني يمكن توضيحه من واحد لآخر، بوجود أو عدم وجود حزم خاصة، ونلاحظ مواد عديدة مختلفة أعطت تقريبا منحني الامتصاص الواحد، والامتصاصات المحددة الموجودة هي مقياس لتركيز تلك المواد في المخلوط .

وهذا يعني أيضا أن منحني الامتصاص للمركبات هو المقابل لمجموع المواد المستقلة في المركبات.

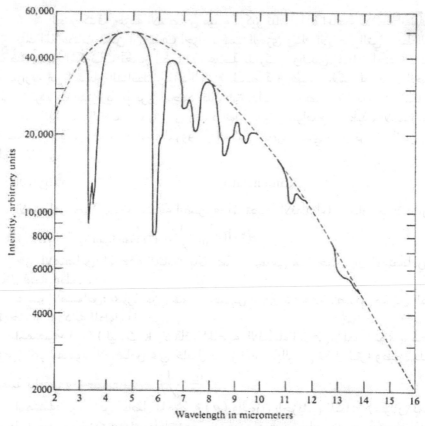

Fig. 1.6 Diagrammatic illustration of emitted infrared radiation as a function of wavelength and sample absorption. Solid line; the absorption of infrared energy by acetone: Dashed line; the infrared energy emitted by the source at elevated temperature.

هذه الحقائق توضح أساس منطقي، وهو أن الكيميائي اعتمد علي استخدام طيف الأشعة تحت الحمراء في تعيين بيانات التركيب، وباختصار:

١-   تكتسب المواد العضوية ترددات لمجموعات خاصة في المنطقة تحت الحمراء.

٢-   طيف الامتصاص لأي مادة عموما ما هو إلا يعتبر مميز خاص لتلك المادة فقط.

٣-   طيف الامتصاص لمخاليط يعتبر إضافة ضوئية overtone بمعني مجموع الطيف المتجزأ لتلك المكونات.

٤- تعتبر كثافة حزمة الامتصاص مبينه لتركيز تلك المادة الماصة للأشعة الساقطة.

تلك الملاحظات يمكن أن نصف أجزاء تركيب الجزئ وتلك الأربطة التي تربط الجزئ يبعضه وكتل المكونات تعتبر أيضا لها علاقة للمركب والذي يقابله احد الترددات الاهتزازية من الشعاع الساقط، وهذه الحزم الممتصة في طيف الأشعة تحت الحمراء يقابلها ترددات اهتزازية للجزئ المحدد. تلك الترددات الملاحظة إنما تعتمد أيضا علي العلاقات الداخلية الخاصة للذرات في وحدة الجزئ. ومن الواضح أن طيف الأشعة تحت الحمراء، عبارة عن قياس مباشر للفروق في التركيب الجزئي الذي يعين تركيب الجزئ من المواد الاخري.

التعاريف Nomenclature

<u>الامتصاص A:</u> (ليست الكثافة الضوئية، الممتصة، الانطفاء) لوغاريتم الأساس ١٠ لمقلوب النفاذية (Transmittance) $A=\log_{10} 1/T$

حزم الامتصاص: المنطقة الخاصة بالامتصاص الطيفي من حيث أن الامتصاص يمر خلال قيمة عظمي.

طيف الامتصاص: عبارة عن رسم الامتصاص أو أي دالة للامتصاص مقابل الطول الموجي أو أي دالة للطول الموجي

الممتصية: (a) (ليست k ولا قائمة الماصية، الانطفاء النوعي، المص النوعي، معامل المص)، هو مقسوم الامتصاص علي حاصل تركيز المواد (بالجرام لكل لتر) وطول طريق العينة بالسم، ويؤخذ القانون $A= A/bc$

الممتصة: عبارة عن حاصل الممتصة (a) والوزن الجزيئي للمادة (مولار) تحليل الطول الموجي، التردد: هو أي طول موجي أو تردد عند أي قياس ممتص موجود لفحص تعيين مكونات العينة.

الانجستروم: (A) (ليس A°) وحدة طول مساوية للمقدار واحد علي المقدار (6438,4696) للطول الموجي أو الخط الأحمر لعنصر Cd وللأغراض المعملية، ليعتبر مساويا للمقدار $10^{-8}\ cm$

الخلفية القياسية: عبارة عن الامتصاص الحاصل بواسطة شئ قياسي ومعلوم غير تلك المادة الواقعة تحت الاختبار والتي بها تتم المقارنة

خط الأساسي (خط القاعدة): عبارة عن خط مرسوم لشدة سقوط الإشعاع علي العينة عند أي تردد أو طول موجي .

قانون بيير (ويعرف بقانون بيير - لامبرت) هو يتناسب الامتصاص العينة المتجانسة المتضمنة مواد الامتصاص ويتناسب تناسبا طرديا لتركيز المادة الماصة .

التركيز: (C) كمية المادة في كمية وحدة العينة ويعبر عنها بالجرام أو بالمول لكل لتر .

التردد: عدد الدورات لكل ثانية أو لكل وحدة زمنية .

الأشعة تحت الحمراء: هي المنطقة لطيف الكهرومغناطيسي الواقعة في المدى ما بين 0.75 to 300 um .

المتر المصغر (um) وحدة طول = 10^{-6} متر وليست ميكرون .

النانو متر (n.m) وحدة طول مساوية لالف ميكرون متر (ليست مليميكرون mu) وغالبا ليست مساوية 10 انجستروم بالضبط .

الطاقة الإشعاعية (المتوهجة) عبارة عن طاقة متنقلة كموجات كهرومغناطيسية .

طول طريق العينة (b) ليست (L)أو (d) طول العينة في الخلي أو المسافة ما بين جداري الخلية من الدخل .

موضع الطيف: عبارة عن الطول الموجي المؤثر أو العدد الموجي أو الشعاع الأساسي الأحادي للطاقة الإشعاعية .

مرسمه الطيف (Spectrograph) أداه متضمنة فتحات (شقوق طولية) بأداة تشتت بواحد أو أكثر،والتي نقيس عندها أطول موجيه معينه أو ترددات خلال مدي الطيف أو بواسطة المسح علي المدى والكمية المبينة عبارة عن وظيفة أو دالة لقوة الإشعاع .

مقياس الطيف: هو فرع للعلوم الفيزيائية يعالج قياسات الطيف أداه قياس شدة الطيف: مقياس الطيف يلحقه أجهزة، تردد الوظيفة النسبية لقوة الإشعاع

العينة القياسية: العينة ذات التركيبة المحددة كيميائيا وفيزيائيا وتتخذ كمرجع

النفاذية T. هي النسبة لقوة الإشعاع النافذ عن العينة إلي قوة الشعاع الساقط من المنبع علي العينة .

فوق البنفسجية: منطقة الطيف الكهرومغناطيسي- وهي تقريبا في المدى من 10 وحتى 380 nm هي جزئية بدون ادني كفاءة وعادة تشير للمنطقة 380 nm -200 .

المرئية: تناسب طاقة الإشعاع في الطيف الكهرومغناطيسي- للمدى المرئي للنظر العادي وهي تقريبا في المدى (380 70 789 nm) .

الطول الموجي: المسافة المقاسه علي طول خط التوالد بين نقطتين في الفراغ علي مماس المماس ووحداتها A، nm، um .

العدد الموجي: عدد الموجات لكل وحدة طول ووحداتها عبارة عم مقلوب سم (cm^{-1}) وفي تلك الجزئية لتلك الوحدة هي مقلوب الطول الموجي بينما الأخير بالسم في الفراغ .

Suggested Reading

1- R.P. Bauman, Absorption spectroscopy. Wiley, New York, 1962.

2- W.J.Potts, Jr., Chemical infrared spectroscopy, Vol. 1, Techniques. Wiley, New York, 1963.

3- R.N. Jones and C.Sandorfy in Technique of Organic Chimistry, Vol. IX, Chemical Applications of Spectroscopy. Ed. W. West. Interscience, New York, 1956

4- R.C. Gore and E.S. Waight indetermination of Organic structures by physical methods, eds. E. A. Braude and F.C.Nachod,Academic, New York, 1955

****

الباب الثاني
الاعتبارات النظرية
Theoretical Considerations

يمكن تقسيم الطيف الجزيئي إلي ثلاث أقسام وهـم دورانيـة rotational، اهتزازيـة Vibration، والكترونية electronic وطيـف الـدوران نـاتج عـن امتصاصـات الفوتونـات بواسطة الجزيئات (وحدة كـم ضـوئي). مـع التحويـل التـام لطاقـة الفوتونـات إلي طاقـة لدوران الجزيّ. وطيف الاهتزاز يتم حدوثه عندما الامتصاص للطاقـة الإشـعاعية تحـدث تغيرات في الطاقة الاهتزازية للجزيّ.

والضوء (الفوتونات) يقابله انتقال بين مستويين لتلك الطاقـة إذا الطيـف الاهتـزازي عبارة عن طيف محدد وليس مستمر والفرق في الطيف الاهتزازي اكبر مئات المرات عـن الطاقة الدورانية. فمنه تلاحظ التغير في الطيف الدوراني وهو نسبيا صغير. وهـما يمتلكـا تأثيرا كبيرا لحزمة الاهتزاز- الدوران.

ويمكن للجزيّ امتصاص فوتونات بطاقة مساوية بالضبط للفرق بين مستويين لطاقـة الاهتزاز، وبالتالي الحصول علي طيف اهتزازي وبالتقريب، يمكن أن يكون الجـزيّ مشـابه للكرة والزنبرك.

حيث الكرة تمثل النواة والزنبرك يمثل الرابطة الكيميائية وهذا النظام يكون الاهتـزاز تبعا لاتسـاع حـدود المتراكـب، وطيـف الامتصـاص الملائـم للمركـب هـو المتوقـع لمعظـم المركبات، وهذا بسبب أن الجزيّ الذي يحتوي لعدد (n) من الذرات يمتلـك(3n- 6) مـن الاهتـزازات – طبيعـي. (3n-5) لجزيئـات خطيـة. فـالتردد الأسـاسي المميـز هـو لكـل الاهتزازات العادية.

وتأتي الكمية (3n- 6) من المثال التالي، لكي نصف وصفا تاما سريـان أو حركـة النـواة للجزيّ، يجب وجود ثلاث محاور لكـل نـواه x, y. z – كارتيزيـان إذا بالنسـبة لجـزيّ لـه عدد (n) من الذرات يتطلب ٣/٧ من المحاور وهنا نقول أن الجزيّ يمتلك 3n درجة مـن الحرية، لاحظ هي كل درجات الاهتزاز وثلاثة من تلك الانتقالات للجزيّ

كوحدة متماسكة، وهذا ربما يصف تماما باستخدام المحاور الثلاث لمركز الكتلة.

وبالمثل دوران الجزىء غير الخطي يتصف تماما بثلاث محاور كمثال زاويتان تصفان التوجه للخط الثابت في الجزئي مع الإشارة إلي نظام الإحداث الثابت في الفراغ، والزاوية الثالثة تصف الدوران حول هذا الخط والمتبقي من درجات الحرية (3n- 6) يجب أن تصف حركة النواة النسبية مع بعضها وكأنه ثابت في الفراغ وهذا يعني أن المتبقي يصف التحرك الاهتزازي، وبالنسبة للجزئي الخطي توجد اهتزازات أساسية 2n-6 (واحد من أن مواضع الاتزان لكل الانوية جميعهم علي نفس الخط المستقيم) وهذا يؤدي حقيقة أن زاويتين فقط المطلوبان لوصف الدوران، وهذا يعود إلي أن الدوران حول محور الجزىء لا يأخذ أي شكل.

كما يجب توقع ملاحظة لهذا العدد من الحزم الضوئية في الطيف، فلربما يزداد العدد والتي لا تكون أساسية، اعني مجموعة لنغمات متحدة، نغمات متداخلة، تغمات إضافية مختلفة. فالنغمات المتحدة عبارة عن مجموعة لاثنين أو أكثر لترددات مختلفة مثل v_2, v_1 (بمعني اهتزاز لفوتون نشط من (١) إلي (٢) وباستمرار) والنغمات المتداخلة عبارة عن مضاعفة التردد القادم مثل (2v) - لأول تضاعف، 3v (لثاني تضاعف) .... الخ- والنغمة الفرق عبارة عن الفرق بين ترددين مثل v1 إلي v2 والجزىء في هذا الحالة من حالات الاهتزاز ويمتص طاقة إشعاع إضافية كافية (v_2) ليرتفع لحالة أخري اهتزازية لدرجات الإثارة (v_1)

كما أن بعض الترددات الاهتزازية ممنوعة في طيف الأشعة تحت الحمراء وذلك بواسطة قواعد الانتقاء (الاختيار). هذه القواعد الاختيارية غالبا ما تكون محسورة لجزيئات شديدة التماثلية والمتطلبات العامة لنشاطية الأشعة تحت الحمراء للاهتزاز هو أن الاهتزاز يجب أن يحدث

تغير دوري في العزم الكهربي. وان لم يتم مثل هذا التغير فان الاهتزاز يعتبر ممنوعـا في الأشعة تحت الحمراء وبالطبع مازال الجزيء يستطيع حمـل الاهتزاز للخـارج ولكنـه غير نشط بناءا علي امتصاص الأشعة تحت الحمراء وبالتـالي لا يظهـر الجـزيء في منطقـة الأشعة تحت الحمراء.

وتشرح عملية قاعدة الاختيار، فلنأخذ جزيء متماثل المركز (تشبه نقطة علي الخـط المستقيم المرسوم من موضع الاتزان) لأي ذرة للجزيء لتلك النقطة، ثـم بعـد ذلـك تمـد لمسافة متساوية وراء ذلك، لتقابل موضع الاتزان للـذرة المماثلـة ايثيلين، ثـاني أكسـيد الكربون، البنزين، ١، ٢ ثنائي برومو ايثلين وكلهـم لهـم مراكـز مماثلـة. كـما هـو مبـين في الشكل (1، 2) فمثلا مركب 1، 2 ثنائي برومو ايثلين، حيث تشير الحلقات مواضع الاتـزان الذرات من خلال احد الأسطح لكل اهتزاز، وخـلال السـطح الأخـرى فـإن الإزاحـة تعتـبر مخالفة له في الاتجاه.

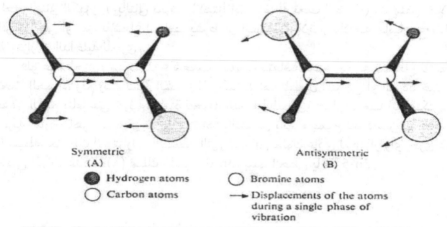

Symmetric
(A)

Antisymmetric
(B)

⬤ Hydrogen atoms ◯ Bromine atoms

◯ Carbon atoms → Displacements of the atoms during a single phase of vibration

Fig. 2.1   Symmetric and antisymmetric vibrations of *trans*-1,2-dibromoethylene.

ودائما الاهتزازات الرئيسية أما أن تكون متماثلة أو لا متماثلة لمركـز التماثـل. وتلـك الاهتزازات المتماثلة لمركز التماثل هي واحدة لأي متجه ازاحـي لكـل ذرة أخـري. عنـدما تعكس عند مركز التماثل مطابقا مع المتجه لذرة المرآة المقابلة شـكل (1A.2). وبالنسـبة للاهتزاز غير

المتماثل كل متجه إزاحة عندما ينعكس سيكون عند مركز التماثل سالب لمتجه الإزاحة الكلية للذرة المرآة. هذا الاهتزاز المتماثل لمركز التماثل لا يستطيع أحداث تغير في العزم الكهربي، وحينئذ العزم الكهربي بصفر للتركيب المتزن، وسيظل ثابت وبقيمة عنصر خلال حركة الاهتزاز. من هنا الإزاحة بواسطة ذرة واحدة سيكون متوازن بواسطة إزاحة لتضاد شكل (1A, 2) مثل تلك الاهتزازات سوف يحدث تغير في العزم الكهربي، والعزم بصفر عند حالة الاتزان ولكن بالتأكيد ليست بصفر عند اهتزازات أخري شديدة ويكون مسموحا في الأشعة تحت الحمراء

فأي ذرة لأي جزيء تعتبر ثابتة التأرجح حول مواضع متزنة لها. والسعة لتلك الاهتزازات محصورة مابين (10^{-10} - 10^{-9}) سم وتردداتها عالية (10^{13}, 10^{14} cps) – دورة لكل ثانية. وتلك الترددات لها نفس الرتبة (الدرجة) لقيمة الأشعة تحت الحمراء. وبعض العلاقات المباشرة والمتوقعة موجودة بين حركة الذرات خلال الجزيئات وتأثيراتها علي الأشعة تحت الحمراء الساقطة عليها، وحقيقة، تلك الاهتزازات للجزئيات يصاحبها تغير للعزم الثنائي الكهربي (وبالتالي تعرف بالاهتزازات النشطة تحت الحمراء) قد يمتص خلال الرنين الكلي أو جزء للإشعاع الساقط بشرط أن الترددات للأخير ملازمة تماما مع تلك الاهتزازات الداخلية للجزيء.

فلو عينه لجزيء مفرد النوع شععت بسلسلة متعاقبة لحزم أحادية الشعاع لأشعة تحت الحمراء، وتم رسم نسبة الشعاع المار كدالة أما للطول الموجي أو التردد حينئذ يفسر الرسم بناءا علي جزئية مميزة للحركة الداخلية للجزيء. بالرغم مبدئيا نفتكر أن حركة الذرة ظاهريا صغيرة جدا وربما تراها بالتفصيل بأنها مجموع لعدد من الذبذبات البسيطة لكل تلك الاهتزازات البسيطة التى تشير إلي سلوك عادي للاهتزاز وأي جزئ غير خطي لذرات عددها (n) تمتلك النسبة (3n-6) بينما الخطي يأخذ 3n-5 .

فالاهتزاز الحركي الطبيعي يعرف علي انه اهتزاز حركي وان مركز الجزىء لا يتحرك وان جميع الذرات تحركها تردد علي السطح فيما عدا حالات التصادم الطاقي (بمعني اهتزاز لاثنين لها نفس الطاقة وفي هذه الحالة تعرف بالطاقة المتفسخة أو المتلاشية degenerate). وأي حركة طبيعية مستقلة عن الآخرين بحيث أي واحد لا تؤثر حركته علي الأخر، ومن هنا فمن الممكن لكي تحدث الاهتزازات باستمرار فان كل اهتزازه تعيد ترددها الخاص بها مرة أخري إلي حالتها الأولي.

ولنأخذ جزىء البنزين كنموذج C_6H_6 وهو مركب بأوزان بنسبة معدل 1 :12 لكل من الكربون والأيدروجين علي الترتيب هذه الأوزان ممسكة بشكل مناسب بواسطة زنبرك ونفترض الآن أن زنبرك الكربون- هيدروجين شد ببساطة بواسطة تحرك الست أزواج للأوزان إلي حد الهيدروجينات تحرك اثنا عشرة ضعفا بقدر ما من موضع الاتزان مثل الكربون ولو تركت الأوزان للتحرك للخلف فيكون التحرك علي طول رابطة الاتصال. هذا التحرك المشدود سيكون مشابه للنموذج (3n-6) لجزئ البنزين أو 30

وبقياس الترددات بالأشعة تحت الحمراء الممتصة، حيث إنها تعين تلك الترددات الميكانيكية لتلك الجزيئات.

الجزىء - كدوار متماسك Molecule as rigid rotator

أبسط نموذج للجزىء الدوار يمكن توضيحه باعتبار ذرتين - بكتل m_1 ,m_2 - مربوطتان عند مسافة r- ثابتة لحبل ثابت واحد الكتل يترك والآخر مربوط. وهذا الشكل بحيث أن المسافة لا تتغير بينهما آيا كانت عملية الدوران .

وفي عملية الدوران الكلاسيكية (التقليدية) تكون طاقة الدوران E للجسم يتم إيجادها من العلاقة -الجسم المربوط .

$$E = {}^1\!/_2\, I\omega^2 \qquad 2\text{-}1$$

حيث (ω) - السرعة الزاوية للدوران، I- عزم القصور الذاتي للنظام حول محور الدوران، كما أن السرعة الزاوية متعلقة بعدد الدورانات لكل ثانية (V_{rot}) إذا العلاقة المرتبطة بالتردد هي

$$\omega = 2\pi v_{rot} \qquad 2\text{-}2$$

ويتم إيجاد القصور الذاتي بالعلاقة $I = \sum m_i\ r_i^2$ والعزم الزاوي للنظام بالعلاقة $\omega P = I$

وتعتمد طاقة الدوران علي عزم القصور الذاتي، للنموذج المشدود الدوار إذا:

$$I = m_i r_1^2 + m_i r_2^2 \qquad 2\text{-}3$$

حيث :

$$r_1 = \frac{m_1}{m_1 + m_2} r_2 \quad \& \quad r_2 = \frac{m_2}{m_1 + m_2} r_1$$

r_2, r_1 هما المسافة للكتل من m_2, m_1 من مركز الثقل (r) = المسافة الكلية بين الكتلتين، وبالاستبدال

$$I = \frac{m_1 m_2}{m_1 + m_2} r^2 \qquad 2\text{-}4$$

وإذا أخذنا (u)- التي تعرف بالكتلة المختزلة، ومن هنا فإنه يمكن اتخاذ الدوران لكتلة مفردة حول نقطة عند مسافة ثابتة (r) من محور الدوران- ويعرف هذا النظام بالجسم الدوار البسيط .

وطبقا للديناميكا الكهربية التقليدية (الكلاسيكية) أي حركة تبادلية داخلية لجزئ تؤدي إلي إشعاع ضوئي فقط لو حدث تغير عزم زاوي ملازم. ويمكن أن يأتي هذا بواسطة نقاط دوران الكتلة الحاملة شحنه أو التي تلازم العزم الزاوي في الاتجاه العمودي لنقطة كتلة الدوران، ويطبق النظام الأخير لكل الجزيئات ثنائية الذرة تلك المراكز لشحنات موجبة أو سالبة منفصلين، وهذا يعني مثل تلك الجزيئات لهم عزم زاوي دائم حيث يقعا في محور متبادل بين الانوية، وخلال الدوران

حدوث تردد ν_{rot} لضوء ليخرج علي هيئة إشعاع وبالنسبة لجزئيات تحتوي ذرتين متشابهتين لا يوجد عزم كهربي ولا حدوث لخروج ضوء إشعاعي، هذا يعني فقط لو حدث عزم ثنائي كهربي دائم يحدث امتصاص لترددات أشعة تحت الحمراء وحدوث دوران للنظام وحدوث دوران أكثر. وتبعا للنظرية التقليدية فتكون عملية الامتصاص أو الانبعاث لطيف لدوران مستمر والتردد ν_{rot} – له أن يأخذ أي قيمة.

وتبعا لنظرية الكم: عملية الانبعاث للضوء الكمي يمكن أن تتم بناءا علي عملية الانتقال للدوران من مستوي اعلي إلي مستوي ادني، بينما الامتصاص للكم، يحدث انتقال من ادني إلي اعلي، ويكون عدد الكم الممتص أو المنبعث هو:

$$\nu = \frac{E'}{hc} - \frac{E''}{hc} \qquad 2\text{-}6$$

حيث E', E'' هما طاقتا الدوار سواء من اعلي إلي ادني أو العكس

المذبذب المتناسق **Harmonic Oscillator**

أبسط الفروض الممكنة حول شكل اهتزاز الجزيئات الثنائية الذرية هو أن كل ذرة تتحرك أما نحو أو تبعد عن الذرة الاخري في الحركة التناسقية البسيطة، وهذا يعني أن الإزاحة من موضع الاتزان تعتبر دالة جيب زاوية مع الزمن (sin)، وبسهولة يمكن اختزال حركة الذرتين لاهتزاز تناسقي (متآلف) لنقطة كتلة مفردة حول موضع الاتزان إلي نموذج لمذبذب تناسقي. وفي الميكانيكية الكلاسيكية (التقليدية): يعرف المذبذب التناسقي كتلة m ، بقوه F مؤثره تتناسب للمسافة x من موضع الاتزان وتوجه ناحية موضع الاتزان. والقوة = الكتلة × العجلة أي:

$$F = kx = m\frac{d^2x}{dt^2} \qquad 2\text{-}7$$

k- ثابت التناسب – أو ثابت القوه. والحل هو تفاضل المعادلة

$$\chi = \chi_o \, Sin\,(2\pi \nu_{osc}\ t + \phi) \qquad 2\text{- }8$$

كما يمكن تعيين تردد الاهتزاز ν_{osc} بالعلاقة

$$\nu_{osc} = \frac{1}{2\pi}\sqrt{\frac{k}{m}} \qquad 2\text{- }9$$

والسعة الاهتزازية x_o ، ϕ ثابت السطح يعتمد علي العوامل الابتدائية (الحالة الابتدائية)

وتعتبر القوة اشتقاق سالب الإشارة لطاقة الوضع V وتتبع لتلك F= kX للمذبذب المتناسق، ويوجد فرق :

$$\nu = \frac{1}{2}kX^2 = 2\pi^2 m\,\nu_{osc}\,X^2 \qquad 2\text{- }10$$

ويمكن تعيين أيضا المذبذب المتناسق كنظام الذي له طاقة وضع تتناسب مع مربع المسافة من موضع اتزانه

والقوة المختزلة المؤثرة بواسطة الذرتين علي بعضها البعض عندما كل منهما يتحركان من موضع الاتزان لها، وتتغير لتغير المسافة البينية بين الانوية. ولو فرضنا ضبط هذه العلاقة، بمعني ذرات الجزيء تؤدى اهتزازات متناسقة، عندما يتركا مسافة ازاحية من موضع الاتزان فبالنسبة لأول ذرة ذات كتلة (m_1) أي أن:

$$m_1 \frac{d^2}{d\tau^2} r_1 = -k(r - r_e) \qquad 2\text{- }11$$

وبالنسبة للذرة الثانية

$$m_2 \frac{d^2}{d\tau^2} r_2 = -k(r - r_e) \qquad 2\text{- }12$$

حيث r_2 , r_1 مسافة الذرتين من مركز الثقل، $-r$ المسافة بينهما، $-r_e$ مسافة الاتزان وبالاستبدال من المعادلة (٣-٢) سوف نحصل علي تجميع للمعادلتين علي النحو :

$$\left(\frac{m_2 m_1}{m_2 + m_1}\right)\frac{d^2 r}{dt^2} = -k(r - r_e) \qquad 2\text{- }13$$

وبإدخال الكتلة المختزلة U والاستبدال عن قيمة (r) ، تحت ظروف مختلفة بالعلاقة $(r-r_e)$، حيث r_e — ثابتة المسافة، إذا:

$$U\frac{d^2(r-r_e)}{dt^2}=-k(r-r_e) \qquad 2\text{-}14$$

ومن هنا نجد أن الاهتزازات للذرتين في الجزيء تم اختزالها إلي اهتزاز لنقطة كتلة مفرده بواسطة الكتلة المختزلة (U)، والسعة لها مساوية لتغير المسافة البينية في الجزيء، وترتبط المعادلة (9-2)بالمعادلة (14-2) ليعطيا المعادلة التقليدية للتردد الاهتزازي للجزئي للعلاقة (15-2):

$$\nu_{OSC}=\frac{1}{2\pi}\sqrt{\frac{k}{U}} \qquad 2\text{-}15$$

فلو أن الجزئي له عزم ثنائي القطبية في موضع الاتزان، ففي هذه الحالة فان الجزئي يحتوي لذرات مختلفة. هذا العزم الثنائي القطبي إذا معتمد علي المسافة الخطية البينية، وسيتغير العزم بتغير التردد للاهتزاز الحركي، وبناءا علي أساس الديناميكا الكهربية الكلاسيكية (التقليدية)، سيؤدي إلي انبعاث ضوئي لتردد ν_{osc}. وهذا يعني أن المذبذب سيظل ثابت الاهتزاز مع امتصاص ضوء بتردد ν_{osc} .

والنظرية الكمية، حيث الانبعاث للإشعاع سيؤدي إلي تغير المذبذب من مكان أعلي إلي ادني حالاته، وعندما يأخذ امتصاص لإشعاع ستكون عملية انعكاسية، ويكون العدد الموجي للضوء الممتص يأخذ العلاقة الآتية:

$$\nu=\frac{E(\nu')}{hc}-\frac{E(\nu'')}{hc}=G(\nu')-G(\nu'') \qquad 2\text{-}16$$

حيث أن كلا من ν'' , ν' - عدد الكم الاهتزازي للحالات الاعلي والادني، ولكي نعين الانتقالات الخاصة التي تحدث. لنأخذ عناصر المنشأ وهي R_x^{nm}, R_y^{nm} , للعزم القطبي. فالنسبة للمذبذب عناصره بصفر ما عدا عندما يكون العزم الثنائي القطبي دائم التغير عن

الصفر، ويكون v' , v'' مختلفا الوحدة. ومن هنا يمكن القول أن قاعدة الاختيار لعدد الكم الاهتزازي للمذبذب التناسقي هى :

$$\Delta v = v' - v'' = \pm 1 \qquad 2\text{-}17$$

حينئذ :

$$v = G(v+1)G(v) = \omega \qquad 2\text{-}18$$

وهذا يعني أن النظرية الكمية (وكأنها كلاسيكية) والتردد للضوء المشع مساويا التردد $v_{osc} = C_w$ للمذبذب. وبالنسبة لجزئ يتكون من ذرتين متماثلتين مثل Cl_2, O_2, N_2, H_2 ... هنا يكون العزم الثنائي القطبي بصفر، وبالتالي لا يحدث انتقال بين مستويات مختلفة الاهتزاز، ولا يحدث انبعاث لأشعة تحت الحمراء أو امتصاص، ولو الناتج النظري الموجود لطيف الدوار المتماسك (الصلد) والمذبذب المتناسق قورن مع طيف الامتصاص الملاحظ، سيتم وضع التفسيرات التالية:

١- طيف منطقة تحت الحمراء- البعيد. ستكون سلسلة متساوية ومتكافئة الخطوط تقريبا، ويكون طيف دوران، ويدور الجزىء حول محور عمود على خط واصل النواة بواسطة المركز للكتلة. ويأخذ شكل الجسم الدوار الصلد (المتماسك)، وينتقل ليعطي بين المستويات الدورانيه ارتفاعا للطيف.

٢- طيف منطقة تحت الحمراء القريبة، حيث يتكون أساسا لخط مفرد شديد الكثافة،ويكون طيف اهتزازي، والنواة تقريبا حاملة اهتزازات متآلفة على محور النواة البيني (الداخلي)

طبيعة الاهتزازات المتعامدة (العادية) Nature of normal vibrations

من الواضح يمتلك الجزىء العديد الذرات عده مستويات طاقة اهتزازية، وبالتالي تظهر الاهتزازات النشطة في التحليل الطيفي والترددات الاهتزازية للحزم الأساسية مساوية للاهتزازات المتعامدة التقليدية (الكلاسيكية) للجزئي للمقدار (3n-6)، وعمليا يعتبر الوضع معقد، حقيقة ليست كل الترددات نشطة لتحدث اهتزازات ويتم

شرح أو تفسير تلك الاهتزازات بناءا علي مرجعية لجزئ آخر معلوم ثلاثي التماثل YX2، انظر الشكل (2-2) بالمحاور x ,y ,q حيث x- المسافة النسبية من المحور التناسقي للذرة y مع الاحتفاظ لمركز الكتلة للذرة x , q- المسافة النسبية للذرتين x علي طول خط الاتصال (الرابط) بينهما. وبأخذ المسافات Q_1, Q_2, Q_3 في الاتجاهات كمحاور ثلاثية حيث (3n-6) تصبح الآن مساوية ٣:

$$Q_1 = a_1y = b_1q,\ q_2 = q_2y - b_2q,\ Q_3 = CX$$

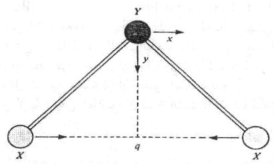

Fig. 2.2 The nature of the normal vibrations of a polyatomic molecule as illustrated by the symmetrical triangular molecule YX_2.

ويدل هذا علي أن أول اهتزازين عموديين لهما الاهتزاز ν_1، ν_2 ولا توجد إزاحة للذرة Y في اتجاه (X) وعلي أي حال توجد إزاحات q, y ولكن اهتزاز واحد عمودي، وتكون الإزاحة (q) في الاتجاه المعاكس الأخر، والاهتزاز الثالث العمودي للتردد ν_3 يميز بواسطة الإزاحة للذرة (Y) في الاتجاه (x) ولا يوجد ناتج لإزاحة في الاتجاه (q) وبالتالي تظل الذرة (x) عند مسافة ثابتة بعيدة عن تحركهم انظر الشكل (2-3) الذي يمثل تلك التحركات .

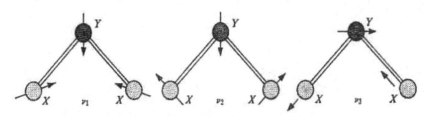

Fig. 2.3 Isolated vibrations of the YX_2 molecule.

ومجموع الحركات الاهتزازية مثلا للجـزئي SO_2 -(YX_2) معقـدة ومهـما يكـن لتلـك التعقيدات يمكن المعالجة كمكافئ لوضع يطابق أنواع التذبذبات الـثلاث انظـر الشـكل (2-3). وكل اهتزازه عمودية، تتحرك الانوية الثلاث علي السـطح في اتجـاه الأسـهم، علـي الرغم أن الثلاث سعات اهتزازية ربما تختلف للانوية الثلاثة.

طريقة المجال النهائي   Method of extreme field

يمكن تعيين الاهتزازات العمودية بتطبيـق طريقـة المجـال النهـائي وتعتمـد خاصـية الاهتزاز العام أساسا علي الصفة التامة للقوة العاملة (المؤثرة) بين تلك الانوية التي تعيـن طاقة الوضع للجزئي بواسطة فرض مجال نهائي للجزئي المتراكب. وتفسر الطريقة بناءا علي جزئ آخر ثلاثي متماثل كمرجع ولنفترض أن القـوه المـؤثرة بـين ذرتـين X اكبر مـن تلـك الموجودة بين الذرتين X, Y. ومن الواضـح أن نـوع الاهتـزازات الثلاثـة يمكـن وصـفهم في الشكل (2-4A).

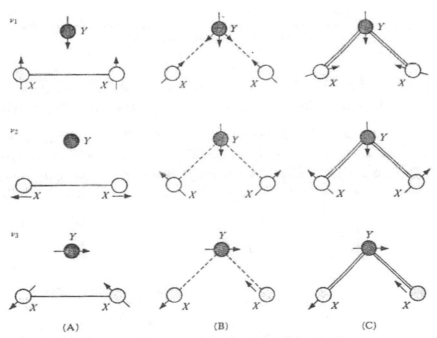

Fig. 2.4 Development of the normal vibrations of the YX_2 molecule; the extreme models.

في الحالة الأولى V_1 - يكون النظام كقضيب متماسك X_2، وتهتز الـذرة Y نسـبيا للذرتين X، الحالة الثانية V_2 - حيث الذرة Y- ثابتة والـذرتين X تهتـزان مـع الاحتفـاظ لبعد كل منهما عن الآخر، وفي الحالة الثالثة V_3 - المسافة بين الذرتين لقضيب متماسك ويحدث تأرجح حول مركز الثقل، بينما الذرة Y تهتز علي الناحية اليمين للمحور المتماثل وعلي سطح الجزيء.

والنوع الثاني. حيث الذرة Y مرتبطة مع كل من الذرة X، وحالة النظام واحد وكأنه مكون من XY انظر الشكل (2-4B) وفي هذه الحالة اهتزاز كل من X, Y تجاه بعضهما والحالة الثانية V_2 - تتأرجح XY حول مركز الثقل لهما والشـكل (2-4C) نجـد أن كـل ذرة تتذبـذب نسبيا للـذرة Y وكـان احـدهم يتذبـذب للآخر. والأخـر بعيـدا في تحركه والشكل (2-4C) يبين الحالات الوسطية بين الحالتين النهائيتين والناتج نجـده متماثـل مـع الاهتزازات العمودية انظر الشكل (2-3) .

تقسيم الاهتزازات العمودية (العادية)
Classification of normal vibrations

اقترحت عده طرق لتقسيم الأشكال وتتضمن احد تلك التقسـيمات للجزيئـات علـي اعتماد محور التماثل علي اتجاه تغير العزم الثنائي الكهربي للجـزيئ الـذي يـلازم الاهتـزاز، وهذه التقسيمات تعطي معلومات عن الـتردد هـل نشط أو غـير نشـط لاهتـزاز طيـف الأشعة تحت الحمراء للجزيء، وتغير العزم الثنائي القطبي إما في اتجاه مـواز أو عمـودي لمحور التماثل ؟

ولفرض تطابق الأنواع المختلفة للاهتزازات، فقد اقترح ميك Mecke الرمز V المستخدم، وشكل الاهتزازات المتوترة (الملتوية) بالرمز δ وهيئة الاهتزازات (3n- 6) لجزئ يحتوي عدد (n) من الذرات، (n-1) تكافؤ الاهتزازات (2n-5) هي الاهتزازات المشوهة (الملتوية) وتستلزم

الاهتزازات (ν) حركة في الاتجاه لرابطة التكافؤ، بينما الاهتزازات δ ترافق بحركة علي الزاوية اليمين لتلك الرابطة ويرمز للاهتزازات العمودية والمتوازية بالرموز π, σ علي التوالي ، $\nu (\pi) -$ اهتزاز مشدود متوازي $\delta (\sigma)$ اهتزاز مشوه عمودي، وبالإشارة للجزيء YX_2 فحركة الذرة X في الاهتزاز للتردد ν_1، ν_2 في اتجاه الرباط X-Y وتشير وكأنها اهتزازات تكافؤ- فالسابق يكون موازيا والأخير يكون عموديا $\nu(\sigma), \nu (\pi)$ علي الترتيب، ν_2 - الاهتزازية حيث الذرة X تهتز علي الجانب الأيمن للرابطة X-Y إذا يكون الشكل العام كما هو ملاحظ يتكون من يربط للجزئي ككل.

معطيه كشكل مشدود وفيما بعد يكون موازيا وربما يرمز بالرمز $\delta (\pi)$. لاحظ زوايا جزئ YX_2 والتي يمكن تجميعهم علي النحو:

رموز اصطلاحية	ν_1	ν_2	ν_3
رموز ميك	$\nu (\pi)$	$\delta (\pi)$	$\nu (\sigma)$

تقسيمات آخري قد تكون مناسبة للاهتزازات، وهي عندما يمتلك الجزيء مركز متماثل فلو أن الجزيء لا يغير أي صفة متماثلة للجزيء، فبالتالي هو اهتزاز متماثل، ولو الاهتزاز هو انحراف أو انعكاس للجزئ في أي سطح متماثل ونتج عنه تغير في الإشارة للإزاحة حينئذ يعرف بأنه لا متماثل، وفي بعض الأحيان الاهتزاز المتماثل مضاد التماثل بالاحتفاظ لعملية واحدة. وبالنسبة للاهتزاز التام التماثل، فلا يوجد تغير مع الاحتفاظ لكل عناصر تماثل النظام. ولو الجزيء كما ذكر سابقا له مركز تماثل فالعزم الثنائي القطبي بصفر والاهتزاز في هذه الحالة لا يحدث أي تغير في العزم الثنائي القطبي، ويكون غير نشط في طيف الأشعة تحت الحمراء.

والطرق المستخدمة لتقسيم الاهتزازات النظامية باستخدام نتائج نظرية المجموعات تعتبر قيمة وهامة للجزيئات المتراكبة نسبيا، ولنستخدم الرموز A, B لتمثيل الاهتزازات اللا متلاشية non degenerate ففي الشكل (A) المتماثل.

وهذا يعني أن إشارتهم لا تتغير بالدوران بالمقدار $2\pi/n$ حول المحور الأساسي n-طيه أو لفه (n- Fold) بينما في الشكل B لا متماثل لهذه العملية.

رموز عديدة تعطي القيمة للرمز (n) لكل حالة كمثال $A_1, A_2, B_1, B_2,\dots$etc منحلة الضعف تبين بواسطة الحرف (E). ثلاث أضعاف اهتزازات تبين بواسطة الحرف F منحله. ولو أن الجزىء متماثل المركز فالحروف u, g تستخدم كعلاقة رمزية لتبين أن الاهتزازات متماثلة ولا متماثلة علي التوالي مع الاحتفاظ للغير عند مركز التماثل، وفي بعض الأحيان تستخدم النخبة الأولي للاهتزاز المتماثل علي انحراف في السطح العمودي لمحور الأساس، والنخبة الثابتة الاهتزاز لعملية لا تماثليه.

والأشكال العادية الاهتزاز لبعض الجزيئات البسيطة كما هو واضح في الشكل (5-2) فالدوائر النقط تعني أن الحركة موحدة الخواص (بمعني أنها ليست في اتجاه واحد في سطح الدائرة) والنشاطية واللا نشاطية للصفات الخاصة للاهتزاز ملاحظة في كل حالة.

وأما الحروف d, p- تبين خطوط رامان الاستقطابيه واللا استقطابيه علي الترتيب

والسؤال ينشأ علي هذه النقطة الذي يتضمن الإمكانية للحسابات الرياضية للهيئة العادية للاهتزاز في المسألة.

والتركيب الصحيح للجزئي هو ذلك التردد المحسوب والذي يقابل تلك الظاهرة في التجربة المعملية لخطوط الطيف.

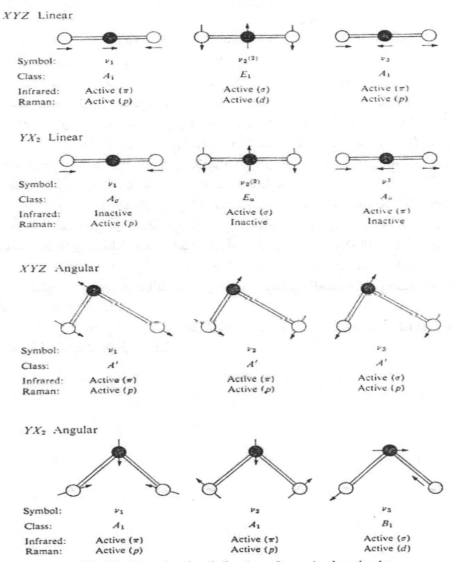

اهتزازت منحلة الضعف :

Fig. 2.5 Normal modes of vibrations of some simple molecules.

X_2Y_2 Linear

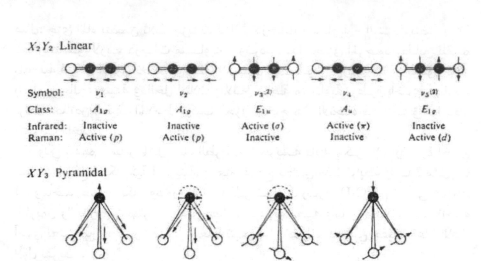

Symbol:	ν_1	ν_2	$\nu_3^{(2)}$	ν_4	$\nu_5^{(2)}$
Class:	A_{1g}	A_{1g}	E_{1u}	A_u	E_{1g}
Infrared:	Inactive	Inactive	Active (σ)	Active (π)	Inactive
Raman:	Active (p)	Active (p)	Inactive	Inactive	Active (d)

XY_3 Pyramidal

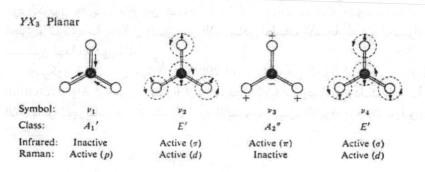

Symbol:	ν_1	$\nu_{2,4}$	$\nu_{3,5}$	ν_6
Class:	A_1	E	E	A_1
Infrared:	Active (π)	Active (σ)	Active (σ)	Active (π)
Raman:	Active (p)	Active (d)	Active (d)	Active (p)

YX_3 Planar

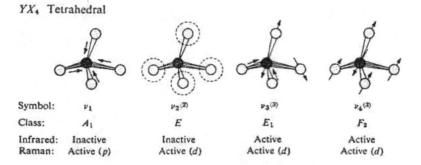

Symbol:	ν_1	ν_2	ν_3	ν_4
Class:	A_1'	E'	A_2''	E'
Infrared:	Inactive	Active (σ)	Active (π)	Active (σ)
Raman:	Active (p)	Active (d)	Inactive	Active (d)

YX_4 Tetrahedral

Symbol:	ν_1	$\nu_2^{(2)}$	$\nu_3^{(3)}$	$\nu_4^{(3)}$
Class:	A_1	E	E_1	F_2
Infrared:	Inactive	Inactive	Active	Active
Raman:	Active (p)	Active (d)	Active (d)	Active (d)

Fig. 2.5 (contd.).

مثال: جزئ الماء يتضمن ثلاث جزيئات لثلاث درجات متساوية - البنزين يتضمن ١٢ ذرة ومتناسق لأربع درجات متساوية - وتردد هذا الجزئي الموجود مطابق للقيم المعملية فلو أن الجزئي تحطم بواسطة الاستبدال كما هو في اورتو - كلوروفينول فانه يتطلب معالجة عنيفة في الحل لثلاث وثلاثين درجة متساوية. وطرق آخري مطلوبة لربط خصائص الطيف الملاحظ لتركيب الجزئي ونجاح هذا الاتجاه قد يتحقق بواسطة التقريب المعملي.

ولكي نتفهم الأساس لمثل تلك الطريقة التجريبية فانه يمكن الإشارة مرة آخري لمناقشة نموذج الميكانيكية الجزيئية. ولنعتبر نموذج يحتوي فقط لرابطة واحدة مثل C-H، ولنأخذ جزىء الكلوروفورم $ChCl_3$ فلو تم شد زنبركي C-H ثم تراخي فأوزان الكربون والأيدروجين تهتز بسرعة وبخصائص ترددية معينه وأما وزنه الكلور من ناحية آخري تعتبر كبيرة بالقدر الذي لا يجعلها تتبع هذا الاهتزاز، تلك هي حقيقة وعلي الأقل لأول تقريب .

والتردد الملاحظ ما هو ألا للرابطة C-H ولكتلتي تلك الذرتين، وعمليا هما مستقلين لاسترخاء الجزئي.

تؤدي تلك الملاحظات إلي المقدمة المنطقية وهو التصريح علي أن القوي الذرية بين ذرة الكربون وذرة الأيدروجين هما دالة لتلك الذرات فقط ووجود الرابطة C-H في الجزىء تؤدي علي الأقل اثنين من الامتصاص لطيف الأشعة تحت الحمراء، وهما مستقلين لهذا التصور المنطقي.

وسيكون الامتصاص حول $2900Cm^{-1}$ لعدد مائة من الجزيئات تحتوي (C-H) – stretching وأخري حول $1450Cm^{-1}$. ربما نجد تأكيدات إضافيه وذلك بدراسة طيف الامتصاص للجزيئات من الاستبدال لذره الأيدروجين بذره الديوتيريوم (اثنين) والمعالجة الرياضية

تبين أن تردد C-O يمكن إيجادها بالمعادلة $\nu_{C-H} = \sqrt{2}\,\nu_{C-D}$ وسيكون التردد عند المنطقة $2100\ Cm^{-1}$ لهذا الرباط .

Suggested Reading

1- R. P. Bauman, Absorption spectroscopy. Wiley, New York, 1962, Chaps. 4, 7, and 10.

2- W. J. Potts, Jr. Chemical infrared spectroscopy, Volume 1, Techniques. Wiley, New York, 1963, chaps. 2 and 8.

3- G. Herzberg, infrared and Raman spectra of polyatomic molecules. Van Nostrand, Princeton, new Jersey, 1945

4- A. J. Sonnessa, introduction to molecular spectroscopy, Reinhold, New York, 1966.

****

الباب الثالث
جهاز قياس الطيف النسبي
للأشعة تحت الحمراء
The infrared spectrophotometer

تحتوي الأدوات المستخدمة في الكشف لأشعة تحت الحمراء نفس الأساسيات الضوئية لتلك المستخدمة في أجهزة الطيف فوق البنفسجية والمرئية. عده وسائل خاصة موجودة في بيانات منطقة تحت الحمراء والمناقشة المختصرة لجهاز الأشعة تحت الحمراء سوف تسعد الكيميائي مع المبادئ الأساسية لتصميم الأدوات كما في معظم الأدوات الشائعة والمتاحة. فكما في الأشكال الاخري لأجهزة الطيف، فالأدوات المستخدمة في منطقة الأشعة تحت الحمراء- فالمكونات الميكانيكية والكهربية هي مصممة لتحويل تغيرات الطاقة الصغيرة جدا الناشئة عن امتصاص عينه إلي مسجل طيف.

الخصائص الضوئية (البصرية) لجهاز الطيف النموذجي :

Optical characteristics of the typical spectrophotometer

ثلاث مكونات رئيسية لكل أجهزة الطيف الحديثة وهي منبع للأشعة تحت الحمراء والتي تزود لضوء متوهج ساقط علي العينة تحت الدراسة، أحادي التشتت monochromatic الذي يشتت الطاقة إلي عدة ترددات بواسطة ثقوب متعاقبة، لتختار حزمة ضيقة التردد للفحص بواسطة المكشاف والمكون الأخير الذي يحول طاقة حزمة التردد إلي إشارة كهربية والتي تضخم بقدر كاف للتسجيل، هذا المكون التخطيطي كما في الشكل (1-3).

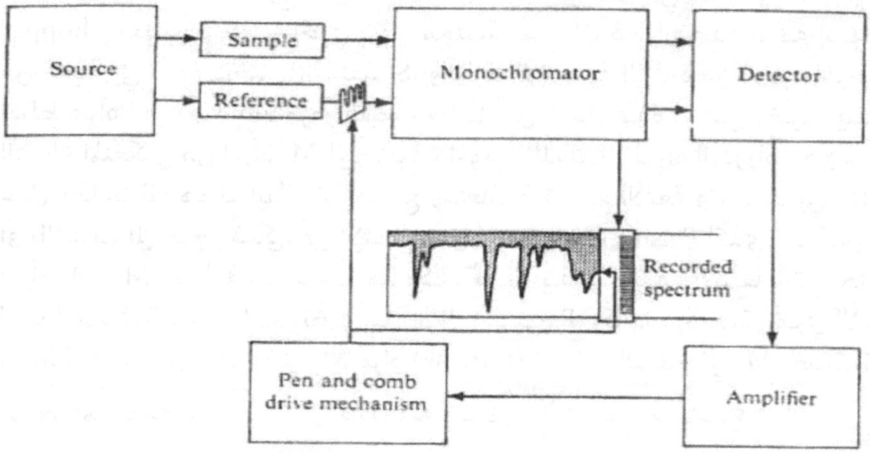

Fig. 3.1   Components of a typical double-beam infrared spectrophotometer. .

وطريق الشعاع والمكونات الأساسية لجهاز الطيف تحت الحمراء طريقة العمل ككل في الشكل (2-3)

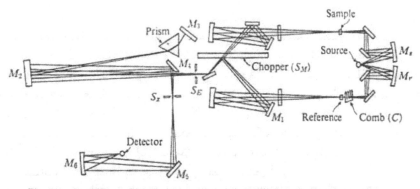

Fig. 3.2 Typical optical path of an optical null, double-beam infrared spectrophotometer. (Courtesy Beckman Instruments, Inc.)

الطريقة: تعكس المرايا M_s, M_r الأشعة تحت الحمراء للمنبع لتعطي شعاعين متماثلين يسلطان مباشرة علي خلية العينة وخلية المرجع علي الترتيب (M_s- Sample, M_r- Reference) والخارج من خلال كل خلية سيسلط إلي مرآه قاطعة (S_M) - Chopper بعد عدة مناشير أخري بزوايا مختلفة، هذه المرآة دواره تمدد طاقة إشعاعية من العينة إلي قاطع داخلي غير منفذ S_E، والطاقة الإشعاعية النافذة من الخلية المرجعية تسلط بمرآه آخري M_1 بعد مرور الشعاع قبلها من خلال عدة مناشير أخري، يسقط الشعاع المنعكس من المرآة M_1 إلي النصف المؤخر (للخلف) للمرآة الدوراه S_M وعموما عمل هذا النظام هو تسليط شعاع سريع ومتعاقب، تجميع الأشعة وتعكسها إلي منشور أو بالتناوب إلي حاجز شبكي، يمر الإشعاع من المنشور (P)- Prism الذي ينعكس من المرآة M_3, M_3- معلقة علي قاعدة متحركة، حيث تدور لتكيف الإشعاعات المختلفة للأشعة المنتشرة لتعيدها مرة أخري من خلال المنشور P. وكأنها ترد مرة أخري الأشعة الساقطة عليها إلي مرآة أخري M_2 مرآة (Littrow) لتعكس الشعاع إلي M_4، حيث تمرر الأشعة المعكوسة من M_4- لتمر خلال منفذ ضيق S_S^1 – ليخرج الشعاع

إلي M_5 ومن M_5 إلي المرآة M_6 ثم إلي المكشاف ليكون بعد ذلك ذات تردد خاص.

مصادر الأشعة تحت الحمراء   Sources of infrared radiation

يوجد مصدران للأشعة تحت الحمراء يمكن اتخاذهما للدراسة، هذه المواد أما أن تكون مواد عاكسة مقاومة للحرارة (التوهج الحراري) أو ملف سلك نيكروم (نيكل – كروم) nichrome– وهو حساس للتوهج، ومن هذا المصدر يتم إشعاع بأطوال موجيه موزعه دالة لحرارة المادة. انظر الشكل (6-1) وأيضا مماثل للمنحني الجسم الأسود المشع الشكل (3-3) .

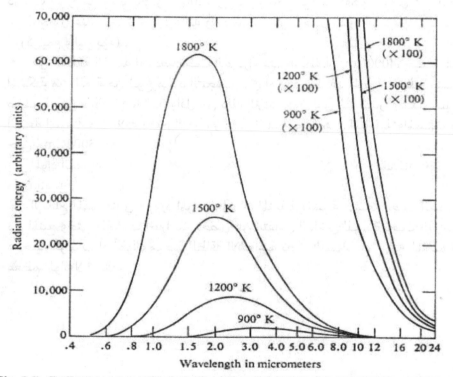

Fig. 3.3   Radiant energy emitted as a function of wavelength for a black-body radiator at several temperatures.

وكما هو ملاحظ وضع كمية الإشعاع متعمدة علي الحرارة وتوهج المادة وكمية الطاقة الإشعاعية ترتد بسرعة كدالة للطول الموجي علي

كل جانب لأقصي وضع لهذه الطاقة وطبقا لقانون استيفان - بولتزمان -Stefan Boltzmann أن كمية الإشعاع تتغير مع درجة الحرارة للأس أربعة، وبالتالي ينشئ هذا المتبع مسألتين رئيسيتين :

أولا: التغير في الكثافة مع الطول الموجي أو التردد الذى يجب أن يلاءم القادم لكي يأخذ بيان لطيف خط مستقيم.

ثانيا: الاستجابة العالية للمادة الحرارة المنبع التي يجب التحكم فيها بعناية .

وبالنسبة لمواد المنبع المقاومة للصهر، وهج نيرنست وجلوبر هما المواد المستخدمة تجاريا (Nernst- Glober) وعموما وهج نيرنست وجلوبر عبارة عن أنبوب مفرع لاكاسيد الزركونيوم والييتريوم الذي يمكن أن يستحث حتى 1750°C – وعلي الجانب الأخر قضيب - جلوبر يسخن كهربيا للبيده من كربيد السيلكون - حيث يعمل عند درجات حرارة ما بين 750°Cو 1200°C وبالنسبة لوهج نيرنست وهو المفضل عن الأول حيث يعمل عند درجات حرارة عالية ولا يحدث اختزال خلال الفترة الزمنية له (اكاسيد الزركونيوم والييتريوم) .

وفي المنطقة القريبة للأشعة تحت الحمراء عند المنطقة $4000Cm^{-1}$، حيث تقع المشكلة من اللمبة من نوع مادة التنجستين في أجهزة الطيف المرئية لتعطي أشعة مستمرة حتى فوق $3333cm^{-1}$ واقل من ذلك التردد يكون ليس له تأثيرا وهذا بسبب الأشعة المنبعثة من غلافه زجاج اللمبة، وتعتبر تلك اللمبة هي المناسبة والمستخدمة حتى $5000Cm^{-1}$.

المواد البصرية Optical materials

الإلحاح المهم هنا في ضرورة المواد العاكسة، المنفذة، المشتتة، لأشعة تحت الحمراء من المنبع وحتى المكشاف أخيرا لكي نحصل عن التفاعل الداخلي للمادة تحت الدراسة وباختيار ترددات أو أطوال موجية للطاقة الإشعاعية تحت الحمراء، ومن غير الملائم أن معظم المواد لا تمتلك

الصفات المطلوبة لتحقيق الغرض (القريبة لمدي تلك المنطقة) ومهما يكن مثل تلك المواد البصرية الكوارتز الطبيعي أو المصنع المستخدم في الأشعة فوق البنفسجية لنفاذ الأشعة في المنطقة تحت الحمراء القريبة حتى $3300Cm^{-1}$ ، شكل (3-4) .

والشكل يلخص خصائص الامتصاص لعدد من المواد الشائعة مقابل الطول الموجي لها، ومن الشكل التخطيطي أن المنطقة العمومية لتحت الحمراء في المنطقة من المدى $660Cm^{-1}$ وحتى $4000Cm^{-1}$، احدهما هو المستخدم الجيد ومن الصعب أن يعطي معلومات غير دقيقة، مثل تلك المواد، مواد بلورية ايونيه- تساهميه شبكية مثل $AgCl,$ $KBr \ NaCl$ وبرومو ايوديد الثاليوم.

ووجهت صعوبات أخري عندما اخذ الباحثين بفحص خصائص تشتت هذه المواد شكل (3-5) هذه المواد لها خصائص جيدة النفاذية جيدة التشتت عند جزئية معينه محدودة لمنطقة الطيف ولذا أجهزة الطيف تمتلك مناشير لا تحقق انحلالا عاليا حتى عند اعلي منطقة للتشتت لكل مادة في أدوات المنشور. لمثل هذا العديد من الأدوات المصنعة تستخدم مناشير تمتلك تغيرات داخلية لإيجاد اعلي انحلال في المنطقة المنتقاة للطيف .

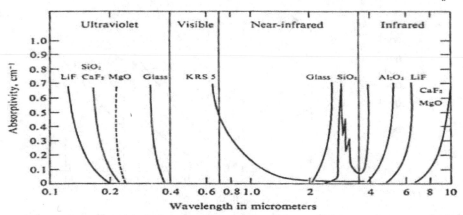

Fig. 3.4 Absorption of electromagnetic radiation as a function of wavelength for a number of optical materials.

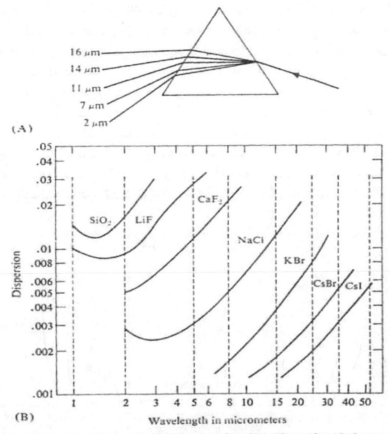

Fig. 3.5 Dispersion of infrared radiation as a function of wavelength for a number of common optical materials used in the various ranges of the infrared region. (A) Dispersion of infrared radiation by a prism. (B) Dispersion of common prism materials.

أنظمـة الكشـف Detection
system

يوجد ثلاث مكشافات مستخدمة في جهاز الطيف للأشعة تحت الحمراء وفي المتناول تجاريا كالتالى :

١- مقياس الطاقة الإشعاعية الطاقة الإشعاعية الحرارية bolomtus
٢- المزدوجة الحرارية Thermocouple
٣- خلية هوائية Golay

وكل السوائل مبنية علي تأثير الناتج الحراري عندما تلاحظ الأشعة تحت الحمراء من الشعاع الساقط والمكشاف حينئذ مهيأ لأي تردد، ومناسب لأي ناتج، وعموما يجب أن يمتلك منطقة صغيرة حساسة، ادني سعة حرارية، ثابت زمني سريع، عال الحساسية الحرارية، ادني مستوي صوت وكذلك لا انتقائية امتصاصية لكل الترددية لأشعة تحت الحمراء.

ومقياس الطاقة الحرارية مقاوم حساس للحرارة بوضوح انظر الشكل (3-6) عبارة عن شريحتين من معدن نبيل أو مواد مقاومة للحرارة تتضمن جزء معدني نشط لوحدة الكشف. هذه المعادن مرتبطة أو متصلة بإحكام بأحد الرقائق المعدنية واقيه من الشعاع الساقط. هذا يسمح احد الجوانب لهذا المزدوج المعدني لان يكون مرجعيا أو معوض للقدرة علي المقاومة .

تؤلف هذه العناصر من ذراعين لدائرة لقنطرة ويستون مترنة. فكلما يمتص الحساس لأشعة الطيف الساقطة تصبح القنطرة غير متزنة، هذه الإشارة القادمة تكبر ثم تقاس، مقدار تزويد الطاقة لمكشاف هذا النوع اقل من 10^{-10} وات وتكشف من جانب آخر الضوضاء الملازمة والمصاحبة لنظام الدائرة الالكترونية .

لنفس الخصائص وللحصول لأفضل مدي استجابة للإشارة وهو مكشاف الحرارة المزدوج انظر شكل (3-7) شريحة معدن خامل سوداء متصلة أو ملحومة باثنين من مواد حرارية كهربية. واللون الأسود لتحسين امتصاص الأشعة تحت الحمراء الساقطة عليها. هذه الوحدة موضوعة في صندوق مفرغ لتقليل كمية الحرارة المفقودة، ولها شباك منفذ للأشعة تحت الحمراء وهي شريحة رقيقة من بروميد البوتاسيوم لسماح مرور الأشعة إلي المعدن الرقيق (رقائق المعدن) .

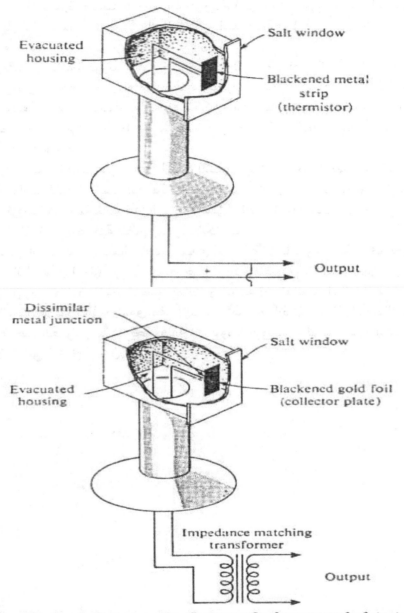

Fig. 3.7   Typical construction features of a thermocouple detector.

والشكل التفصيلي وأنظمة المكشاف الحساسة المستخدمة تجاريا (مصدر مزود بطاقة تقريبا 10^{-11} وات) وهو خلية Golay- جولاي، انظر الشكل (8-3) المستخدم لتمدد الغاز كوسيلة حساسة كلما يمتص طاقة إشعاعية فانه يتمدد إلي حجرة الهواء المضغوط ليحل محل القابل للتكيف مظهر الغشاء، ويحدث الضوء الساقط الممركز علي سطح المرآة للغشاء صورة لشبكة ذات خطوط أفقيه لتلك الشبكة، وعند توافق الصورة والشبكة ستكون كثافة الضوء المنتقل إلي الخلية في أقصي صورة لها، وكلما يتمدد الغشاء تستبدل الصورة وتقل نفاذيه الضوء، وبدقة يمكن قياس أي إزاحة حتى 10^{-9}، وهذا النوع من المكشاف هو أعلى مكشاف حساس.

المنشور والحاجز الشبكي

وبوضوح من المناقشة القادمة، وظيفة المنشور لهامة أو الحاجز الشبكي خلال أو داخل الأحادي الإشعاع monochromatic. وإجراء التشتت للإشعاع من المنشور علي مؤشر الانكسار، تتغير مع تغير التردد للإشعاع. وباختيار مادة لمنشور مناسبة ستؤدي إلي تحسين تحليل الطيف المراد الحصول عليه لمنطقة الطيف المختارة، جدول (1-3) يعطي ملخص لأطوال الموجات المستخدمة، ومدي التردد لبعض المواد الأكثر شيوعا. مع ملاحظة لأقصي كفاءة وادني تردد

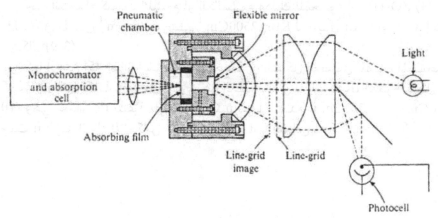

Fig. 3.8   Schematic diagram of a Golay detector.

ومن دراسة الجدول (3-1) نلاحظ أن أساس دوران الاهتزاز يقع في المنطقة من $4000Cm^{-1}$ وحتى $650Cm^{-1}$، كما أن منشور كلوريد الصوديوم هو الأكثر شيوعا واستخداما.

جدول (3-1) مدى أقصى عمل مواد المناشير

Material	*Frequency Range* (cm^{-1})	*Wavelength Range* (μm)
NaCl	5000- 650	2- 15.4
KBr	1100- 385	9- 26
LiF	4000- 1700	2.5 – 5.9
CaF_2	4200- 1300	2.4- 7.7
CsBr	1100- 385	9- 26
CsI	1000-200	10- 50
Glass	Above 3500	Below 2.9
Quartz	Above 2860	Below 3.5

وعند الاستخدام لتلك المادة، التغيرات الداخلية للمنشور لا تكن ضرورية للمنطقة من حيث أن معظم المركبات العضوية تمتلك عدد اكبر لحزم الامتصاص، ولنا أن نلاحظ بصريات كلوريد الصوديوم تستخدم لتقيم كل التردد المسجل وقيم الطول الموجي للشكل الاهتزازي لمعظم مجموعات الدالة للمركبات العضوية.

ومع استخدام كلوريد الليثيوم أو الكالسيوم وذلك للمجموعات (N-H)، (O-H)، (C-H) في المدى $400Cm^{-1}$ وحتى $2500Cm^{-1}$، KBr لتحليل C-Br أو CsX. انظر الأشكال (3-9)

كما أن من أكثر المواد الشائعة والمستخدمة في الشكل العضوي للمواد المستخدمة كمناشير واقلها تكلفة والمتاحة تجاريا، هو الخط الشبكي لدراسات IR انظر الشكل (3-10) وهي تعكس IR بتنفيذ للرتب $n\ Cm^{-1}$ تبعا للتقدم n, 2n, 3n…….$nn\ Cm^{-1}$، حيث n الرتبة الأولي للانعكاس، 2n- الرتبة الثانية للانعكاس وهكذا....

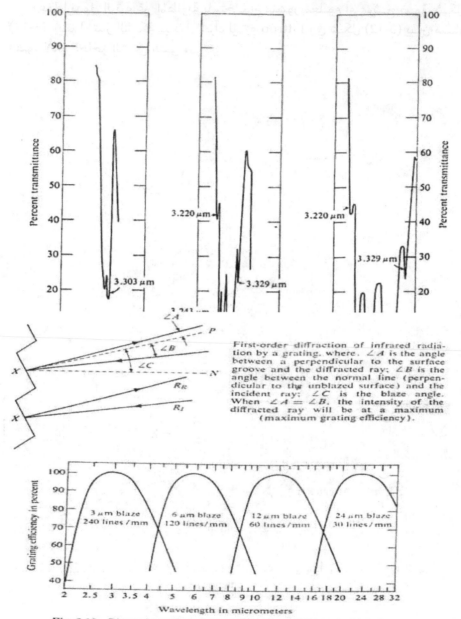

First-order diffraction of infrared radiation by a grating. where, $\angle A$ is the angle between a perpendicular to the surface groove and the diffracted ray; $\angle B$ is the angle between the normal line (perpendicular to the unblazed surface) and the incident ray; $\angle C$ is the blaze angle. When $\angle A = \angle B$, the intensity of the diffracted ray will be at a maximum (maximum grating efficiency).

Fig. 3.10   Dispersion of infrared radiation by a diffraction grating.

وعمليا تهمل الرتبة غير المطلوبة باستخـدام منشور معلـوم أو بمرشـح ضـوئي شـكل
(3-11) ويتم اختيار الشبكة كبـديل لمـرآه ليـترو Littroo وفي شـكل (3-12) يبـين مسـار
الضوء لأداء الحاجز الشبكي النقي .

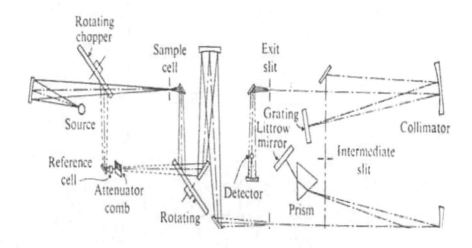

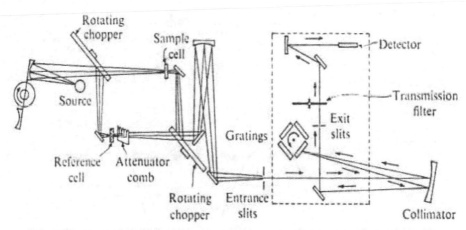

Fig. 3.12 Typical optical path of a grating spectrophotometer. (Courtesy Beckman
Instruments, Inc.)

وظيفة القاطع الطولي   Slit function

من الدراسات السابقة يمكن للقارئ أن يستنتج أقصى عمل للقـاطع يمكن الحصـول عليه هو شق طولي ضيق جدا، وحيث الشعاع الضيق هـو الأكثر كفـاءة. ويمكن أخـذه بواسطة المنشور، وكلما كان الشق الطولي الخارج أكثر دقة سيكون أكثر مدى لتردد صغير جدا من الطيف المنتشر المسلم به إلي المكشاف، وبالتالي حـدوث اعلي إمكانيـة تحليل جيدة شكل (3-12) .

التحليل   Resolution

كما ذكر سابقا: يعبر عـن التحليـل وهو قابليـه جهـاز قيـاس شـدة الضوء النسبية ليصنف الأطوال الموجية الطيفية القريبـة (المتجـاورة) أو التـرددات، وهـي علي العمـوم مرتبطة بقاطع عريض (بمعني تحليل عال لمنطقة طيف ضيقة النطاق). فلو اعتبرنا طـول موجي خاص أو تردد في الطيف، ونطاق شق الطيف يزداد خطيا مع أي زيادة في النطاق الفيزيائي للقاطع الخارجي. من هنا فان طاقة الإشعاع الواصلـة المكشـاف تتناسـب مـع مربع نطاق القد الفيزيائي، وللوصول لمستوي صوتي ثابت لتسجيل الطيف تكون سرعـة استجابة نظام القلم قليلة ولكي نسجل طيف بدقة مناسبة (بمعني أن حركة القلم تظهر النفاذية الحقيقية للعينة) ومن الضروري إعطاء فترة طويلـة مـن الـزمن لماسح الطيـف شكل (3-13) .

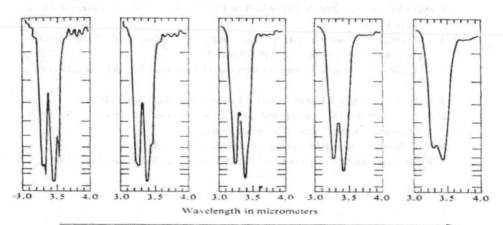

Wavelength in micrometers

Fig. 3.13 Change in the positions and intensities of recorded absorption bands as a function of physical slit width. The region shown is the C—H stretching region of polystyrene, examined as a thin film. The spectra were recorded at comparable pen response times and constant scanning speed.

وتتناسب الإشارة لعدة متغيرات وتشمل :

١- كفاءة النفاذية للمواد البصرية .

٢- مربع نطاق القد الفيزيائي (الشق) .

٣- طاقة المنبع عند الطول الموجي المطلوب .

٤- الانتشار للمنشور أو الشبكة .

جميع المتغيرات الاخري ثابتة مع تصميم الجهاز والاختيار من ١ وحتى ٤ معتمدة علي توضيح من الكيميائي علي أساس الاحتياج المطلوب في المسائل .

مثلا: النطاق الطولي للقد الفيزيائي رقم (٢)، عموما يمكن أن يتغير ويمكن أن يثبت بواسطة الكيميائي (المستخدم)، (٣) والخاصة بالإشعاع الذي يمكن التحكم علي نطاق ضيق بواسطة الكيميائي.

Suggested reading

1- W. J. Potts, Chemical Infrared Spectroscopy, Vol. 1, Techniques. Wiley, New York, 1963.

2- Synthetic Optical Crystals (revised). The Harshaw Chemical Company, Cleveland, Ohio, 1955.

3- J. Strong, " Resolving Power Limitations of Grating and Prism Spectro-photometers," J. Opt, Soc, Am.,39 (1949), 320

4- V. Williams, " Infrared instrumentation and techniques, " Rev. Sci. instr.,19 (1947), 135.

5- J. Strong. Concepts of Classical Optics. Freeman. San Francisco, Calif., 1958.

6- N. L. Alpert in IR, Theory and practice of infrared spectroscopy, by H. A. Szymanski. Plenum Press, New York, 199\64.

7- R. P. Bauman , Absorption spectroscope. Wiley, New York, 1962.

8- W.BRUGEL, An Introduction to Infrared Spectroscopy. Wiley, New York, 1962.

****

الباب الرابع
تقنيات الأشعة تحت الحمراء

Infrared techniques

تمتص معظم المركبات العضوية في منطقة طيف الأشعة تحت الحمراء والمطلوب من خلال المعلومات لطرق شائعة المستخدمة للحصول علي خصائص امتصاصية المادة الخاضعة للتحليل.

من بين المركبات التي لا تمتص عند كل المناطق المرئية وفوق البنفسجية والتي تعتبر مركبات شائعة مثل المذيبات وهو عدد لا بأس به. ونظرا هذه ليست الحالة في منطقة أشعة تحت الحمراء، لذا يجب استنباط طرق لمواجهة الفقد في المعلومات المعتادة التي تلاقي في فحص المواد في المحلول وخصوصا مع الأصلاب. والطرق المستخدمة للتغلب علي هذا النقص يمكن تلخيصه كما يلي: مركبات يمكن أن تدرس في أكثر من مـذيب، لأخـذ أفضل امتصاص لكل مـذيب مستخدم. كما تـدرس مـواد أخـري بـدون مـذيبات مثل السوائل، مساحيق، الأفلام، البلورات المفردة، وأخيرا مساحيق يتم طحنها في الزيوت المعدنية أو سوائل ثقيلة الكثافة أو هاليـدات غير عضوية (بروميد البوتاسيوم) ويتم ضغطها علي هيئة قرص شفاف، عينات أخري يمكن ضغطها علي أو امتصاصها علي أفلام مثل عديد ايثلين، الأصلاب غير المتبلره amorphous لتعطي شريحة رقيقـة السـمك طبقات (رقائق) أو ترسيبات يمكن دراستها بواسطة الانعكاس مفضلا ذلك عـن النفاذية. مواد يمكن دراستها بعد تحللها من ناتج التحلل. كذلك عينات يمكن تكثيفها عند درجات حرارة منخفضة من سطح غازي علي شباك شفاف.

العينـات الصـلبة Solid samples

لكي يتم إجراء فحص المواد الصلبة في منطقة الأشعة تحت الحمراء يجب ترقيقها، أو تصهر أو تسخن إلي سائل. وتنشر أو تنثر في قرص لهاليـد غير عضـوي، أو يسـحق ويـرش علي سطح داعم ثم يدرس بتقنيه معامل الانكسار أو بإذابته في عـدة مـذيبات والفحـص للمواد المسحقه

غالبا تسبب تشتت للأشعة تحت الحمراء الساقطة، وأما المواد غير الصلبة (اللدنـه) غير متبلره يمكن أن ترسب كفيلم من المحلول المنصهر، وعادة لها جزء انكسار مفقود.

تقنية الخلطة (تقنيه تدفئه الخلطة) Mulling techniques

وجدت معظم المواد العضوية، الزيت المعدني المكرر (Nujol) يعتبر كسوائل مناسبة لتثبيت العينات المسحوقة العالقة. الزيت المعـدني عبـارة عـن مخلـوط لهيـدروكربونات مشبعه طويلة السلسلة، لها أربع مناطق امتصاصـية تـتراوح مـا بـين $5000Cm^{-1}$ وحتـى $650Cm^{-1}$ كما هو مبين فى الشكل (1-4)، والطيـف لمجموعـة (C-H) عنـد $2550cm^{-1}$-$3000cm^{-1}$، وشكل الرباط . عند $1468Cm^{-1}$، $1379Cm^{-1}$،وظهور رابطة مفلطحة ضعيفة الاهتزاز متأرجحة لمجموعة – CH_2- عند $720Cm^{-1}$،واهتزازات أخري غـير مرئيـة وهـذه نسبيا امتصاصات ضعيفة وعدم كفاءة معلـق الزيـت المعـدني (نيوجـول) يظهـر للقـارئ مباشرة وليس من الممكن فحص اهتزازات (C-H) الاليفاتية في العينة بسبب الامتصاص في الوسط المعلق وبالنسبة للمواد العطرية (الحلقية) مثل تلك الأوسـاط هـي المسـتخدمة بشـدة للمجموعـات الدالـة وعنـدما يتطلـب الأمـر بالتحليـل لمجموعـة C-H تسـتبدل الهيـدروكربونات الهالوجينيـه لنيوجـول كوسـط عـالق وعـادة يسـتخدم سـداسي كلـورو بيوتاداين كمواد بالتناوب.

والطريقة العامة الأكـثر شـيوعا المسـتخدمة والتـي يـتم فيهـا أولا طحـن العينـة إلي مسحوق ناعم أما بالاستخدام بين أسطح زجاجية أو مطحنه من العقيـق agate morter مستخدما مقبض هون Pestle أو مستخدما أدوات ميكانيكية للسحق يضاف بعض نقاط لعامـل معلـق، وبـالطحن بـين أقـراص مـن كلوريـد الصـوديوم عـلي هيئـة شـطيرة Sandwiched حبث تضغط الأقراص مع بعضها للحصول علي فيلم رقيق (يحـذر وجـود هواء)، ثم يوضع القرص في حامل لخلية مناسبة مخصصة ثم تجري

عملية المسح الطيفي، وفي بعض الأحيان تستخدم أذابه الصلب في مذيب طيار ثم بالطحن لعينه الصلب المترسبة، هذه الطريقة في بعض الأحيان تختزل المجهود المطلوب لطحن العينة، والطريقة الثانية في عمليات الطحن نسبيا للمواد اللامتبلره مثل البوليمرات يستخدم الثلج الجاف ولهذا فان حجم صغير كاف يمكن استخدامه وفي معظم الأحيان تلك المواد سهلة الكسر عند درجات حرارة منخفضة عموما كل الطرق ليس لها تحسن أو تقدميه وهذا بسبب أن تلك العينات يمكن أن تمتص رطوبة خلال عملية الطحن.

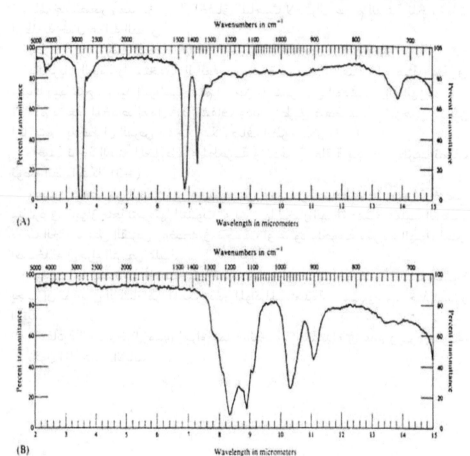

Fig. 4.1 Spectra of (A) Nujol and (B) Fluorolube, the common suspending agents used in mull preparation.

فعملية طحن العينة الضعيف، سوف يؤدي إلي تشتت واسع شامل في منطقة طول الموجه الصغير وهذا يؤدي إلي إخفاق للباحث لاختزال حجم العينة للجسيمات المطلوبة خلال عملية الطحن.

طريقة كرة بروميد البوتاسيوم   KBr pellet methods

الطريقة العامة والمستخدمة التابعة هي عبارة عن طحن العينة علي هيئة مسحوق مضافا إليها ملح بروميد البوتاسيوم، ثم الطحن المستمر حتى الوصول لإزالة الهواء.

ثم يضغط المخلوط لعمل قرص شفاف وذلك بتطبيق ضغط ما بين ٨ وحتى ٢٠ طن لكل سم٢، يلاحظ أن القرص شفاف بشكل صاف انظر الشكل (2-4).

حيث تؤخذ العينة المخلوطة والمطحونة ونضعه في حلقة مجوفة قطرها نصف بوصه انظر الشكل (3-4) .

ويتم الضغط علي العينة لمدة دقيقتين علي الأقل عن الضغط المطلوب، ثم توضع مباشرة في الجهاز منعا لتعرضها للتلوث أو تشربها لبخار الهواء ولمنع عملية الترطب يجب الحفاظ علي القرص ووضعه في مجفف أو عبوه ملحومة مفرغة الهواء لحين الاستخدام وإجراء الفحص عليها.

وهذه الطريقة تأخذ أفضلية علي التقنيات الاخري، ألا إنها لها عدم أفضلية خطيرة يجب أن تؤخذ في الاعتبار من الممكن تغير المواد المستخدمة بمعني يجب أخذ الأمور الآتية:

النفاذية العالية خلال مدي إجراء عملية الفحص، الاستخدام في عدم وجود رطوبة، أن تكون الماء عالية الثباتية.

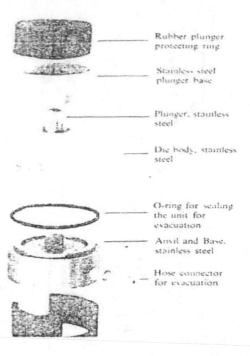

Rubber plunger
protecting ring

Stainless steel
plunger base

Plunger, stainless
steel

Die body, stainless
steel

O-ring for sealing
the unit for
evacuation

Anvil and Base,
stainless steel

Hose connector
for evacuation

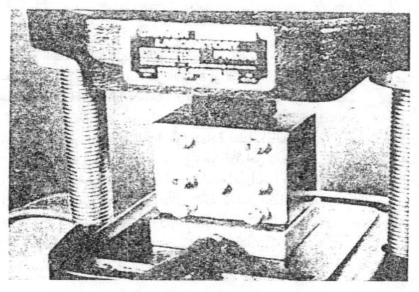

Fig. 4.2 Typical units for forming potassium bromide pellets. (A) Component parts of a ½-in. circular die. (B) Rectangular pellet die in press being evacuated prior to application of pressure. (Courtesy Beckman Instruments, Inc.)

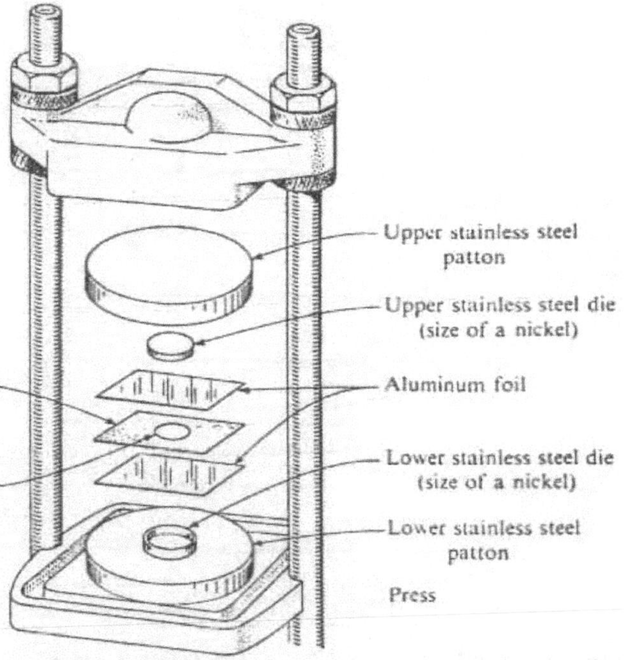
Upper stainless steel patton
Upper stainless steel die (size of a nickel)
Heavy filter paper (sample holder)
Aluminum foil
½-in. hole for KBr and sample
Lower stainless steel die (size of a nickel)
Lower stainless steel patton
Press

Fig. 4.3 Filter paper "sandwich" technique for forming potassium bromide pellets. (Courtesy of Sadtler Research Laboratories, Inc.)

وعدم الأفضلية أيضا لهذه الطريقة هي أن بروميد البوتاسيوم شديد التميؤ ومن الصعب التحضير لأقراص خالية من الابخره أو الرطوبة الملوثة هذه المعالجة الوصفية في التحاليل لطيف OH أو N-H تعتبر صعبه التحليل في جو من الرطوبة .

طرق أقراص خاصة Special pelleting methods

بالإضافة لوسيلة بروميد البوتاسيوم كمادة صلبة كقالب حامل، يمكن خلط التلفون مع العينة الدقيقة (المسحوقة) هذا النوع من الأقراص يعطي طيف جيد وله أفضلية علي بروميد البوتاسيوم ولا يحتمل لوجود امتصاص أبخره من الجو، وفي نفس الطريق يمكن اخذ رغوه عديد الاستايرين الأقل كثافة كحامل أيضا لأغراض الطيف، حيث تشكل الرغوة لحجم القرص المتكون، وأيضا مسحوق الايثيلين، والذي يستخدم كفيلم في التحاليل الطيفية.

الانصهار والفيلم Melt, and films

لو أن العينة المستخدمة المراد فحصها صلبه، منخفضة الانصهار، ففي أحوال كثيرة من الممكن تسخين قرصين نقيان من كلوريد الصوديوم في فرن وتحضير العينة المنصهرة بين الألواح، وعمليا من الأفضل تسخين الألواح علي وسادة من مادة الاسبستوس لمنعها من التلف ومعظم المواد المنخفضة الانصهار لا تتبلور سريعا بين ألواح الملح ثم بعد ذلك فحصها كمنصهر حقيقي أفضل الأطياف يتم الحصول عليها هو السماح للعينة بالبرودة والتبلور بين الألواح الملحية

المساحيق والمعلقات Dispersions and powders

لو أمكن الوصول لحجم الجسيمات لمسحوق يمكن اختزاله إلي اقل من 2um ومن الأفضل عادة الوصول إلي طيف مناسب بواسطة اخذ المادة الترابية علي سطح قرص من كلوريد الصوديوم ويمكن للمسحوق أن يعلق في المذيب وذلك بتقنيه المستحلبات علي النحو التالي: تعلق المادة الدقيقة الحجم في المذيب بإضافة وسط عامل مستحلب حوالي ١% وعموما كلا الطريقتين غير شائعتين؟

تقنية الانكسار Reflectance technique

نظام نموذج معامل الانكسار انظر المخطط في الشكل (4-4)، يعكس السطح الضوء الساقط عليه للعينة منفصلا ذلك عن النفاذية خلال العينة، لكي نحصل لقياسات انعكاسية حقيقية .

فمع العينة في الشكل (5-4) من الممكن أما الحصول علي انكسار أو نفاذيه للطيف معتمدا علي العينة. تقريبا (0,1 بوصة) لسمك العينة العضوية .

وعموما غير منفذه وتعطي طيف معامل انكسار حقيقي وعلي كل فيلم رفيع جدا علي السطح العاكس يحدث نفاذيه للطيف شكل (6-4)

From the source

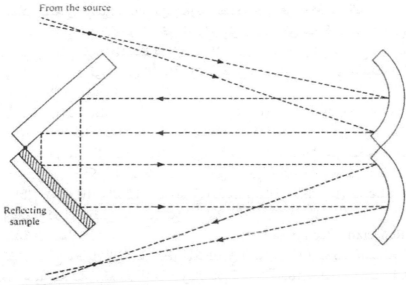

Reflecting
sample

To the monochromator

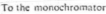

Reflecting
sample

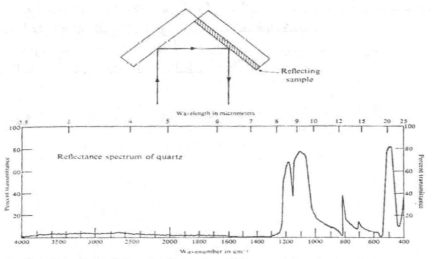

Fig. 4.5 Optical path of the radiant beam in a reflectance unit to produce a reflectance spectrum from the surface of a sample. Note that the spectrum shown is the inverse of the normal transmission curve. (Courtesy Beckman Instruments, Inc.)

- 68 -

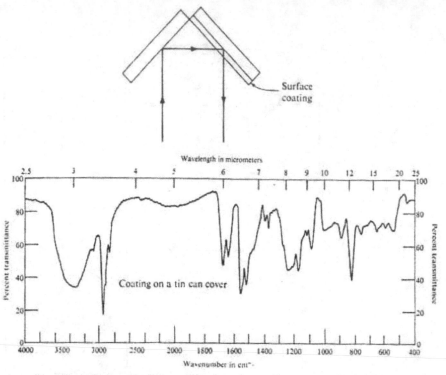

Fig. 4.6 Optical path of the radiant beam in a reflectance unit to produce a trans-
mission spectrum from a thin film sample. (Courtesy Beckman Instruments, Inc.)

وللحصول علي قياسات نفاذيه صعبة جدا وهذا أما بسبب امتصاص العينة بشده أو
بسبب تغليف العينة المهمة لسطح عديم النفاذية. وفي هذه الحالة طيف الانعكاس ربما
يشترط المعلومة المطلوبة للعينة، وبالرغم من الممكن حساب موضع الامتصاص من
قياسات طيف الانعكاس (التشتت) وهذه عادة صعبة جدا.

ولتطبيقات عديدة طيف الانعكاس يحتاج كل البيانات المطلوبة لتعيين أو توصيف
بالمقارنة لطيف لمادة مثيله معلومة البيانات معلومة زاوية الانكسار أو الانحراف انظر
الشكل (4-7).

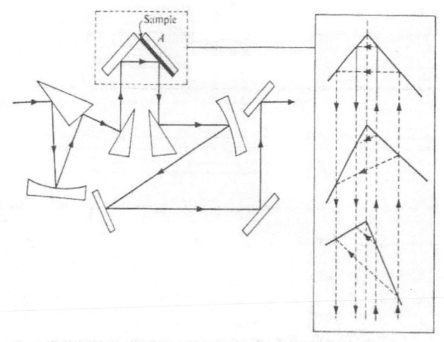

Fig. 4.7 Schematic diagram of a variable-angle reflectance unit. As the reflecting surface is rotated, it can be seen that the incoming and outgoing beams are always parallel to each other and are separated by the same distance no matter what incident angle is chosen. (Courtesy Beckman Instruments, Inc.)

انعكاس لأشعة الطيف بواسطة سلسلة من المرايا، مرآتين عموديتين الزوايا ثم يعكس إلى قطاع أحادي الضوء أو اللون monochromatic، بحيث تعليقه تلك المرايا يمكن أن تلف خلال أي زاوية ما بين 15، 80 درجة بدون تأثر طريق الشعاع الخارج انظر الشكل (4-7) والعمل الكلي للوحدة بسيط، توضع العينة في الماسك (المرآة استبدال A)، يختار معامل الانكسار، يتم عمل ماسح الطيف شكل (4-8) يظهر طبقتين للعينة الأساسي البراقة المجوفة، تؤخذ احدهما عند 45 درجة والشفافية عند 60 درجة. في هذه المنحنيات لاحظ أن زاوية الطيف ما هي إلا معكوس طيف النفاذية المعتاد وان الزاوية عند الطيف المسجل يتغير بوضوح لمعامل كثافة حزم الانكسار.

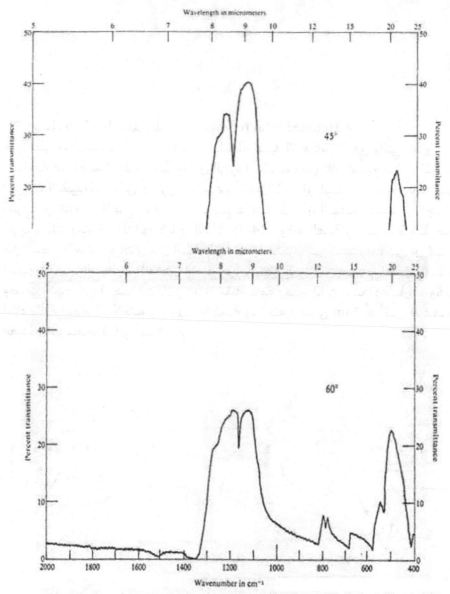

Fig. 4.8 Two reflectance spectra of a geode sample showing typical spectral variations as a function of the angle of reflectance. (Courtesy Beckman Instruments, Inc.)

إجمالي الانكسارات المرققة   A Heunted total reflectance

الطريقة المستخدمة لفحص العينة بواسطة تقنيه الانعكاس المرقق والتي تعتبر أكثر حساسية عن تقنيه الانكسار المذكورة في الجزء السالف، وهو الآن أصبح متاحا لفحص العينات التقليدية. ويمكن أن نري عندما تمر أشعة الضوء إلي المنشور، قيم انعكاسية مرة أخري من الناحية الاخري الخلفية حيث يتم هروب جزء من الطاقة المنعكس الإجمالي ثم بعد ذلك يعاد إلي المنشور كما في الشكل (4-9) وتوضع العينة في منطقة قريبة جدا من السطح العاكس وبالتالي فإن الطاقة الهاربة باستمرار من المنشور يمكن أن تمتص اختياريا وهي بالضبط مماثلة مثل الامتصاص بواسطة العينة في نموذج الطيف النافذ. وطيف الامتصاص في هذا الشكل يأخذ أفضليه هامة بعض الشئ لتلك الاعتبارات وهى أولا: كثافة الحزمة مكافئة وتكون مفلطحة بسيطة (حوالي 5um أو أقل) النفاذ في العينة، ثانيا معتمدة علي سمك العينة.

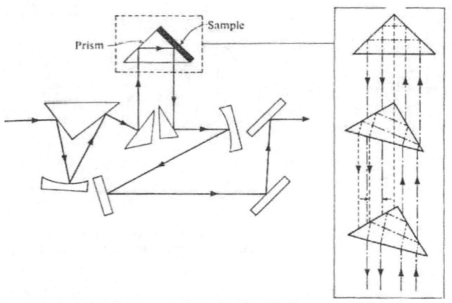

Fig. 4.9 Optical path for a typical attenuated total reflectance unit. Note the similarities between this figure and Fig. 4.7. (Courtesy Beckman Instruments, Inc.)

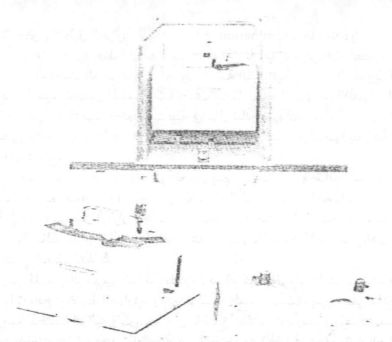

Fig. 4.10 Attenuated total reflectance and variable-angle reflectance unit. (A) ATR unit mounted in the sample compartment of the instrument. (B) The dial for determining and setting the reflectance angle can be seen at the top of the assembly at the left. In the middle is the mirror-sample assembly used for variable-angle reflectance studies. At the right is the prism-sample assembly for ATR studies. (Courtesy Beckman Instruments, Inc.)

ملاحظات طفيفة يمكن حصولها وهو أن هـذه التقنيـة محـددة بإحكـام ودقيقـة الطريق لمسافة الخلية (اقـل). وتسـتخدم هـذه التقنيـة في فحص العينـة الصلبة تحت الحمراء ولكن ليسـت بالضرورة مقيـده أو محصـورة، نمـوذج لأنظمـة عديـدة يمكن أن تستخدم للحصول علي طيف إجمالي انكسارات مرفقة مثل النظام للشكل (4-10)

تعتمد دالة التراكب علي معامل الانكسار (n), θ – زاوية الإشعاع الساقط ومعامـل الامتصاص k ومعامل الامتصاص للامتصاصية يمكن تقديمه من العلاقة:

$$\alpha = \frac{4\pi nk}{\lambda}$$

حاليا: يطبق هذا النظام (ATR) جزئيا .

الفحص بالتحليل الحراري Pyrolyzate examination

توجد عدة حدود خطرة لوصف عديد العينة مثل عديد الجزيئات العضوية بواسطة طيف الأشعة تحت الحمراء. كما تحول الحالة الفيزيائية للمادة العضوية العديدة الجزيئية عملية التحضير المناسبة، كما وصف سابقا الأفلام المطروحة، الانصهار، التشكيل، التسخين، طريقة التكوير تعتبر مستحيلة في مثل تلك الظروف، حيث أن مثل تلك المواد لا تنصهر مثلا، عديمة الطرق، لا تطحن. ولمثل تلك العينات يتم فحصها بطريقة التحليل الحراري للمنتج.

فعندما تسخن المادة في الأساس وتحطم يتم حدوث عدة خصائص للناتج وبنسب محددة, ولو تم جمع هذا الناتج وعين بواسطة الأشعة تحت الحمراء بشرط التحكم بدقة في إجراء التحليل الحراري حيث من المعلوم فبعد عملية التحطيم يتم تغير في الوضع والكثافة كذلك التركيب لوحدة عديد الجزيئات وهذا سوف يؤدي إلي شبه اختلاف في الطيف للأشعة.

ومن المهم وبالرغم من إننا نستطيع أن نتوقع الحصول علي طيف ضعيف بناءا علي تعقيدات ناتج المخلوط الحراري، وعدم توضيح طيف ثابت، وبناءا علي ناتج الأوزان الجزيئية المختلفة العالية ولكن يجب أن نأخذ في الاعتبار المقارنة بين العديد من المواد الاخري الثابتة الطيف وهذه الطريقة هي المستخدمة بأفضلية لفحص تلك العينات التي لا يمكن الحصول عليها بواسطة أخري.

العينات السائلة Liquid simples

المواد السائلة: السوائل، ومحاليل الأصلاب، السوائل، الغازات ربما تشمل العديد لعدد كبير للعينات الخاضعة للفحص نوعا ما لطيف تحت الأشعة الحمراء فيكشف عن السوائل النقية بدون الأخذ في الاعتبار لمذيبات وهذا لتجنب تفاعلات امتصاص المذيب ولكي نفحص السائل

الحر لتفاعلات الجزيء الداخلية (البينية) فيكون المحلول للعينة المأخوذ مذيب لا قطبي للمواد الهيدروكسيليه وعديدة الجزيئات الوظيفية

وبالنسبة للسوائل النقية حيث يؤخذ فيلم رفيع بين ألواح من كلوريد الصوديوم كما هو متبع في تقنيه التدفئة (mull). ومن المناسب للحصول علي طيف جيد لتلك المجاميع ففي العديد من الحالات يعاد فحص الطيف علي نفس العينة مرة أخري، سواء مرة بالتخفيف للعينة أو بالتركيز حتى الحصول علي شكل مناسب ثم يقارن كل شكل مستقل عن الأخر وأيهما يكون الأنسب في إجراء الفحص.

طيف المحاليل Solution spectra

فى طيف المحاليل المخففة في وجود المذيبات اللا قطبية تزال معظم التفاعلات الداخلية الجزيئية. ومهما يكن فى بعض التفاعلات الداخلية ربما تكون موجودة، كما في الرباط الايدروجيني أو في الأحماض الكربوكسيليه، حيث يتضاعف شكل الجزيء الناتج عن الرابطة الايدروجينيه، وعليه لابد من إزالة مثل تلك العقبات. ففي حالة المواد التي لا تذوب في المذيبات اللا قطبية، من الأفضل إيجاد مذيبات قطبية، وفي بعض الأحيان تؤخذ عدة عينات (مذيبات) مختلطة بنسب مختلفة لإجراء الفحص تمثل لتلك العينات الطيفية.

ويوجد جدول (1-4) يبين تلخيص لمعظم المذيبات المختلفة .

وتوضح الأشكال (13 ,12 ,11 ,4) طيف الكلورفورم ورباعي كلوريد الكربون وثاني كبريتيد الكربون، شكل (11 ,4) ويعتبر أفضل المذيبات بينما الكلورفورم التجاري علي نسبة شوائب (ايثانول مثلا) وعليه يجب إزالة الشوائب. وتتم بإجراء إمرار المذيب علي الومينا نشطة (ووجود عموما الايثانول مثبت للمذيب) والكلوروفورم النقي يتم تخزينه بعد ذلك لمدة أسبوع قبل الكشف عن الفوسجين كمادة شائبة .

فعند اخذ هذا المذيب للكشف عن امتصاص مجموعة الكربونيل ومجموعة الهيدركسيل فإننا نتذكر أن الكلوروفورم مذيب قطبي نسبيا .

وبالتالي ربما يؤدي إلي تجميع بعض المذيبات الأخري القطبية وبالتالي ربما يؤدى في بعض الأحيان لبعض الإزاحات النسبية الحزميه لترددات منخفضة كما هو موجود في مذيب CS_2 .

وأما رابع كلوريد الكربون شكل (4-12) يلاحظ طيف جيد في المدى من $4000Cm^{-1}$ وحتى $1600Cm^{-1}$ – وعلي العموم المجموعة القطبية الدالة مثل مجموعة الكربونيل تكتسب ترددات عالية في الامتصاص في هذا المذيب.

وشكل (4-13) يبين ثاني كبريتيد الكربون ويؤخذ في المنطقة الادني ترددا. إذا المعلومات عموما ليست في المتناول من المذيبات الهالوجينيه مثل $(CCl_4, CHCl_3)$ ونستطيع الحصول عليها من محاليل كبريتيد الكربون، وعموما هذا المذيب سام جدا، مادة حارقة. وبالتالي يجب التحفظ عليه عند عملية التعامل والعمل به.

Table 4.1. Common Solvent Absorptions

The listed regions indicate those regions of the spectrum where solvent absorptions are significantly strong, preventing the examination of other absorptions occurring in the same region. Only those solvents of general interest and common usage are recorded here. This table is divided into three sections for convenient examination: 4000- to 2000-cm^{-1} region (2.5 to 5 μm); 2000- to 1000-cm^{-1} region (5 to 10 μm); 1000- to 650-cm^{-1} region (10 to 15.4 μm). The choice of these regions will be clear after the reader becomes familiar with the characteristic bands absorbing in each of the regions (Chap. 5).

| | | Regions of Absorption | |
Solvent	Cell Thickness (mm)	Frequency (cm^{-1})	Wavelength (μm)
4000- to 2000-cm^{-1} region			
Acetone	0.1	3100–2900	3.23–3.45
Acetonitrile	0.1	3700–3500	2.70–2.86
		2350–2250	4.25–4.44
Benzene	0.1	3100–3000	3.23–3.33
Bromoform	1.0	3100–2900	3.23–3.45
	0.2	3100–3000	3.23–3.33
Carbon disulfide	1.0	2340–2100	4.27–4.76
	0.1	2200–2140	4.54–4.67
Carbon tetrachloride	1.0–0.1	none	none
Chloroform	1.0	3090–2980	3.24–3.35
		2440–2380	4.10–4.20
	0.1	3020–3000	3.31–3.33
Cyclohexane	0.1	3000–2850	3.33–3.51
Diethyl ether	0.1	3000–2650	3.33–3.77
Dimethyl formamide	0.1	3000–2700	3.33–3.70
Dioxane	0.1	3700–2600	2.70–3.85
Isopropyl alcohol	0.1	3600–3200	2.78–3.12
Methanol	0.1	4000–2800	2.50–3.57
Methyl acetate	0.1	3000–2800	3.33–3.57
Methyl cyclopentane	0.1	3000–2800	3.33–3.57
Nitromethane	0.1	3100–2800	3.23–3.57
Pyridine	0.1	3500–3000	2.86–3.33
Tetrachloroethylene	1.0–0.1	none	none
Tetrahydrofuran	0.2	3050–2630	3.28–3.80
Water	0.01	3650–2930	2.74–3.41
2000- to 1000-cm^{-1} region			
Acetone	0.1	1800–1170	5.55–8.55
		1100–1080	9.09–9.26
Acetonitrile	0.1	1500–1350	6.66–7.41
		1060–1030	9.43–9.71
Benzene	0.1	1820–1800	5.49–5.55
		1490–1450	6.71–6.89
		1050–1020	9.52–9.80
Bromoform	1.0	1350–1280	7.41–7.81
		1220–1070	8.20–9.35
	0.2	1190–1000	8.40–10.00
Carbon disulfide	1.0	1640–1385	6.10–7.22
	0.1	1595–1460	6.27–6.85

Table 4.1 – Cont.

Solvent	Cell Thickness (mm)	Regions of Absorption	
		Frequency (cm⁻¹)	Wavelength (μm)
Carbon tetrachloride	1.0	1610–1500	6.21–6.66
		1270–1200	7.87–8.33
		1020–1000	9.80–10.00
	0.1	none	none
Chloroform	1.0	1555–1410	6.43–7.09
		1290–1155	7.75–8.66
	0.1	1240–1200	8.06–8.33
Cyclohexane	0.1	1480–1430	6.75–6.99
Diethyl ether	0.1	1500–1010	6.66–9.90
Dimethyl formamide	0.1	1780–1020	5.62–9.80
Dioxane	0.1	1750–1700	5.71–5.88
		1480–1030	6.75–9.71
Isopropyl alcohol	0.1	1540–1090	6.49–9.17
Methanol		1500–1370	6.66–7.30
		1150–1000	8.69–10.00
Methyl acetate	0.1	1800–1700	5.55–5.88
		1480–1360	6.75–7.35
		1300–1200	7.69–8.33
		1080–1000	9.26–10.00
Methyl cyclopentane	0.1	1480–1440	6.75–6.94
		1390–1350	7.19–7.41
Nitromethane	0.1	1770–1070	5.65–9.35
Pyridine	0.1	1620–1420	6.17–7.04
		1230–1000	8.13–10.00
Tetrachloroethylene	1.0	1370–1340	7.30–7.46
		1180–1090	8.47–9.17
		1015–1000	9.85–10.00
Tetrahydrofuran	0.2	1500–1425	6.66–7.02
		1375–1000	7.27–10.00
Water	0.01	1750–1580	5.71–6.33
1000- to 650-cm⁻¹ region			
Acetone	0.1	910–830	10.99–12.05
Acetonitrile	0.1	930–910	10.75–10.99
Benzene	0.1	680–650	14.70–15.38
Bromoform	1.0	880–860	11.36–11.63
		760–650	13.16–15.38
	0.2	710–650	14.08–15.38
Carbon disulfide	1.0	875–845	11.43–11.83
	0.1	none	none
Carbon tetrachloride	1.0	1000–960	10.00–10.42
		860–650	11.63–15.38
	0.1	820–720	12.19–13.89
Chloroform	1.0	940–910	10.64–10.99
		860–650	11.63–15.38
	0.1	805–650	12.42–15.38

Table 4.1 – Cont.

Solvent	Cell Thickness (mm)	Regions of Absorption	
		Frequency (cm^{-1})	Wavelength (μm)
Cyclohexane	0.1	910–850	10.99–11.76
Diethyl ether	0.1	850–830	11.76–12.05
Dimethyl formamide	0.1	870–860	11.49–11.63
		680–650	14.70–15.38
Dioxane	0.1	910–830	10.99–12.05
Isopropyl alcohol	0.1	990–960	10.10–10.42
		830–650	12.05–15.38
Methanol	0.1	1000–970	10.00–10.31
		700–650	14.29–15.38
Methyl acetate	0.1	1000–960	10.00–10.42
		840–650	11.90–15.38
Methyl cyclopentane	0.1	980–960	10.20–10.42
Nitromethane	0.1	925–910	10.81–10.99
		690–650	14.49–15.38
Pyridine	0.1	1000–980	10.00–10.20
		780–650	12.82–15.38

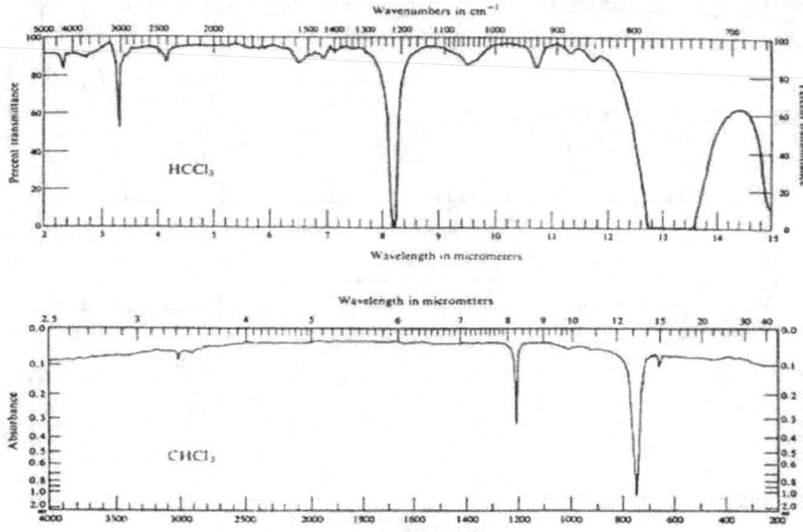

Fig. 4.11 Spectrum of chloroform (as a thin film). (Courtesy of Sadtler Research Laboratories, Inc.)

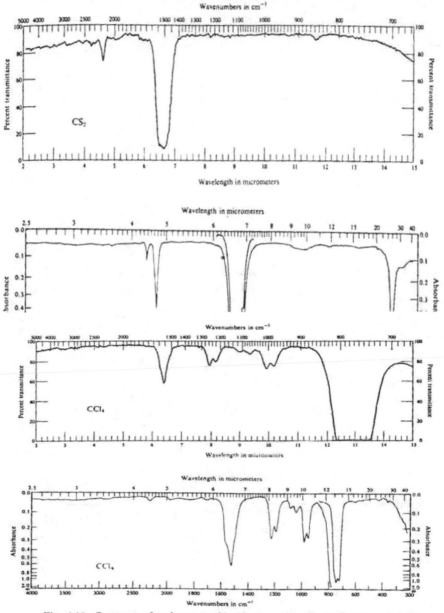

Fig. 4.12 Spectrum of carbon tetrachloride (as a thin film). (Courtesy of Sadtler Research Laboratories, Inc.)

تعويض الشعاع المرجعي Reference beam compensation

كما نوقش سابقا: أحد الأفضلية لأجهزة الطيف المزدوجة الشعاع هو إزالة أحزمة الامتصاص الجوي.

وعلي نفس الطريق بعض الأجهزة الثنائية الطيف لها المقدرة أن تزيل أحزمة الامتصاص الناتجة عن المذيب.

مثال: الأحزمة الموجودة في رابع كلوريد الكربون شكل (11-4) الأحزمة الامتصاصية عند 1563 ,1220 ,1117 ,1070 ,1010 وأخيرا $980Cm^{-1}$.

يمكن إزالتها وذلك بوضع خلية في طريق الشعاع لجهات الطيف تحتوي علي رابع كلوريد الكربون .

وأما الامتصاص عند الحزم 813 , $735Cm^{-1}$ لا يمكن إزالتها ولو تم فحص طيفي عند تلك الترددات لا يحدث امتصاص عندها ولا يلاحظ والسبب يعود إلي تقنيه أداء الجهاز وحركة القلم للجهاز غير نشطة .

الخلايا السائلة، الأنواع والتركيب

liquid cells, construction and types

مثل هذا النوع من الخلايا في المتناول تجاريا ولأنواع مختلفة في الشكل والنوع والطول، وعموما يوجد نوعان يمكن استخدامها وهما الخلايا المانعة للتسرب أو المتحركة (الحرة) .

أولا: الخلايا المانعة للتسرب (الملحومة) بسدادة محكمة Sealed cells

هذا النوع من الخلايا المحكمة الطول والتي تتراوح ما بين 0.001 وحتى 4mm وهذه الأنواع متاحة.

ومثل تلك الأنواع المحكمة الفراغ بملغم رصاص فاصل تتطلب محافظة عالية القدرة .

ولهذا عندما يفسد ملح الشباك أو تتعري أو تنتهي مدة صلاحيتها في الأجهزة المعملية تستخدم الخلية "الملحومة" متى يعين طيف المحلول .

وفي هذه الحالة يستخدم زوج من الخلايا للسائل الخاضع والثانية التي تحتوي علي المحلول المرجعي لجهاز الطيف.
شكل (4-14) والذي يبين أجزاء المكونات للخلايا المحكمة السداد .

والأنواع المختلفة من الخلايا المستخدمة في أجهزة الطيف هي:

١- خلايا متحركة Demountable cells
٢- خلايا متغيره المسافة varialele path cells شكل (4-15)
٣- خلايا مكبره وفوق الميكرو micro and ultra micro cells شكل (4-16)
٤- الخلايا المجوفة cavity cells شكل (4-17)

خلايا السائل: العناية وطريقة المعالجة

liquid cells& handling and carc

في بعض الأحيان تترسب المواد من المحلول، أو في حالة المذابات العالية الغليان حدوث ترسيبات علي شباك الخلية ناتج عن تبخير المذيب، وبالتالي يجب المحافظة عليها النظافة بعناية فائقة للخلية، ويمكن بعض الشئ يلاحظ أن عملية النظافة ليست بالقدر الكافي أو تزال كاملا. الرطوبة من المذيبات العامة المستخدمة في التحليل تحت الأشعة الحمراء. ولذا عادة الخلايا تظهر بعض التشويشات بعد عدة عينات وضعت في الخلية لإجراء المسح.

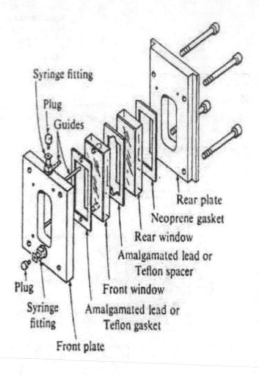

Syringe fitting

Plug

Guides

Rear plate

Neoprene gasket

Rear window

Amalgamated lead or
Teflon spacer

Plug

Front window

Syringe
fitting

Amalgamated lead or
Teflon gasket

Front plate

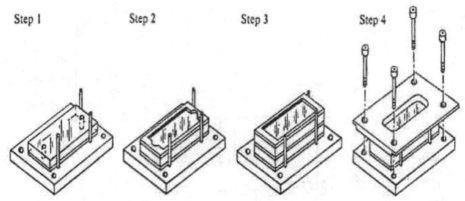

Step 1   Step 2   Step 3   Step 4

Fig. 4.14 Component parts and assembly of a typical sealed cell unit. Step 1: With the front plate inverted, place the gasket and the front window in position. Step 2: Select a spacer of proper thickness and place it on the front window (be sure the filling holes are not obstructed). Step 3: Install the rear window and the gasket as shown. Step 4: Install the rear plate and press it into position. Complete the cell assembly by tightening the retainer screws firmly and evenly. (Courtesy Beckman Instruments, Inc.)

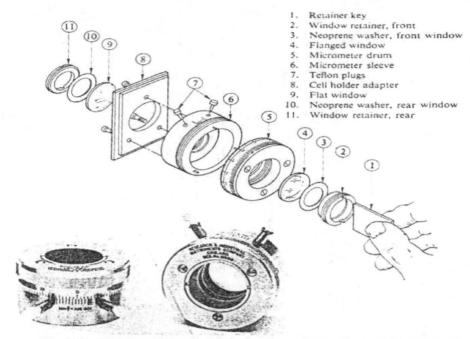

1. Retainer key
2. Window retainer, front
3. Neoprene washer, front window
4. Flanged window
5. Micrometer drum
6. Micrometer sleeve
7. Teflon plugs
8. Cell holder adapter
9. Flat window
10. Neoprene washer, rear window
11. Window retainer, rear

Fig. 4.15 Typical variable path cell. Such units provide a wide range of path lengths in a single cell. (Courtesy Beckman Instruments, Inc.)

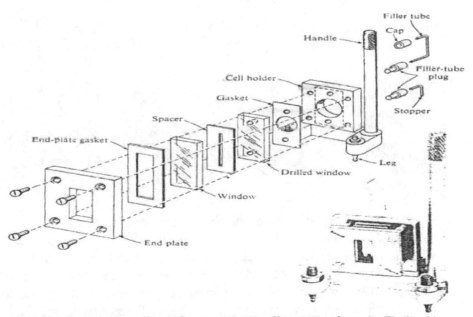

Fig. 4.16 Typical microcell unit for examining small amounts of sample. The liquid cell has a usable area of $1 \times 7\frac{1}{2}$ mm, and it is filled by capillary action. (Courtesy Beckman Instruments, Inc.)

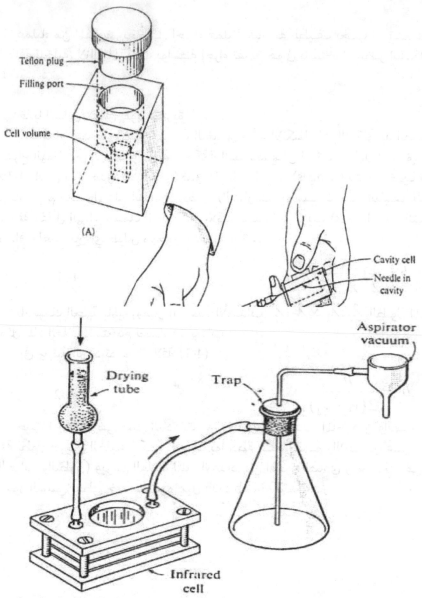

Fig. 4.18 Technique for removing solvent and drying infrared cells.

عمليا: من المفروض بعد كل إجراء عملية قياسية للطيف يجب أن تتم عملية النظافة للخلية، لإزالة المذيبات بواسطة إجراء تفريغ هوائي باستخدام انظر الشكل (4-18)

خلايا السائل: قياس طول الطريق

باستخدام التداخل الإضافي بسبب التغير في قائمة الانكسار لشباك كلوريد الصوديوم والفراغ الهوائي بين الشباك والخلية المحكمة السدادة، يمكن لنا تعيين طول الطريق. شكل (4-19) الذى يبين حدود التداخل الإضافي (أو الشراريب) (fringes) لثلاث خلايا سائل فارغة، ويتم الحصول علي التداخل الإضافي (الشراريب) بواسطة تسجيل الطيف للخلايا الفارغة مقابل الهواء، وسمك الخلية له علاقة بعدد الشراريب (الأهداب) - التداخل الإضافي المعينة بين أي طولين موجيين بالعلاقة الآتية:

$$b = \frac{n}{2}\left(\frac{\lambda_1 \lambda_2}{\lambda_2 - \lambda_1}\right) \qquad 4\text{-}1$$

b- سمك الخلية بالميكروميتر n- عدد الأهداب λ_2, λ_1 & λ_2, λ_1 الطول الموجي ومثل تلك العلاقة تستخدم لحساب الأهداب :

وفي جزئية التردد تصبح العلاقة (4-1)

$$b^* = \frac{n^*}{2(v_1 - v_2)} \qquad 4\text{-}2$$

حيث (b)، (n) هي نفس الترددات v_2، v_1 يبين كلا الهدبين المأخوذين والقيم الأكثر دقة لطول طريق الخلية يمكن تعيينها بواسطة عدد القمم والأحواض علي التوالي (السواف والبطون) وبرسم العلاقة اتلك الإعداد علي المحور الصادي والعدد الموجي علي المحور السيني تعطي خط مستقيم بميل قدره 4b ,b– بالسنتيمتر.

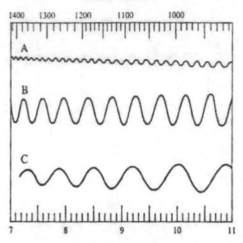

Fig. 4.19 Typical fringe patterns obtained by scanning the spectrum of the empty cell.

نماذج حسابية

احسب طـول الطريـق بالسـنتيمتر مـن الأهـداب مـن الطيـف A شـكل (4-19) مستخدما العلاقة (4-1) اختار الأهـداب بين λ_1, λ_2 في الشـكل (20 -4) يلاحـظ أن n =16 وبالتالي:

$$b = \frac{16(8.05) \times 10.8}{2(10.8 - 8.05)} = 252.9 \, un$$

$$= 0.253 \, mm$$

احسب طول الطريق بالمليمتر من الأهداب المبينة في الطيف β في الشكل (4-19) في المعادلة (4-20) اختار الأهداب ما بين v_1, v_2 1430Cm⁻¹ , 940Cm⁻¹ علي التوالي (9 = n) شكل (4-21) ولذا

$$b = \frac{9 \times 1}{2(1430 - 940)} = 0.0092 \, cm$$

$$= 0.092 \, mm$$

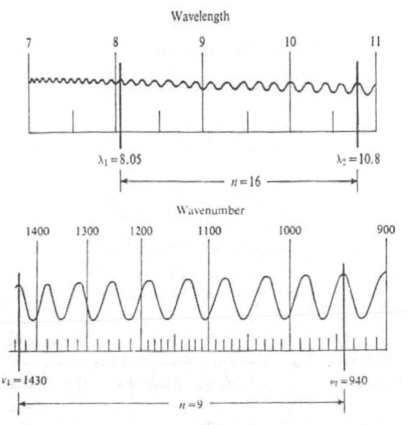

Fig. 4.21 Typical fringes used in the calculation of path length (from Fig. 4.19, spectrum B).

احسب باستخدام بيانات الأهداب الشكل (c) – (4-19) سمك الخلية بواسطة أعداد القمم والأحواض (الحواف والبطون) ثم ارسم ذلك مقابل الترددات علي التوالي: كما هو مبين في شكل (4-22) لرسم القمم والأحواض مقابل الترددات لها، حيث قيمة الميل b 4 =0.0217 ولهذا فان طول الطريق مساويا 0.0054 mn

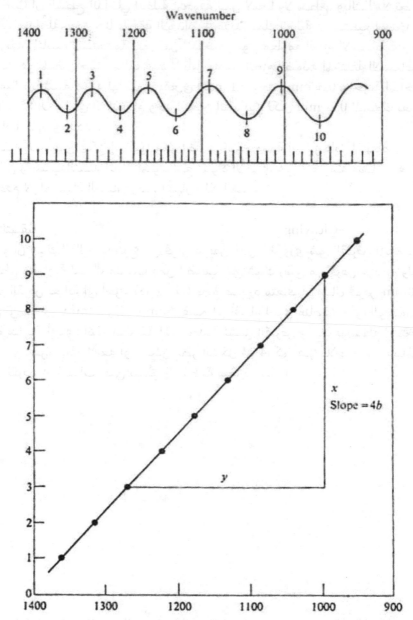

Fig. 4.22 Peak and trough method for determining path length (from Fig. 4.19, spectrum C).

تحديد الخلية المجوفة Calibrating cavity cells

حيث أن السطح الداخلي للخلية المجوفة ليس لامعا ولا سطح، وبالتالي لا تحدث أهداب متداخلة، ومن هنا طريقة الأهداب لتحديد سمك الخلية لا نستطيع استخدامها والطريقة المناسبة المستخدمة هو عمل لاستخدام مواد معلومة الحزم الامتصاصية وعادة البنزين هو المفضل حيث يمتلك عدد لا بأس به من الحزم الضوئية المختلفة الامتصاص .

مثال: بالنسبة لخلية لها سمك يقع في المدى 0.1 وحتى 0.5 mm والحزمة المأخوذة 850Cm-1 الأفضل في الاستخدام وجد التعيين التجريبي لكل 0.1 mm للسمك تعطي امتصاصا 0.22 وحده .

تقريبات أخري يمكن إضافتها وهو اخذ عينات معلومة التركيز ذات امتصاص معلوم وبقياس وحساب النسبة لتلك المواد مع المواد الأخري غير المعلومة وهذه العملية تستخدم لإزالة سمك الخلية ووضع اعتبار لتلك الحسابات .

التشقيق Cleaving

لو أن شباك الهاليد مصنوع من قرص عريض فمن الضروري شق القرص (القضيب) إلي قطع متساوية لسمك مناسب ومن الصعب شق شباك رقيق من قرص عريض، ولهذا يقسم القرص بعناية إلي أجزاء (ذو سمك) قطع صغيره متعاقبة. مثال قرص 100mm، يشق إلي قسمين 50mm وكل 50mm يقسم إلي أقسام أخري مناصفة حتى الوصول إلي أجزاء مناسبة أخري. انظر الطريقة المستخدمة لشق القرص وذلك بواسطة استخدام موس ذو شفرة حادة لامعه أو بسكين انظر الشكل 4.23، كما هو ملاحظ يمرر بالموس حول القرص عدة مرات حتى ينفلق إلي قطعة صغيرة وهكذا.

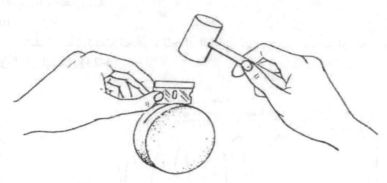

Fig. 4.23   Cleaving a sodium chloride plate.

الطحن   Grinding

تجري عملية الطحن المفضلة بواسطة ورقة خشنة مقاس 200 أو ورقة رمل مبللة أو جافة، وربما يزال الملح المعلق في تجويف سطح الورقة وذلك بواسطة الغسيل البسيط، وبالتالي يمكن إعادة الورقة مرة أخري للاستخدام وعملية الطحن تتم طوليا وليست في الشكل الدائري، ويمكن استخدام ورقة أخري أكثر نعومة وعموما تلك الأوراق ذات نسب معينه وبالمقاس والنعومة تصل إلي مقاس 600 .

عمليـــة التلميـــع   Rough polishing

تتم عملية التلميع أو التنظيف باستخدام لوح فضه silver sheets لو تمـت عمليـة التلميع لأسطح كلوريد الصوديوم فلابد من استخدام لوح مبلل من الفضة وتـتم عمليـة التلميع بطريقة لحركة دائرية. ومع بروميد البوتاسيوم، تتم نفس الطريقـة ولكـن بـدون بلل للوح الفضة، ويمكن أخذ مذيب البروبانول بدلا من الماء .

الصقل   Finishing

يزاح الملح من لوح الفضة ويلمع، باستخدام أداه ضرب طوليه علي جزء لبنيه الملـف للصقل وتكرر عدة مرات بالغسيل. وبعد صقل احد الجوانب للوح، تجري العمليـة عـلي الناحية الاخري للسطح (اللوح)

العينـــات الغازيـــة Gaseous samples

يختلف طيف تحت الحمراء للحالة الغازية عن الحالة السائلة أو الحالـة الصـلبة والفرق انظر الشكل (4-24) .

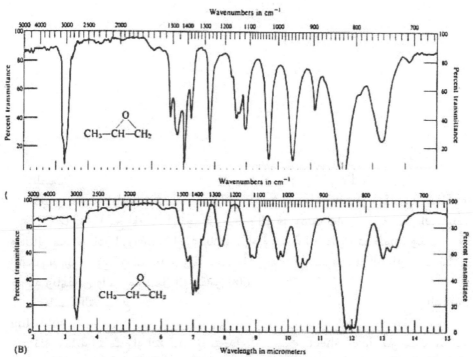

Fig. 4.24 – cont. Spectrum obtained from a liquid sample compared with that obtained from a sample in the gaseous state. Spectrum B depicts propylene oxide as a gas.

حيث الشـكل (n)- يمثـل فـيلم سـائل أكسـيد بـروبيلين، بيـنما طيـف (B) - نفـس المركب في الحالة البخارية. والفرق إنما يعود إلي أن الجزيئات في الحالة البخاريـة تتحـرك بحرية (تدور)، بينما الحركة في الحالة السائلة صغيرة عن الحالة الأولي كما أن الشكل (4-25) يظهر الحالة لكل من الامونيا والميثان كحالات غازية.

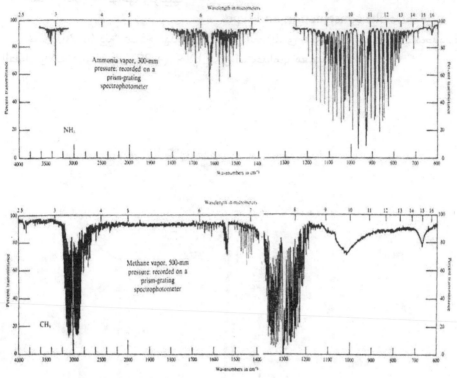

Fig. 4.25 Typical spectra of gaseous samples.

وعموما لا نحتاج معمليا طيف الحالة الغازية إلا انه ربما يحدث لمثل تلك العينة لمركبات ضئيلة جدا في المركبات العضوية.

تقنيات عينه الغاز   Gas sampling technique

تقنيات عديدة خاصة يجب اتخاذها بحذر لوزن كمية من غاز في الظروف العامة ويمكن إجراء مثل التقنيات ببساطة، وهو أن كمية الغاز المعلومة تؤخذ من المستودع متخذا محكم الضغط- الحجم (منظم). تملا أولا الخلية بالغاز أولا وتفرغ ثم تملا مرة أخري بالغاز. وفي عديد من الحالات عينه الغاز تؤخذ مباشرة من مستودع الغاز. وعلي العموم لإيجاد طيف عينة عند ضغط منخفض أو مخاليط لغازات من حيث كميات لشوائب غازية يتم تعيينها وفي تلك التقنية تؤخذ خلية ذات طريق – طويل.

الخلايا الغازية أنواعها وتركيبها

Gas cells: construction and type

شكل (4-26) يبين نموذج لهذه الأنواع من الخلايا. في هذا النوع من الخلايا محدودة الطول والأبعاد. والشكل (4-27). خلايا يمكن استخدامها **معمليا:**

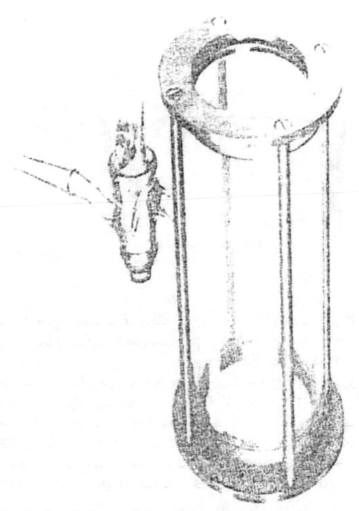

Fig. 4.26 Typical cell for examining gaseous samples. (Courtesy Beckman Instruments, Inc.)

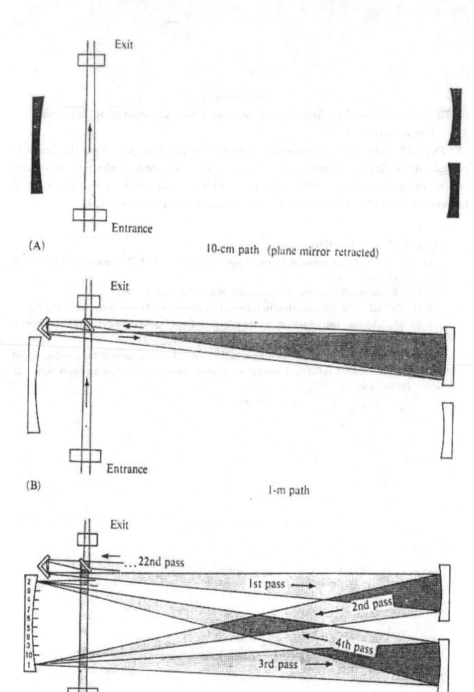

(A) 10-cm path (plane mirror retracted)

(B) 1-m path

- 95 -

Entrance

(C)10- m path showing first four passes and foci of remaining traversals on single mirror

Fig 4.27 Schematic diagram for a multipass gas cell. Note that the beam is passed either directly through the cell (A) or it is reflected by the mirror system two or more times the length of the cell. Which is perpendicular to the normal traverse of the radiant beam. (Courtesy Bachman Instruments. Inc.)

SUGGESTED READING

1- W. J. Potts, JR., Chemical infrared spectroscopy, Vol. I, Techniques. Wiley, New York, 1963.

2- R.P. Bauman, Absorption spectroscopy. Wiley, New York, 1962.

3- W. BRUGEL. An introduction to infrared spectroscopy, Wiley, New York. 1962.

4- A. D. CROSS, introduction to practical infrared spectroscopy, Butters worth, London (1961).

5- J. FAHRENFORT, " Attenuated total reflection – A New principle for production of Useful infrared reflection spectra of organic compounds." Spectrochim acta , 17 (1961), 698

****

الباب الخامس

التحليل النوعي

Qualitative analysis

خصائص ترددات المجموعة

Characteristic group frequencies

يبين طيف الامتصاص الأشعة تحت الحمراء أو طيف معامل الانكسار لبعض المركبات العضوية وحزم الامتصاص المصاحبة مع وحدة التركيب خلال الجزيء .

مثال: مجموعة ($-CH_2-$) في البرافينات كما في $CH_3CH_2CH_2CH_2CH_3$ يأخذ اهتزازا مشابه لما هو موجود في المركبات الأخرى الكبيرة والتي لها أو يوجد بها مجموعة مثيلين كجزء من التركيب الجزيئي. كما هو مشار إليه في الباب الأول والثاني، هذا الظهور الثابت للحزمة إنما يعود إلي جزء من تركيب خاص ليعطي إشارة، وهذه الإشارة تعتبر خاصية لترددات المجموعة وعلي أساس تلك الترددات للكيمياء امتلاك التعليق علي الإعداد الكبيرة للذرة المهتزة المعينة، تظهر حزم امتصاص. وتدخل علاقة جديدة في العديد من الحالات بتطبيق المعادلة (15-2) وعلاقة قانون هوك لتردد الاهتزاز لزوج من الذرات وفي مثل تلك الحسابات يجب إيجاد ثابت القوي من معلومات فيزيائية أخري أو علاقة تجريبية مشتقة من تلك المعلومات والكيميائي الحديث يمكنه إيجاد معلومات التركيب لعدة سنين مضت والأمثلة العديدة لهذا التقريب موجودة في آخر الكتاب للعديد من المركبات العضوية الشائعة

يلخص شكل (1-5) بعض العلاقات البسيطة عن المجموعات الوظيفية. والحزم الضوئية التى لها تردد عال عند المنطقة الواقعة الامتصاصية $5000\text{-}1000 Cm^{-1}$ ناتجة عن التمدد واهتزاز الرباط لمجموعة يمكن أن تكون وحدة ثنائية الذرية، بمعني C= C, C = O, O-H, N-H, C-H .... الخ.

لاحظ أيضا بتناقص كتل الذرات يزداد التردد (قارن التمدد بين C=C ,C-H) في الشكل (1-5) لاحظ أيضا تغير ثابت القوي الذي يشير

إلي عدد الأربطة المتصلة بالأزواج الذرية لاحظ نفس التأثير ما بين C-C, C= C, C ≡ C في المنطقة للشكل (1-5) لاحظ أيضا حسابات تردد الأزواج الذرية للاهتزاز إنما هو يعكس فقط كتل الذرات وثابت القوي للرباط بين الذرات وجود خط واضح حاد لكل الامتصاصات المماثلة. وعلي أي حال وحدة الاهتزازات يمكن أن تتأثر من تركيبه خارجية متصلة لكلا الذرات. هذا التركيب يعكس فقط كتل الذرات وثابت القوة للرباط بين الذرات.

وظهور خط واضح لكل الامتصاصات المماثلة كما أن وحدة الاهتزاز يمكن أن تتأثر من تركيبه خارجية خلال منطقة ضيقة نسبيا للطيف.

وظهور حزمة عند ترددات طفيفة في المنطقة 1450 وحتى $625Cm^{-1}$ ستعطي اهتزازات للجزىء لكل إلي وحدات عديدة الذرية، وبالتالي هذه الحزم تعتبر خاضعة لجزئ خاص والمنطقة من $1430Cm^{-1}$ وحتى $830Cm^{-1}$ تشير تماما وكأنها بصمة للمنطقة.

وفي فحص الأنظمة العضوية، عناصر الجزىء الخاضعة يمكن تقسيمها بواسطة قدرتها لانتقال ميكانيكي أي، تحدث إزاحة، استبدال..... الخ، أو بواسطة وجود مجموعات لها دلالة وظيفية أي مجاميع هيدروكسيل، كيتونات..........الخ. والمجموعات تعطي ترددات مماثله. مجموعة C=O يجب أن تظهر بالتقريب نفس المنطقة للطيف.

ولهذا أي طيف أشعة تحت الحمراء لأي جزئ عضوي يجب التوقع ليعطي معلومات موجبة وسالبة تشير لتركيب الجزئي فقد تشتق المعلومات الموجبة من خصائص الحزمة الضوئية الظاهرة في الطيف، والسالبة فهي تستبعد وحدة الجزىء غير الموجود، وهذا بسبب الافتقار للحزمة الضوئية التي تؤول إلي المجموعة الدالة في منطقة الطيف الخاصة.

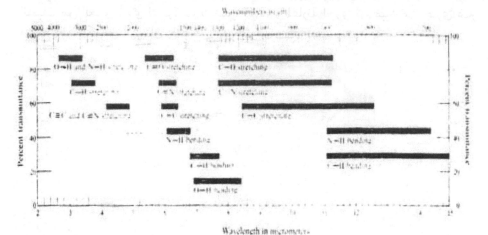

Fig. 5.1 Simple correlations of group vibrations to regions of infrared absorptions.

من المعلوم كل الجزيئات العضوية تحتوي علي مجموعة شد (C-H) في المجاميع المشبعة (البرافينات) أو مجموعة أيضا (C-H) في المجاميع غير المشبعة (الاوليفينات) ومن خلال معلومية خصوصية الامتصاص فإنها تكون مهمة جدا. وعموما عملية التفسير إنما تعتمد علي عدة خصائص منها الوضع، الكثافة عدد الأحزمة الجديدة الظاهرة في مجاميع الطيف، إضافة إلي المادة C-H الموجودة. وعموما فإن عملية التفسير في الأشعة ليست سهلة أو بسيطة. ولكن التأكيد تحت أساسيات فإنها تبين للكيميائي الحصول علي معلومات وتعتبر بعد ذلك قاعدة للتفسيرات لتوضح تركيبه الجزيء.

توزيع حزم الامتصاص في يطف الأشعة تحت الحمراء: الفحص المبدئي

Distribution of adsorption bonds is an infrared spectrum; preliminary examination

غالبا السؤال لخبير الطيف هو: كيف يمكن التوصل في زمن قصير لعملية التفسير والإجابة تختلف كثيرا ويظهر السؤال لجزء من الحقيقة انه لديه عدد كبير تم فحصه لطيف عديد من المركبات العضوية المختلفة ومن الأشكال الكلية للطيف (بمعني الوضع، العدد، الكثافة الضوئية للحزم) فتكون السرعة لمعرفة مواقع موضع الجزيئات والذرات

في المناطق المختلفة تحت الفحص شكل (2-5) يبين الفرق في كل الأشكال لامتصـاص الطيف من الجزئي الذي له تركيب يتضمن C-H والمقارنة لجزئ تام مبين من جـزئ غـير مشبع C-H كما في الهيبتان والبنزين علي التوالي.

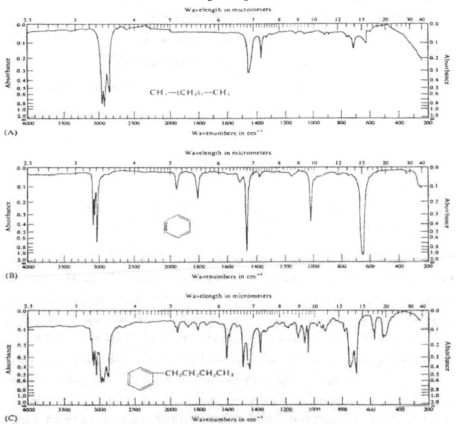

Fig. 5.2 Spectral differences between (A) saturated C—H-containing molecules, (B) unsaturated C—H-containing moieties, and (C) mixed saturated and unsaturated functional groups. (Courtesy of Sadtler Research Laboratories.)

بالنسبة للمجموعات المهمة يكون التعاقب الكلي للحزم لكل وحدة جزيء. ففي المـواد البرافينـات (alkane) كمثـال بواسـطة الفحـص للهيبتـان كـل امتصـاص عـال الكثافة يعتبر مسلط في نصف عدد الموجه العالي للطيف عكسيا المواد العطرية كمثال في طيف البنزين فانه يأخذ معظم الامتصاص لحزم الطيف في منطقة عـدد مـوجي لطيـف منخفض وبالطبع عدد الحزم والمواضع لكل مادة آخذه ساحة واسعة

شكل (5-5) يتضمن هذه العلاقة تخطيطيا ويدل أيضا نـوع التوزيـع لشـدة الحـزم المتوقعة للمادتـين الموجودتـان لـنفس الجـزئي (N- نيونيـل بنـزين أو مشـابه أو مماثـل للمادة).

وفي الفصل السـابق: تمـت مناقشـة بعـض العوامـل التـي تقـدر عـدد وشـدة الحـزم الممتصة خلال الجزىء، تشمل كتلـة الـذرة، ثابـت قـوة الأربطـة بـين الـذرات والتماثليـة للجزىء وتأثير التركيب غير المترابط علي الاهتزاز تحدد هذه المؤثرات بوضوح التفـاعلات البينية للجزىء العدد والكثافة النسبية لحزم الامتصاص الواحدة الأداء الناجمة للانفـراد، الجزىء المعزول هذا الجزىء طيف الأشعة تحـت الاختبـار يكـون نـادرا إذا تلاقـي في أي وقت. تأثير خارجي حقيقي فعال لكل من موضع حزم الامتصاص والكثافة كلهـا مـؤثرات للحالة الفيزيائية للمادة الخاضعة والتجمع الداخلي مثل الرابطة الايدروجينيـه، الإماهـه، لها تأثيرا علي عملية إزاحة وتغير في كثافة الحزمة. ولهذا فان الطريقة المستخدمة لتعيـين الطيف الخاص يجب أن يكون في الذاكرة، والجزء غير المعلوم، هنا الطيف لتلك المجاميع يتم مقارنتها مع المادة المعلومة طيف الامتصاص .

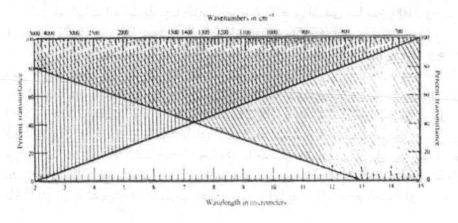

Trend in intensities due to the saturated portion of a molecule
Trend in intensities due to the unsaturated (aromatic) portion of a molecule

Fig. 5.3 Correlations of saturated and unsaturated group absorptions to band intensities in the 5000 to 625 cm^{-1} region (2 to 16 μm).

تفسير طيف الأشعة تحت الحمراء (١) المواد المشبعه وغير المشبعة

Interpretation of infrared spectra (1): Saturated and unsaturated substrates

هذا الجزء سوف يتناول خصائص امتصاص أشعة الطيف الهامة للمجموعات الشائعة الموزعة نظاميا في المواد العضوية والقارئ يجب أن يلاحظ خصوصية التردد للحزم الحادثة الناجمة عن تلك المجموعات .

أولا: الالكانات والالكانات الحلقية (البرافينات والبرافينات الحلقية) يمكن تقسيم طيف الاهتزاز إلي جزءين تنشأ تلك الأحزمة من اهتزازات الروابط الهيدروجينية - الكربونية كل تلك الأربطة داخله في حركة الشكل الهيكلي للكربون من حيث حالة مجموعات الميثيل والمثيلين والتي يمكن اعتبارها كتلة واحدة.

اهتزاز امتداد رابطة كربون - هيدروجين :

C-H stretching vibrations

كل المركبات العضوية لها حزمة ضوئية تقع في المدى ما بين 3100 وحتى 2750Cm-1 تقريبا وهذا يعود إلي الرباط المشدود بين (C-H) انظر الشكل (4-5) .

عند استخدام جهاز شدة الضوء النسبي - لخلية كلوريد الصوديوم يلاحظ وجود اثنين حزمة ضوئية أو ثلاثة فى تلك المنطقة لمركبات هيدروكربونية مشبعه وعند تحليل عال لأجهزة عالية الدقة يلاحظ وجود أربع حزم لتلك المنطقة كما هو ملاحظ في الشكل (4-5) -الشكل الدائري، والذي يظهر اهتزازات مجموعة الميثيل أو الميثيلين للجزىء تحت ظروف عالية فكلا المجموعتين أي الميثيل أو الميثيلين فبواسطة الرنين ينشقا إلي جزأين كما هو مبين في الشكل (5-5) ولسوف نلاحظ أن كل مجموعة خاضعة لها تغير اهتزازي متماثل وغير متماثل لثلاثة أو أربع سجاميع ذرية ومواضع تلك الأحزمة ثابتة ولا يأخذا أي زاوية تشويش أو اضطراب (وهذا يعني) إنما يعود إلي حجم الحلقة أو

أي تفاعلات أخري. والاهتزاز غير المتماثل لمجموعة الميثيلين ($-CH_2-$) في البروبان الحلقي كمثال، حدوث إزاحة إلي $3050Cm^{-1}$ ناتج عن انقباض الزاوية .

اهتزاز رابطة (C-H) C-H bending vibrations

التشويه واهتزاز وتر مجموعة C-H يمكن أن تنقسم كما هي في شكل (5-6) .

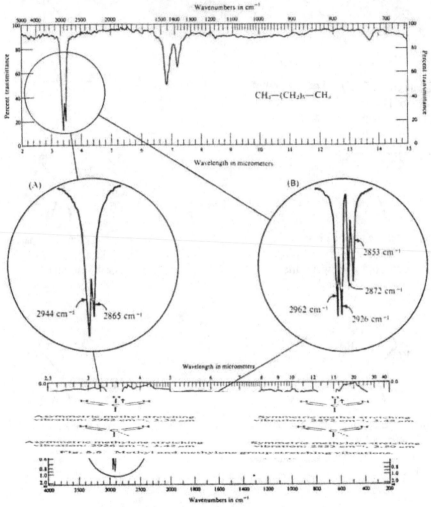

Fig. 5.4 Spectrum of heptane. C—H stretching vibrations as resolved using (A) sodium chloride optics and (B) lithium fluoride optics or a grating. (Courtesy of Sadtler Research Laboratories.)

Asymmetric methyl bending vibration: 1460 cm⁻¹, 6.85 μm (overlapped with methylene scissoring)

Symmetric methyl bending vibration: 1379 cm⁻¹, 7.25 μm

Methyl rocking deformation 1141–1132 cm⁻¹, 8.76-8.83 μm (overlapped with C–C str.)

Methylene scissoring deformation 1468 cm⁻¹, 6.81 μm (overlapped with asymmetric methyl bending)

Methylene wagging deformation 1306-1303 cm⁻¹, 7.65-7.67 μm (weak absorption)

Methylene twisting deformation (overlapped with methylene wagging)

Methylene rocking deformation 720 cm⁻¹, 13.89 μm

Fig. 5.6   Methyl and methylene group deformations (bending vibrations).

يمكن لمجموعة الميثيل ($-CH_3$) يمكن أن نتحمل لاهتزازيين من التشويه، واحد متماثل والآخر غير متماثل، وبالنسبة لمجموعة المثيلين $-CH_2-$ يمكن أن تتحمل الأربع أنواع من التحركات مع الاحتفاظ للمجموعات الجانبية وبالفحص لطيف الالكان شكل (5-4) يلاحظ ثلاثة حزم لهم كثافة ذات معني.

بناءا إلي التقارب لاهتزاز مجموعة الميثيلين المفصوصة واهتزاز رباط مجموعة الميثيل اللا متماثلة، حيث يلاحظ فقط حزمة مفردة في المدى ما بين 1460 وحتى $1467Cm^{-1}$ وفي الشكل (5-7) شكل هذه الحزمة مخصصه لنوعين للجزيئات، منظر (A) هو نموذج البرافينات بينما الشكل B- هو مجموعة البرافينات الحلقية البسيطة لا يمتلك بديل ميثيل وفي الحالة الأخيرة اهتزاز رابط الميثيل اللا متماثلة غير موجود ولهذا تكون الحزمة حادة جدا وضيقة عن الموجودة والمشابهة في طيف البرافينات العادية.

كما توجد حزمة صغيرة عند $1378Cm^{-1}$ وهى تعود إلي اهتزاز رابطة مجموعة الميثيل المتماثلة وكما هو ملاحظ من شكل (5-7) ومنظر الفصين لهذه المنطقة فقط أنظمة لنموذج برافينات لهم خاصية تلك الحزمة وسوف يظهر فقط في طيف البرافين الحلقي لو ناتج الحلقة واحدة أو أكثر لمجموعات ميثيل مستبدلة، فوجود مجموعة الميثيل تؤكد بواسطة فحص الامتصاص في هذه المنطقة، وعندما يوجد لاثنين أو ثلاثة مجاميع علي ذرة كربون واحدة، فالحزمة عند $378Cm^{-1}$ تنشق إلي ترددين بواسطة الرنين. هذه الظاهرة عموما تشير وكأنها لمجموعة ايزوبروبايل أو رباعي بيونان مشقوقة وفي العديد من الحالات تلك المشقوقات الخاصة تكون لتشخيص لوجود ثنائي ميثيل أو مجموعات متعلقة. فوجد حزمة عند $1170Cm^{-1}$ مقعده أو مفلطحة عند $1145Cm^{-1}$- تشير إلي نظام مجموعة ايزوبروبايل ووجود حزمة عند

255Cm^{-1} مرتبطة بالمنطقة 1210Cm^{-1} لتدل علي مجموعات رباعي بيونايل ويحدث الكربون الرباعي مجموعتين ميثيل ولها امتصاص عند 1145Cm^{-1} وخاصة هذه الامتصاصات تتغير في حدوث مركب مجموعة ميثيل قريبة لأي ذرة كربون أو مجموعة كربونيل هذا ما هو متوقع في الشكل (5-8) والمتعلق لهذه المنطقة يتلخص في الجدول (5-1).

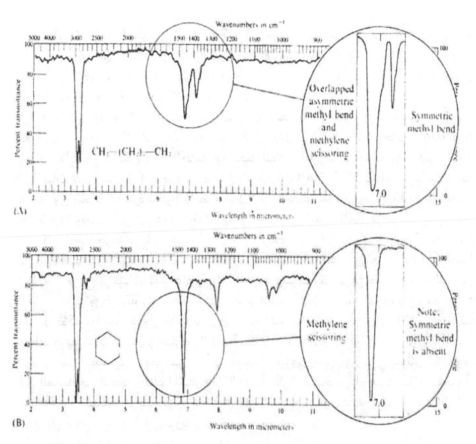

Fig. 5.7 Examples of the spectral changes in the 1538 to 1333 cm^{-1} region (6.5 to 7.5 μm) for alkanes and cycloalkanes (C—H bendings).

في الشكل (5-4) ظهور طيف لأربع حزم في المنطقة 725Cm^{-1} و 720Cm^{-1} (ضعيفة) يميز هذا الاهتزاز لأربع مجموعات ميثيلين علي الأقل (CH$_2$)$_4$ في الاشتراك ونعين الاهتزازات الميثيلين حيث مجموعتين

أو ثلاثة لمجموعة الميثيلين يكونوا في وحدة وتتراوح الاهتزازات إلي ترددات عالية، $743Cm^{-1}$ إلي $734Cm^{-1}$، $790Cm^{-1}$ إلي $770Cm^{-1}$ علي الترتيب نوجد امتصاصات أخري ضعيفة جدا عن المشروح سابقا في هذا الجزء القادم وتكون مجموعة الميثيلين متأرجحة ملتوية أو شبه اهتزازية عائدة إلي هيئة الرباط والشد للمجموعة (C-C) هذه الاهتزازات تعطي عموما من عالي إلي امتصاص ضعيف الاستثناء الوحيد لتلك الظاهرة في حالة البرافينات الحلقية والجزيئات القطبية بينما كثافة الحزمة تزداد بوضوح .

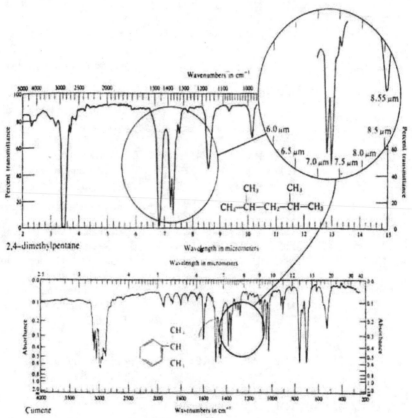

Fig. 5.8 Spectrum of 2,4-dimethylpentane, and cumene examples of the spectral changes due to geminal disubstitution. The exploded portion of the spectrum shows the "isopropyl split" of the $1379\ cm^{-1}$ ($7.25\ \mu m$) symmetric methyl bending and the confirming band at $1170\ cm^{-1}$ ($8.55\ \mu m$). (Courtesy of Sadtler Research Laboratories.)

Table 3.1. Summary of the Characteristic Absorptions Due to Alkane Linkages

Functional Group	Frequency (cm^{-1})	Wavelength (μm)	Remarks
—CH$_3$	2962 ± 10 (s)*	3.38	C—H stretching-doublet
	2872 ± 10 (s)	3.48	asymmetric and symmetric mode, independent of size of molecule
	1450 ± 20 (m)*	6.89	Asymmetric C—H deformation
	1380 – 1370 (s)	7.25 – 7.30	Symmetric C—H deformation; higher frequency if on C=C
—CH$_2$—	2926 ± 5 (s)	3.42	Asymmetric vibration of H atom
	2853 ± 5 (s)	3.50	Symmetric vibration of H atom; independent of size of molecule
	1465 ± 15 (m)	6.83	C—H bending; sharp
	1350 – 1150	7.41 – 8.69	C—H twisting
	1100 – 700	9.09 – 14.28	C—H rocking; intense
C—H	2890 ± 10 (w)*	3.46	C—H stretching
—C(CH$_3$)$_3$	1397 (m)	7.16	Doublet —C—H deformation
	1370 (s)	7.30	
	1250	8.00	C—C skeletal vibrations
	1208 ± 6	8.28	C—C skeletal vibrations
—CH(CH$_3$)$_2$	1385 (s)	7.22	Doublet —C—H deformation; equal intensity
	1370 (s)	7.30	
	1170	8.55	Skeletal vibrations;
	1145	8.73	C—C stretch and C—C—H bending
—C(=O)—O—CH$_3$	1442 – 1435	6.94 – 6.97	Similar to the 1380 cm^{-1} for —C—CH$_3$
—CH$_2$—CO (6-ring)	1440 – 1415	6.95 – 7.07	
—CH$_2$—CO (5-ring)	1411 – 1404	7.08 – 7.12	
—(CH$_2$)$_x$—	740 – 720	13.51 – 13.89	x = 4; C—C vibration, singlet in liquid; doublet in solid; (may actually be due to CH$_2$ deformation)
C—CH(CH$_3$)—CH(CH$_3$)—C	1140 – 1110	8.77 – 9.01	C—C skeletal vibration

*(s) = strong intensity; (m) = medium intensity; (w) = weak intensity.

Nekenes الأوليفينات (الاكلينات)

المركبات التي تحتوي علي روابط مزدوجة يلاحظ وجود تغير واضح في الطيف تحت الحمراء عندما يقارن بطيف الالكانات، هذا التغير عموما يلازمه امتصاصا ناتج عن الاهتزاز للروابط C(H) = في النظام وهذا يلازم وحدة الاهتزاز (C = C) شكل (5-9) يعطي نموذج الطيف للالكينات في هذا المنظر المتلازم يمكن للقارئ أن يري المنطقة المعنية بخصوص هذا الغرض .

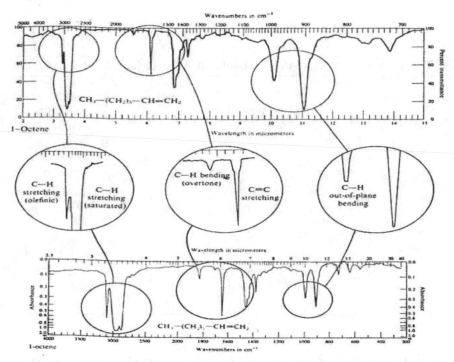

Fig. 5.9 Spectrum of a typical terminal olefin and an enlarged view of the regions of particular importance in interpretation. The spectrum is of octene-1 (thin liquid film). (Courtesy of Sadtler Research Laboratories.)

اهتزاز الرابطة المزدوجة لذرتي كربون

C=C double bond stretching vibrations

حدوث قمة اهتزاز الرابطة الثنائية المنفصلة في المنطقة من $1620Cm^{-1}$ إلي $1680Cm^{-1}$ والمركبات الحائزة لرابطة مزدوجة طرفية مثل ($R_1R_2c = CH_2$),R- مجموعة الكيل، يكون الامتصاص في المنطقة $1648Cm^{-1}$ -1658 ويبين جدول (2-5) مواضع الاهتزاز الممتد (C=C) لدالة الاستبدال الموجودة والشكل الهندسي النسبي للنظام.

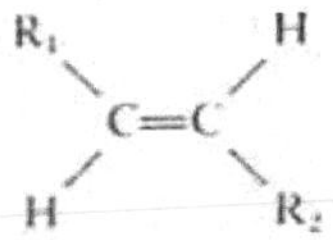

Table 5.2. Carbon-Carbon Double-Bond Stretching Bands of Alkenes

1.	*trans*	1678–1668 cm⁻¹ (5.96–5.99μm)	4	*cis*	1662–1652 cm⁻¹ (6.02–6.05μm)
2.		1675–1665 cm⁻¹ (5.97–6.01μm)			1658–1648 cm⁻¹ (6.03–6.07μm)
3.		1675–1665 cm⁻¹ (5.97–6.01μm)	6.		1648–1638 cm⁻¹ (6.07–6.11μm)

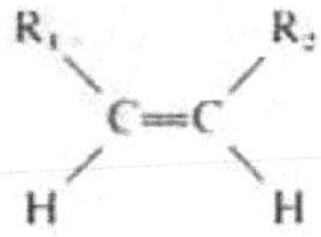

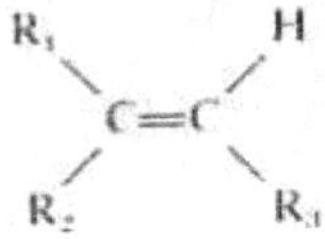

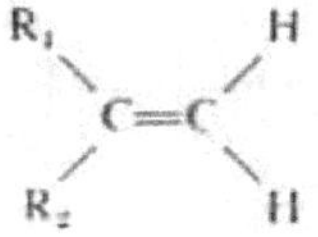

إضافة من المتوقع أن كثافة امتصاص C=C سوف تقل كوحدة ثنائية الرابطة تتحرك من موضع نهائي تجاه مركز سلسلة الجزىء وعلي العموم يعطي امتداد الاهتزاز لحزمة ضعيفة في هذه المنطقة.

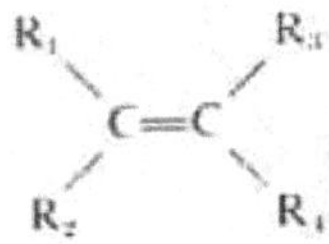

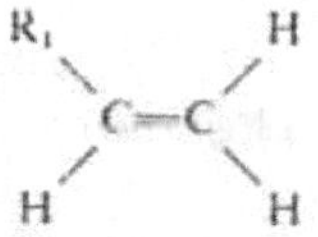

ففي حالة المركبات الاليفاتية (المفتوحة السلسلة) وفي الأنظمة المقترنة البسيطة، توجد حزمة قوية واحدة بتردد منخفض عند المنطقة $25Cm^{-1}$ عن الحزمة عديمة الاتزان وعندما توجد الرابطة المزدوجة للحلقة العطرية في الامتصاص يقع في المنطقة $1625Cm^{-1}$ انظر

الشكل (5-10) وقارنه بالشكل (5-9) حيث وجود إزاحة مماثلة لرابطة ثنائية للامتصاص وعندما تكون الرابطة مقترنة بمجموعة كربونيل أو عناصر عدة روابط متماثلة. وبالتالي توجد علاقة مع زيادة الكثافة للامتصاص الاوليفيني عندما يقارن بكثافة لأحزمة امتصاص غير مقترنة.

C-H stretching vibration   اهتزاز امتداد (C-H) (توتر)

مثلما هو في حالات الاهتزاز لمجموعة الميثيلين المشبعة، فان مجموعة الميثيلين =C= تأخذ اهتزازا متماثلا وغير متماثل كما هو مبين في الشكل (5-11) حيث الاهتزاز المتماثل عند المنطقة $2975Cm^{-1}$ ويكون متداخلا مع امتصاصات المجموعة (C-H) في المركبات المشبعة وتظهر عند ترددات عالية $3080Cm^{-1}$ عن الالكانات المشبعة.

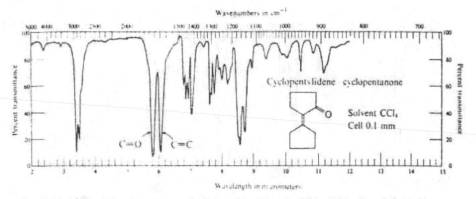

Fig. 5.10   Effect of conjugation on the intensity of the C=C stretching band. Contrast the intensity of the C=C stretching band with that shown in Fig. 5.9, using the saturated C—H band as a reference for the comparison.

وظهور هذه الرابطة عادة تشير لمجموعة اوليفينيه للمجموعة (C-H) أو (C-H) عطرية وأيضا التردد الممتص الممتد C(H)= عند $3020Cm^{-1}$ ، وتمتص بوضوح عند منطقة اعلي من الامتصاصات للبرافينات وبالتالي معلومة الاهتزازات عادة لأغراض التفاسير، انظر الشكل (5-12) والمصاحب للشكل المكبر.

Asymmetric methylene stretching vibration; 3090-3070 cm^{-1}, 3.24-3.26 μm

Symmetric methylene stretching vibration; 2985-2965 cm^{-1}, 3.35-3.37 μm (overlapped with the asymmetric methyl and methylene absorptions

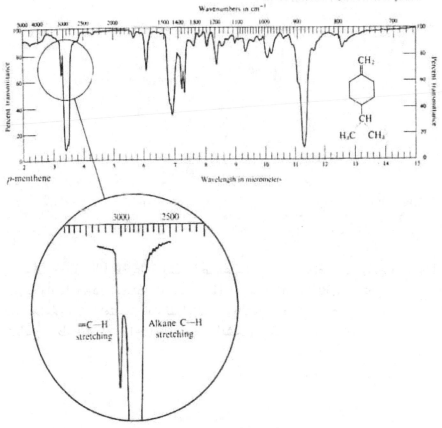

Fig. 5.12 Typical olefinic spectrum indicating the separation of alkane and alkene C—H stretching absorptions.

اهتزاز رابطة C-H   C-H bonding vibrations

الرابطة الهامة أو الأكثر أهمية في طيف جزئ المحتوي علي المجموعة C(H) = هـي اهتزاز الرابطة خارج السطح. هـذه الاهتـزازات تعطـي ارتفـاع لقمـة مميـزة في المنطقـة $1000Cm^{-1}$ إلي $800Cm^{-1}$ (10- 12.5 um) كـما هـو مبـين في الجـدول (5-3) ولـو تـم استبدال مجموعة فاينيل (vinyl) للنوع $R-CH=CH_2$ فإنهـا تكتسـب امتصـاص رابطـة حادة خارج السـطح **(out-of plane)** بـالقرب مـن $985Cm^{-1}$ وحتـى $910Cm^{-1}$ ولـو تـم استبدال مثل في 3.4- ثنائي كلورو -١- بيوتان أدي إلي إزاحة الحزمة علي نحو متصل معـا وتزيد المدى أكثر عن ما هو عليه (طفيف) ولو تم استبدال كـما هـو مبـين (C=C-OR) فيكون شكل الحزمة والوضع سيتم تغييرها كلية والاستبدالات مثـل الهـالوجين أو الكيـل يلاحظ ليس لها تأثيرا علي الوضع للامتصاص أو مجموعـة الكربونيـل ولـو أن الاسـتبدال لمجموعة نيتريل أو مجموعة كربونيل فيكـون اهتـزاز الربـاط خـارج السـطح يـزاح مـن وضعه المعتاد في الهيدروكربونات المتماثلة مـن $9100Cm^{-1}$ إلي $880Cm^{-1}$ هـذه الإزاحـة ليست كاملـة مطلقـا لمركبـات الكربونيـل ومـن هنـا العـدد لقنطـره حلقتـي التيربينـات يكتسب إزاحة حزمة مماثلة لمجاميع اكو حلقة ميثيلين exocylic methylene مثال لمثل تلك الإزاحة. ينظر في شكل (13-5) لمركب ميثيل ميثا اكـرلات methyl methaacrylate .

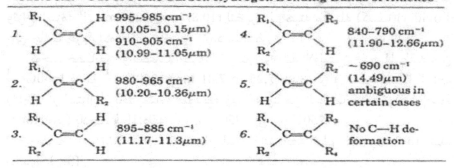

Table 5.3. Out-of-Plane Carbon-Hydrogen Bending Bands of Alkenes

1.		995–985 cm^{-1} (10.05–10.15μm) 910–905 cm^{-1} (10.99–11.05μm)	*4.*		840–790 cm^{-1} (11.90–12.66μm)
2.		980–965 cm^{-1} (10.20–10.36μm)	*5.*		~690 cm^{-1} (14.49μm) ambiguous in certain cases
3.		895–885 cm^{-1} (11.17–11.3μm)	*6.*		No C—H deformation

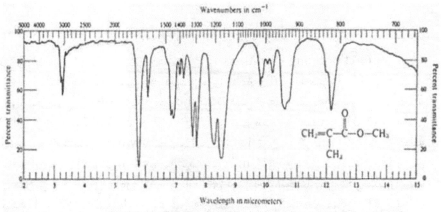

Fig. 5.13 Spectrum of methylmethacrylate. This is a typical example of the effect of conjugation on the position of the out-of-plane C—H bending vibration.

في التركيب R-CH= CH-R حيث R', R أو كلاهما عبارة عن مجموعة الكيل. كما في نظير ما وراء ١- كلورو -٢- بنتين. حيث تظهر الامتصاصية لمجموعة C-H = عند نفس التردد كما هو ملاحظ في نظير ما وراء (ترانس) ٢- بنتين $972Cm^{-1}$ (10.29 um)- ولو أن مجموعة الهالوجين متصلة، فيكون اتصالها مباشرة بذره الكربون لرابطة الاوليفين، وتزاح الحزمة إلي $920Cm^{-1}$ (10.87 um) لتظهر علي هيئة مكسله (كتف)(Shoulder) علي جانب حزمة الامتصاص المعتادة بتردد منخفض

توجد خصائص أو صفات أخري لحـزمتين لرابطـة الاوليفيـن ففـي المنطقـة مـن $1400Cm^{-1}$ وحتى $1280Cm^{-1}$ (7.25 to 7.81 um) امتصاص في سطح الشـكل المتعـذر (C-H) أو اهتزاز الرباط بكثافة متوسطة وفي العديد من الحالات حزمة توفقيه إضافية (overtone) نلاحظ في المنطقة من $1850Cm^{-1}$ إلي $1750Cm^{-1}$.

خصائص ترددات اهتزازية لعـدد للاكلينـات الشـائعة انظر الجـدول (3-5) وكذلك الجدول (5-5) .

Table 5.4. Summary of Typical Vibrational Frequencies
of a Number of Common Alkenes

Molecule	ν_{CH}	$\nu_{C=C}$	δ_{CH} (in-plane)	δ'_{CH} (out-of-plane)	Overtone of δ'
A. Monosubstituted Alkenes					
Propylene	3082	1646	1417	996, 919	1831
	3013				
1-Butene	3087	1645	1420	992, 911	1832
1-Pentene	3075	1647	1420	992, 915	1835
1-Hexene	3083	1642	1416	994, 909	1820
1-Heptene	3082	1645	1400	995, 910	1825
3,3-dimethyl-	3094				
butene	3000	1646	1416	1000, 911	1827
B. cis Disubstituted Alkenes					
2-Butene	3029				
	2987	1662	1406	675	
2-Pentene	3018				
	2972	1657	1407	692	
2-Hexene	3012	1654	1407	693	
3-Hexene	3016	1653	1408	715	
C. trans Disubstituted Alkenes					
2-Butene	3021	. . . .	1302	962	
2-Pentene	3029	. . . .	1296	965	
2-Hexene	3027	1668	1300	965	
3-Hexene	3030	. . . .	1289	965	
D. Asymmetrically Substituted Alkenes					
Isobutene	3086				
	2987	1662	1420	887	1790
2-Methyl-1-butene	3092	1652	1416	890	1788
2-Methyl-1-pentene	3079				
	2969	1652	1414	890	1787
2-Methyl-1-heptene	3076	1654	1415	888	1790

Table 5.5 Summary of the Characteristic Absorptions Due to Alkene (C=C) Linkages

Functional Group	Frequency (cm⁻¹)	Wavelength (μm)	Remarks
C=C (nonconj.)	1670–1615	5.99–6.19	C=C stretching; intensity quite variable
C=C (conj.)	1600–1590	6.25–6.29	C=C stretching; intensity enhanced
—C=CH₂ (vinyl)	3080 ± 10 (m)	3.25	C—H stretching-doublet asymmetric and symmetric
	2995 ± 10 (m)	3.35	
—CH=CH— (trans)	3040–3010 (m)	3.29–3.32	C—H stretching
	965 ± 5 (s)	10.36	C—H out-of-plane deformation
	1300 ± 5	7.69	C—H in-plane deformation; intensity variable
RR'C=CH₂	880–898 (s)	11.36–11.14	C—H rocking; strong characteristic
R—C—H ‖ H—C—R'	965–975 (s)	10.36–10.26	C—H rocking; strong characteristic
	1325–1275 (m)	7.55–7.85	C—H bending, medium
	1600–1650	6.25–6.06	C=C stretching, may be absent
R—C—H ‖ R'—C—H	675–729	14.81–13.72	C—H rocking; not too dependenable
RCH=CR'R"	840–800	11.90–12.50	C—H deformation
	1670	5.99	C=C stretching

$$\begin{array}{c} R \quad\quad H \\ \diagdown\,C{=}C\,\diagup \quad\quad H \\ H \quad\quad C{=}C \\ \diagup\quad\quad\diagdown \\ H \quad\quad R \\ (trans\text{-}trans) \end{array}$$

	988	10.12	C—H rocking

$$\begin{array}{c} R \quad\quad H \\ \diagdown\,C{=}C\,\diagup \quad\quad R \\ H \quad\quad C{=}C \\ \diagup\quad\quad\diagdown \\ H \quad\quad H \\ (trans\text{-}cis) \end{array}$$

	982	10.18	C—H rocking
	948	10.55	
	1020	9.80	

CH₃(CH=CH)ₙCH₃			
n = 3	1615	6.19	C=C stretching; strong
n = 4	1592	6.28	
n = 5	1570	6.37	
n = 6	1561	6.41	
Cyclopentene	697	14.35	C—H out-of-plane bending or wagging
Cyclohexene	667–625	14.99–16.00	Same as above

العطريات - الحلقيات Aromatics

من حيث أن حلقة البنزين هي الحلقة البسيطة التركيب وبالتالي سيتم شرحها أولا للعلاقة بين أنظمة البرافينات والاوليفينات المعالجة في القسم السابق من هذا الباب يلاحظ أن البنزين يعطي امتصاصات لمناطق مختلفة عن تلك المركبات الأحادية الرابطة للمركبات المفتوحة السلسلة، وحتى مماثل لطيف المركبات الثنائية الرابطة المفتوحة كما في الاليفينات توجد خمسة مناطق للامتصاص يمكن أن يكونوا متعلقين لأشكال الاهتزازات للنظام الحلقي. شكل (14-5) يمثل استبدال لحلقة البنزين مثل تلك المناطق المختلفة الامتصاص تصف كل نقطة صفة وحيدة لكل شكل من حث أن الكيميائي يحصل علي معلومات التركيب قبل المفوض لتلك العمومية ومهما يكن اعتبار شكل الاهتزاز للحلقة العطرية (البنزين) سوف تساعد القارئ التفرقة العلامات الموضوعة لكل الأحزمة العطرية المختلفة الظاهرة في طيف الأشعة تحت الحمراء للجزئيات الأكثر تعقيدا.

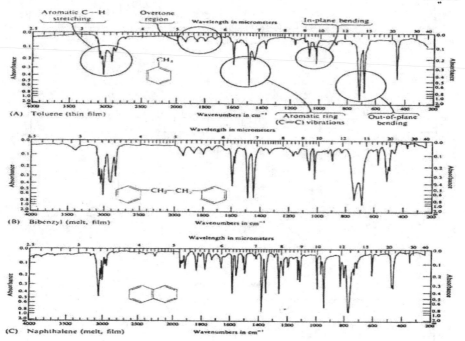

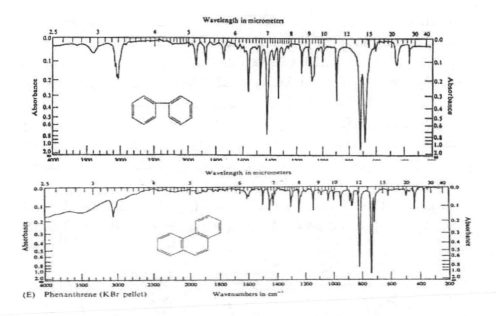

(E) Phenanthrene (KBr pellet)   Wavenumbers in cm⁻¹

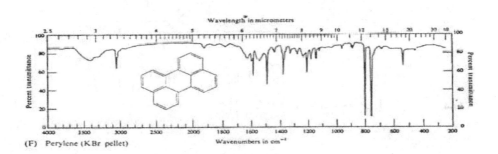

(F) Perylene (KBr pellet)   Wavenumbers in cm⁻¹

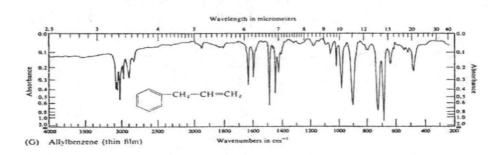

(G) Allylbenzene (thin film)   Wavenumbers in cm⁻¹

Fig. 5.14 Characteristic regions of absorption of aromatic ring systems and typical aromatic spectra. (Courtesy of Sadtler Research Laboratories.)

أشكال الاهتزازات الأساسية للبنزين

Fandamental vibrational modes of benzene

من الشرح لعدد من الاهتزازات في الفصل الثاني يمكن أن نجد البنـزين يحتـوي عـلي ١٢ ذرة ليتضمن (3n-6) أو 30 اهتزازة أساسية ولا يعنـي أن الاهتـزازات الأساسـية كلهـا تغير في العزم الثنائي الكهربي الملازم لها .

ولهذا حدوث امتصاص طيف تحت الحمـراء مميـز عوامـل متماثلـة خـلال الجـزيء تختزل بشكل واضح العدد لاهتزازات الأشعة تحت الحمراء النشطة .

ومن هذا المخطط في الشـكل (5-15) في جـزيء البنـزين نجـد أن ثلاثـة مسـتويات للتماثل خلال ذرة الكربون مخطط (A) وثلاثة مستويات بين ذرات الكربون مخطط (B) ومستوي وحيد خلال كل الذرات للنظام مخطط (C) ونقطة تماثل مخطط (D) وبسبب هذه الدرجة العالية التماثلية .

فعدد الاهتزازات الأساسية يكون لهم نفس الطاقة الأساسية (انظـر الجـزء ٢) لهـذه التسوية (degenerate) لذا فان عدد الاهتزازات الممكنة (30) سوف يختـزل إلي ٢٠ مـن الترددات الممكنة. شكل (5-16) الذي يدل علي تلك الترددات الهامـة وأيضـا نلاحـظ مـن الشكل (5-16) عدد الاهتزازات التي ليس لها تغير في ثابت العزل الكهربي الثنائي القطبية داخل في الاهتزاز .

ولذلك فان الاهتزازات العشرين مازالت إلي حد بعيد يتم اختزالها في عدد لا بأس به كلما كان للأشعة تحت الحمراء نشاط أو تأثير.

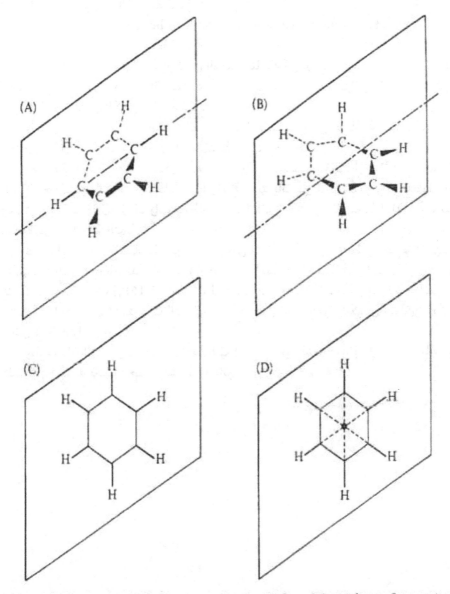

Fig. 5.15 Symmetry of the benzene molecule. (A) One of three planes of symmetry through the carbon atoms of benzene. (B) One of three planes of symmetry through the bonds of benzene (between the carbon atoms). (C) A single plane of symmetry; all 12 atoms lie in the same plane. (D) A point of symmetry; all carbon atoms are equidistant from the point.

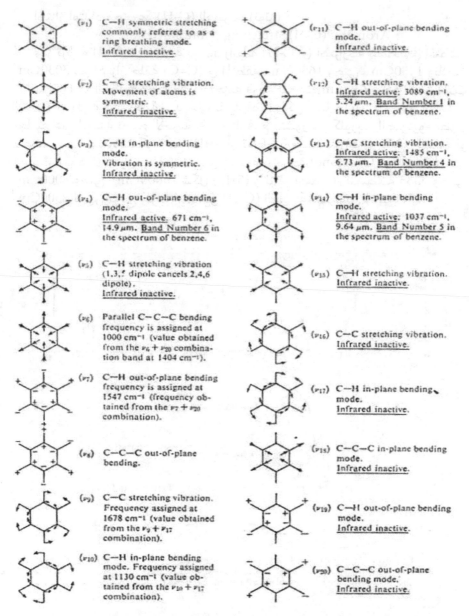

Fig. 5.16 Fundamental vibrations of benzene. (Courtesy of Sadtler Research Laboratories.)

(ν_1) C—H symmetric stretching commonly referred to as a ring breathing mode. Infrared inactive.

(ν_2) C—C stretching vibration. Movement of atoms is symmetric. Infrared inactive.

(ν_3) C—H in-plane bending mode. Vibration is symmetric. Infrared inactive.

(ν_4) C—H out-of-plane bending mode. Infrared active. 671 cm^{-1}, 14.9 μm. Band Number 6 in the spectrum of benzene.

(ν_5) C—H stretching vibration (1,3,5 dipole cancels 2,4,6 dipole). Infrared inactive.

(ν_6) Parallel C—C—C bending frequency is assigned at 1000 cm^{-1} (value obtained from the $\nu_6 + \nu_{20}$ combination band at 1404 cm^{-1}).

(ν_7) C—H out-of-plane bending frequency is assigned at 1547 cm^{-1} (frequency obtained from the $\nu_7 + \nu_{20}$ combination).

(ν_8) C—C—C out-of-plane bending.

(ν_9) C—C stretching vibration. Frequency assigned at 1678 cm^{-1} (value obtained from the $\nu_9 + \nu_{17}$ combination).

(ν_{10}) C—H in-plane bending mode. Frequency assigned at 1130 cm^{-1} (value obtained from the $\nu_{10} + \nu_{17}$ combination).

(ν_{11}) C—H out-of-plane bending mode. Infrared inactive.

(ν_{12}) C—H stretching vibration. Infrared active; 3089 cm^{-1}, 3.24 μm. Band Number 1 in the spectrum of benzene.

(ν_{13}) C=C stretching vibration. Infrared active; 1485 cm^{-1}, 6.73 μm. Band Number 4 in the spectrum of benzene.

(ν_{14}) C—H in-plane bending mode. Infrared active; 1037 cm^{-1}, 9.64 μm. Band Number 5 in the spectrum of benzene.

(ν_{15}) C—H stretching vibration. Infrared inactive.

(ν_{16}) C—C stretching vibration. Infrared inactive.

(ν_{17}) C—H in-plane bending mode. Infrared inactive.

(ν_{18}) C—C—C in-plane bending mode. Infrared inactive.

(ν_{19}) C—H out-of-plane bending mode. Infrared inactive.

(ν_{20}) C—C—C out-of-plane bending mode. Infrared inactive.

Bands labeled 2 and 3 are not fundamental vibrations of benzene; rather these bands are combination bands. Band 2 is the combination of $\nu_{11} + \nu_{19}$; both are Raman active vibrations. Band 3 is the combination of $\nu_{18} + \nu_{19}$, also both Raman active vibrations.

اهتزاز امتداد مجموعة (C-H) العطرية: (توتر)

Aromatic (C-H) stretching vibrations

تميز تركيبة المركبات العطرية بوجود رابطة (C-H =) اهتزازية ممتدة في المنطقة $3030 Cm^{-1}$ مع اهتزاز حلقة (C=C) في المنطقة $1650 Cm^{-1}$ وحتى $1450 Cm^{-1}$ ونلاحظ أن اهتزاز C-H العطرية تحدث ثلاث أحزمة قريبة للتردد (3.3um) عادة الاستبدالات الأحادية العطرية تري ثلاثية عند اعلي تقنيه فصل ولكن كلما حدث أكثر من استبدال مجاميع علي الحلقة تصبح الأحزمة اقل تميزا. فمع منشور من كلوريد الصوديوم تظهر الأحزمة كحزم منفردة مكررة مع تفلطح أو تفلطح ضعيف علي حزمة C-H المشبعة لو وجدت هذه الاهتزازات الممتد يبين إضافة توافقيه (Overtone) في المنطقة من $8000 Cm^{-1}$ وحتى $5000 Cm^{-1}$. شكل (5-17) والمنظر المفصص للمنطقة 3333 وحتى $2500 Cm^{-1}$ تظهر نموذج حزمة امتصاص (C-H) العطرية للطولوين (3-4 um)

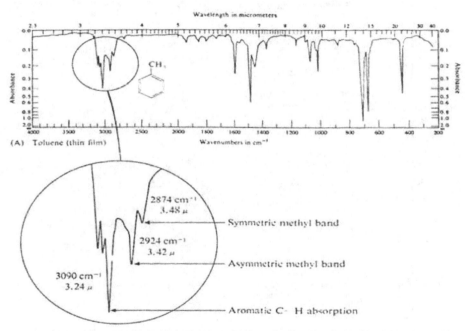

Fig. 5.17 Aromatic C—H absorption contrasted with the aliphatic methyl absorption in the 3 to 4 μ region. In this spectrum of toluene (thin film), note the displacement of the aromatic C—H stretching vibration band to higher frequencies (shorter wavelength).

اهتزاز رابطة (C-H) العطرية :

Aromatic (C-H) bending vibrations

كما رأينا في الشكل (5-16) يوجد نوعان إعادة تكوين للمجموعة (C-H) (أو المشوه) لأنظمة حلقة البنزين العطرية اعني رابطة اهتزازية خارج المستوي out of plans والتى تظهر ادني $900Cm^{-1}$ وفي المستوي تظهر في المنطقة بين $1275Cm^{-1}$ و $960om^{-1}$ لمثل تلك الاهتزازات للأربطة خارج المستوي هي الأكثر أهمية لتقييم عدد من الاستبدالات علي نواه البنزين شكل (5-18) عموما تلك الامتصاصات في الحقيقة الأحزمة القوية في الطيف التي تعود إلي امتصاص C-H هذه الأحزمة تشمل المجموعات الوظيفية القطبية وعموما جدول (5-6) يتضمن امتصاصات تؤدي إلي اهتزازات ربط خارج المستوي لمشتقات النيترو يؤدي لزيادة امتصاص في الخارج لمستوي الرباط تقريبا $300Cm^{-1}$ معتمدا علي منطقة طول الموجه .

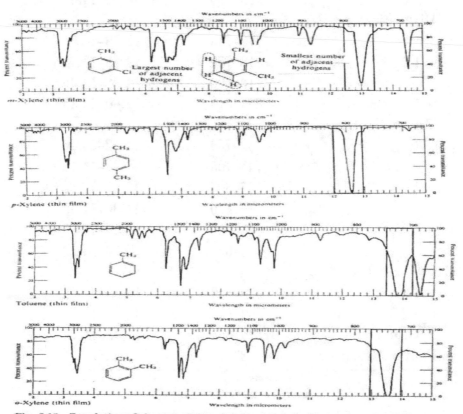

Fig. 5.18 Correlation of the out-of-plane bending bands to the number of adjacent hydrogens in substituted benzenes.

ومن المناسب لوصف الوضع للرابطة C-H خارج نطاق المستوي لحزم الربط لأجزاء عدد من الذرات الأيدروجين المتجاورة علي حلقة الفينيل ووضع الحزمة المتواجدة في هذا الشكل للحلقات المتكافئة مثل النفثالين، فينا نثراسين، والأنظمة الحلقية غير المتجانسة مثل البيريدين والكينولين. وأيضا تظهر حزم الرباط في المستوي طبقا لعدد ذرات الأيدروجين علي حلقة الفينيل، عموما هذه الملاحظات ضعيفة، فالرابطة C-C، C-O وكذلك أي رابطة أحادية أخري يلاحظ لها حزم امتصاصية جدول (5-7) .

Table 5.6. Summary of C—H Out-of-Plane Bending Bands in the Spectrum of Substituted Benzenes

Phenyl Substitution	Frequency (cm⁻¹)	Wavelength (μm)
Benzene	671	14.90
Monosubstitution	770–730	12.99–13.70
	710–690	14.08–14.49
Disubstitution		
1,2	770–735	12.99–13.61
1,3	810–750	12.35–13.33
	710–690	14.08–14.49
1,4	833–810	12.00–12.35
Trisubstitution		
1,2,3	780–760	12.82–13.16
	745–705	13.42–14.18
1,2,4	825–805	12.12–12.42
	885–870	11.30–11.49
1,3,5	865–810	11.56–12.35
	730–675	13.70–14.82
Tetrasubstitution		
1,2,3,4	810–800	12.35–12.50
1,2,3,5	850–840	11.76–11.90
1,2,4,5	870–855	11.49–11.70
Pentasubstituted	870	11.49

Table 5.7 Correlation of C—H Out-of-Plane Bending to the Number of Adjacent Hydrogens on the Aromatic Ring

Number of Adjacent Hydrogen Atoms	*Frequency* (cm^{-1})	*Wavelength* (μm)
5*	770–730	12.99–13.70
4	770–735	12.99–13.61
3	810–750	12.35–13.33
2	860–800	11.63–12.50
1	900–860	11.11–11.63

*An additional band also appears between 745 and 690 cm^{-1} in monosubstituted cases, 1,3-disubstituted cases, and 1,2,3-trisubstituted cases.

اهتزازات الرابطة الحلقية

Aromatic ring vibration: (C=C vibration)

كما ذكرنا سابقا أن حزم الرابطة الأحادية والثنائية بين (C-C) أو (C = C) لحلقة البنزين وعلي نحو متصل مع تمدد رابطة C-H وحزم الربط هي الحزم الأكثر استخداما لتوثيق وجود وعدم وجود الانوية الحلقية. واهتزاز الحلقة إنما يعود إلي نظام الرابطة المزدوجة المقترنة وتظهر عادة في المنطقة $1600Cm^{-1}$ وحتى $1500Cm^{-1}$) , 6067um (6.25 um والحزمة الميثالية $158.Cm^{-1}$(6.33 um) وعادة موجودة ومقترنة مع المجموعات غير المشبعة أيضا اقترانات تعطي نشأ للحزم عند 1450 Cm-1 لحدوث تداخل بواسطة مجموعة $-CH_2-$ وحزمة ميثيل غير متماثلة .

النغمة التوافقية (الإضافية) والحزم الاتحادية :

Overtone and combination bands

يعرض الشكل (5-19) والشكل المخصص (المكبر) في نفس المكان امتصاص ضعيف في المدى من 2000Cm-1 وحتى 1607Cm-1 وبزيادة سمك العينة أو تضخيم المقياس التدريجي هذه الحزمة الضعيفة الممتصة يمكن استخدامها لتعيين وثبوت استبدالات الحلقة (انظر

الرابطة C-H) – حزمة رباط خارج المستوي وبالنسبة لمجموعات أخري مثل مجموعة الكربونيل أو مجموعات وظيفية آخري مثل نتروبنزين. انظر الشكل (5-20) الذي يوضح مثالين لحالتين من حيث اهتزازات متداخلة غامضة عند المنطقة $2000Cm^{-1}$ وحتى $1667Cm^{-1}$. وفي مثل تلك الحالات التفسيرات في هذه المنطقة ليست ممكن ومبهمة والعلاقات التخطيطية المرتبة في الشكل (5-21) يستخدم لغرض التفسير. وخصائص تردد المجموعات للسلسلة المشبعة، غير المشبعة، الحلقة المشبعة يمكن وصفهم في الشكل (5-22) .

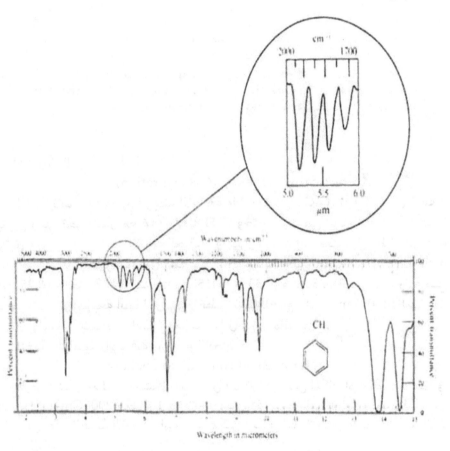

Fig. 5.19 Typical monosubstitution band pattern in the 2000 to 1667 cm^{-1} region (5 to 6 μm). In the normal spectrum these absorptions are very weak. The enlarged view indicates these absorptions when a sample of increased thickness is examined to develop spectral detail in this region.

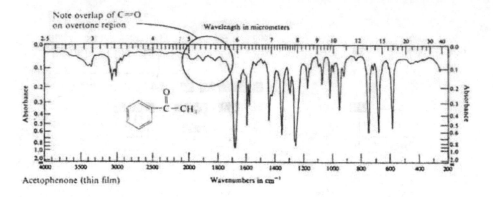

Note overlap of C=O on overtone region

Wavelength in micrometers

Acetophenone (thin film)

Wavenumbers in cm⁻¹

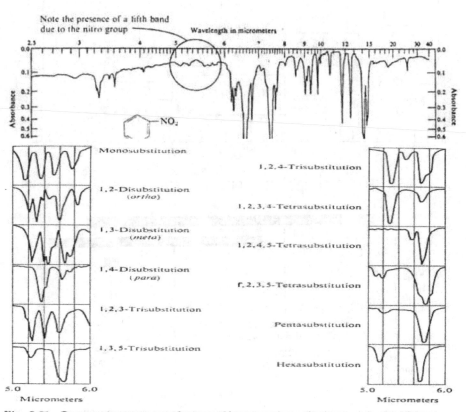

Note the presence of a fifth band due to the nitro group

Wavelength in micrometers

Monosubstitution

1,2-Disubstitution (*ortho*)

1,3-Disubstitution (*meta*)

1,4-Disubstitution (*para*)

1,2,3-Trisubstitution

1,3,5-Trisubstitution

1,2,4-Trisubstitution

1,2,3,4-Tetrasubstitution

1,2,4,5-Tetrasubstitution

1,2,3,5-Tetrasubstitution

Pentasubstitution

Hexasubstitution

5.0   6.0
Micrometers

5.0   6.0
Micrometers

Fig. 5.21   Spectra-structure correlations of benzene ring substitutions in the 2000 to 1667 cm⁻¹ region (5 to 6 μm).

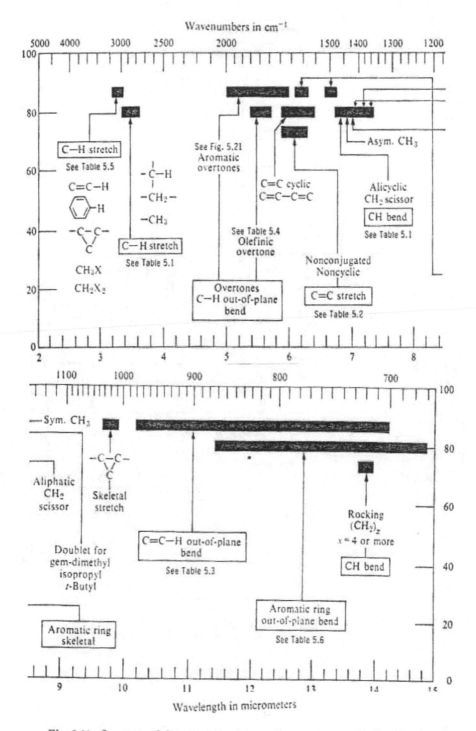

Fig. 5.22 Summary of characteristic alkane, alkene, and aromatic absorption bands.

- 130 -

تفسير طيف الأشعة تحت الحمراء: جزء (١١) المجموعات الوظيفية الشائعة

Interpretation of infrared spectra: Port (II) common function group

الرابطة الثلاثية ومجموعات الروابط العديدة المتجمعة (التراكمية): ظهور الامتصاص في المنطقة من 2500 وحتى 2000Cm-1 ناشئة من الاهتزازات الممتدة لمجموعات الرابطة الثلاثية مثل مجموعة البنزيل C ≡ N ورابطة الكين C ≡ C والمجموعات التي بها روابط ثنائية متراكمة مثل تلك المجموعات =C= C= C ومجموعة ايزوسيانات – N=C=O هذه المنطقة هي أيضا منطقة امتصاص مجموعة ثاني أكسيد الكربون وفي أجهزة الشعاع المزدوج، ربما تظهر حزمة صغيرة (حوض أو امتصاص سالب) كحاصل لثاني أكسيد الكربون عند المنطقة 2350Cm-1 عندما يكون طريق العينة وطريق المرجع ليس التعويض موافقا والجدول (8-5) يضم اثنا عشر نوعا وملاحظة خاصة يجب أن تعطي أكثر شيوعا لتناسب المجاميع الوظيفية .

Table 5.8 Summary of Characteristic Absorptions of Triple-bonded and Cumulative Multiple-bonded Groups

Functional Group	*Frequency* (cm^{-1})	*Wavelength* (μm)	*Remarks*
Acetylenes			
—C≡C—	2250–2150	4.44–4.65	C≡C stretching (absent in symmetrical cases)
H—C≡C—R	2140–2100	4.67–4.76	C≡C stretching (medium)
R_1—C≡C—R_2	2260–2190	4.42–4.57	C≡C stretching (very weak or absent)
R—C≡C—C≡CH	Near 2040	4.90	
	Near 2200	4.55	C≡C stretching (doublet)
≡C—H	3310–3200	3.02–3.12	CH stretching (sharp, characteristic and of medium intensity)
	700–600	14.29–16.67	CH bending
Nitriles			
R—C≡N (saturated)	2260–2240	4.42–4.46	C≡N stretching (moderately strong)
R—CH═CHCH$_2$C≡N (aliphatic, nonconjugated)	2260–2240	4.42–4.46	C≡N stretching (moderately strong)
R—CH═CH—C≡N (aliphatic, conjugated)	2230–2220	4.48–4.50	C≡N stretching (moderately strong)
R—C≡N (aromatic)	2240–2200	4.46–4.50	C≡N stretching (moderately strong)
N≡C—CH$_2$CH═CH—C≡N	2260–2240	4.42–4.46	C≡N stretching (moderately strong)
	2230–2220	4.48–4.50	C≡N stretching (moderately strong)
Diazonium Salts			
R—N_2^+	2280–2240	4.39–4.46	N≡N stretching (moderately strong)
Isonitriles			
R—N≡C	2200–2100	4.55–4.76	N≡C stretching (moderately strong)
Azides			
CH_3—N_3	Near 2143	4.67	N_3 asymmetric stretching, strong
	Near 1295	7.72	N_3 symmetric stretching, weak

Table 5.8 – Cont.

Functional Group	*Frequency* (cm⁻¹)	*Wavelength* (μm)	*Remarks*
R—N_3	2169–2080	4.61–4.81	N_3 asymmetric stretching, strong
	1343–1177	7.45–8.49	N_3 symmetric stretching, strong
Allenes			
C═C═C	2200–1950	4.55–5.13	C═C stretching, strong; sometimes observed as doublet
—CH═C═CH_2	Near 1970	5.08	Two C═C stretching frequencies due to coupling
	Near 850	11.76	C—H deformation, terminal allene only
C═C═$CHCONH_2$	Near 1950	5.12	C═C stretching; doublet
	Near 1930	5.18	due to coupling
Isocyanates			
CH_3—NCO	2232–2230	4.48	Asymmetric stretching of NCO(Ṅ≡C—Ȯ), strong
	1412–1377	7.08–7.26	Symmetric stretching of NCO, weak
R—NCO (aliphatic or aromatic)	2275–2263	4.39–4.42	Asymmetric stretching of NCO, strong
	1390–1350	7.19–7.41	Symmetric stretching of NCO, strong
Thiocyanate			
R—S—C≡N (aliphatic)	Near 2140	4.90	C≡N stretching, strong
R—S—C≡N (aromatic)	2175–2160	4.60–4.63	C≡N stretching, strong
Isothiocyanate			
R—N═C═S (aliphatic)	2140–1990	4.67–5.26	—Ṅ≡C—Ṡ stretching, strong
R—N═C═S (aromatic)	2130–2040	4.70–4.90	—Ṅ≡C—Ṡ stretching, strong
Carbodiimide			
—N═C═N— (aliphatic)	2140–2130	4.67–4.69	N═C═N stretching, strong
—N═C═N— (aromatic)	Near 2145	4.66	Stretching vibration 2145-cm⁻¹ band
	Near 2115	4.73	Stronger than 2115-cm⁻¹ band
Ketene			
C═C═O	Near 2150	4.65	Stretching vibration
	Near 1120	8.93	
Ketenimine			
C═C═N	Near 2000	5.00	Stretching vibration

الالكينات: الاسيثيلنات (الرابطة الثلاثية) The Alkynes

طيف الأشعة تحت الحمراء لهذه المجموعة في المدى $2222Cm^{-1}$ ومفيدة للتفسير. ومن هنا لا يمتلك الاسيتيلينات تردد نشط ممتد تحت الحمراء وهذا بسبب تناسقه وبالتالي لا يحدث ظهور في هذه المنطقة وبالمثل أيضا الاستبدال المتماثل الثنائي يلاحظ لا توجد حزمة ضوئية في هذا المدى وفي معظم الاستنيلينات اللا تماثليه نجد أن الحزمة الممتصة ضعيفة جدا وكلما حدث استبدال أكثر علي ذرة الكربون يلاحظ انخفاض في كثافة الامتصاص ولكن العكس لو تم استبدال أحادي

سيؤدي إلى زيادة في كثافة الامتصاص ما بين $2140Cm^{-1}$ to $2100Cm^{-1}$ في المنطقة (4.67 to 4.76 um) وبالنسبة للاستبدال اللا متماثلة الثنائي يكتسب حزمة عند 2260 Cm^{-1} , $2190Cm^{-1}$ ويحدث امتصاص منخفض لو تم استبدال مجاميع كبيرة الوزن الجزيئي مثل مجموعة الفينيل بدلا من الالكيل كذلك يمكن ملاحظة ذلك مع المجاميع المتفرعة لمجاميع الالكيل. وشكل اهتزازه مجموعة $H-C \equiv C-H$ حزمة امتصاص لتردد عال عند نهاية منطقة (C-H) ما بين $3320Cm-1$ to $3200Cm-1$ في (3.02 um to 3.12 um) وعلى القارئ المقارنة لتلك القراءة بالقراءة لمجموعة C-H= انظر الشكل (5-22). الرابطة الاهتزازية لمجموعة $C-H \equiv$ تعطي امتصاص في مدي $700Cm-1$ وحتى $600Cm-1$ للمنطقة 14,29 um to 16.67 um شكل (5-23) والذي يدل علي نموذج الامتصاص للاسيتيلينات في الحالة السائلة .

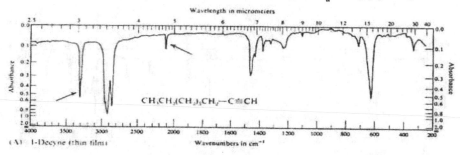

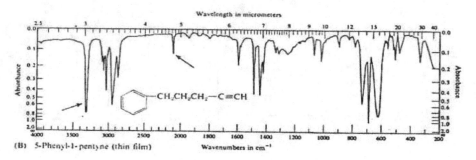

Fig. 5.23 Spectrum of acetylenic compounds (alkynes). Particular note should be made of the positions of the $\equiv$C—H stretching vibration and the weakly absorbing or nonabsorbing C$\equiv$C stretching vibrations (indicated on the spectrum by the arrows). (Courtesy of Sadtler Research Laboratories.)

مجموعة النتريل والايزونتريل والمجموعات المماثلة

The nitrile, isonitrile and similar groups

تكتسب مجموعة النتريل الأحادية الجزيء امتصاص قرب المنطقة $2245Cm^{-1}$
وعندما تقترن برابطة غير مشبعه لنواه حلقية، تحدث إزاحة لتردد منخفض من 2230
إلى $2210\ Cm^{-1}$ ($4.48\ um - 4.534um$) وبالتالي تزداد شدة أو كثافة حزمة الامتصاص أي أن
عملية الاقتران تحدث انخفاضا قدرة $30\ Cm^{-1}$ للشكل المماثل قبل الاقتران شكل (5-24)
الذي يوضح الفرق بين الحالتين.

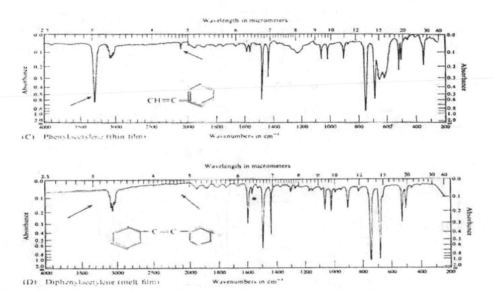

Fig. 5.23 (contd.).

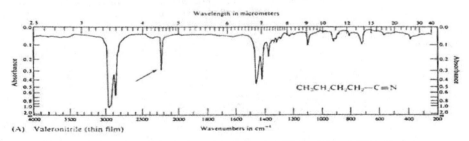

Fig. 5.24 Spectrum of a conjugated and nonconjugated (saturated) nitrile. Contrast the positions of C≡N stretching absorption as indicated by the arrows. (Courtesy of Sadtler Research Laboratories.)

تكتسب أيضا مجموعة الازايد (azide) حزمة امتصاص في المنطقة $2160Cm^{-1}$ وحتى $2120Cm^{-1}$ (4.63, 4.72 um) وهذا يعود إلي الاهتزاز المشدود المتناسق لمجموعة $(N \equiv N)$ ولحزمة متناسقة في المدى $134Cm^{-1}$ وحتى $1180Cm^{-1}$ ولا يتأثر التردد للاهتزاز المتماثل الممتد بواسطة تغير الوسط .

الألين والمجموعات الثنائية الرابطة المتراكمة

Allenes and other cumulative derble- bond systems

تظهر وحدة الشد الاهتزازية لمجموعة (C = C = C) معتمدة علي المجاميع المستبدلة في الحالة المفردة $2200Cm^{-1}$ وحتى $1950Cm^{-1}$ ومثلا $RCH\text{-}C\text{-}Ch_2$ تمتص 1970Cm-1 لتعود إلي الاهتزاز المزدوج لوحدة الرابطتين بالإضافة إلي وجود في نهاية المجموعة امتصاص لرابطة ميثيلين قوية عند المنطقة 850Cm-1 (11076um) هذا الامتصاص قوي الكثافة عند 1970Cm-1 وعندما تستبدل مجموعة كربوكسيل مثلا، استر، اميد ستتزاوج مع نظام الالين واهتزاز الرابطة الثنائية الشد ستنشق إلي جزءين .

كمثال:

$$\begin{array}{c} \qquad\qquad\quad P \\ \qquad\qquad\quad | \\ CH_2 = C = CH_2 - C - NH_2 \end{array}$$

تمتلك رابطة مجموعة (C=C) عند $1953Cm^{-1}$ و $1931Cm^{-1}$ لشقين علي الترتيب .

الايزوسيانات isocyanate

تمتلك مجموعة ايزوسيانات امتصاص واحد كثيف في طيف الأشعة تحت الحمراء واهتزاز المجموعة اللا متماثلة $-N{=}C{=}O\text{–}(-N^{+}{\equiv}C{-}O^{-})$ الممتدة تنشئ حزمة امتصاص عالية الكثافة في المدى من 2275 إلي $2230Cm^{-1}$ ووضع هذا الامتصاص نسبيا لا يتأثر بالاقتران

ومعظـم المركبـات المفتوحـة السلسـلة أو الحلقـة الايزوميريـة (conjugation) (المتجاذبـة) لهـا منطقـة امتصـاص $2270Cm^{-1}$ وحتـى $2263Cm^{-1}$ كـما أن ايزوسـيانات المتماثل المشدود عند $1412Cm^{-1}$ وحتى $1350Cm^{-1}$ وهذه الحزمة قليلة الأهمية حيـث إنها تتداخل مع الامتصاصات الاليفاتيـه لـنفس المنطقـة والشـكل (5-25) يلخـص بعـض الامتصاصات لمركب الايزوسيانات والجدول (5-8) يلخـص بعـض مـن تلـك الامتصاصـات للثيووالايزوثيوسيانات .

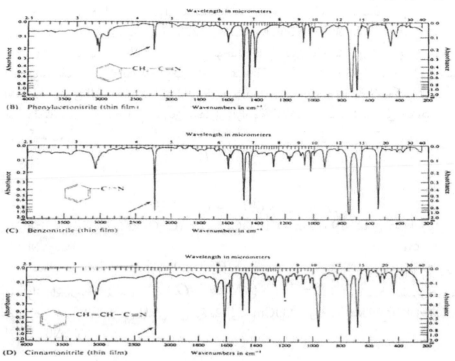

(B) Phenylacetonitrile (thin film)

(C) Benzonitrile (thin film)

(D) Cinnamonitrile (thin film)

Fig. 5.24 (*contd.*).

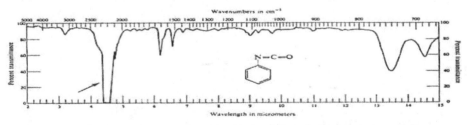

Fig. 5.25 Spectrum of phenyl isocyanate (thin film). Note the high intensity of the N=C=O stretching absorption (arrow) when contrasted with the aromatic C—H out-of-plane bending bands at 746 cm^{-1} and 685 cm^{-1} (13.4 and 14.6 μm, respectively).

الكحولات والفينولات Alcohols and phenols

الامتصاص لمجموعة الهيدروكسيلات عند ثلاث مناطق شكل (26-5) كما هو ملاحظ، تلك الاهتزازات ربما تعود إلي اهتزاز مشدود (ممتد) **C-O, O-H** واهتزاز الرابطة O-H أو التشوية deformation .

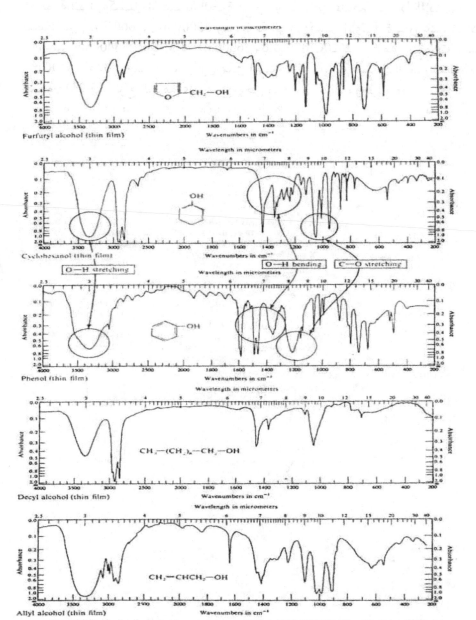

Fig. 5.26 Typical absorptions of the alcohol and phenol functional groups. (Courtesy of Sadtler Research Laboratories.)

The O-H stretching vibration (المشدود) المتوتر O-H اهتزاز

هذه المجموعة ربما تظهر في المدى 3640 وحتى 3610Cm⁻¹ والمعطيات التي تم الحصول عليها إنما هي قياسات لمواضيع الحزم في المحاليل المخففة للكحولات أو الفينولات في رابع كلوريد الكربون ووجود الامتصاص عند ادني حدود التردد 3610Cm⁻¹ لمجموعة الهيدروكسيل المنفصلة الحرة صعبه وامتصاص عناصر الرباط للإيدروجين ضعيفة بين 3600Cm⁻¹, 3500Cm⁻¹ ومجموعة الهيدروكسيل الأولية تمتص عند تردد عال عند 3640Cm⁻¹ ثنائية عند 3630Cm⁻¹ وثلاثية عند 3620Cm⁻¹ وأنظمة الفينولات عند 3610Cm⁻¹، وتأثير رابطة الهيدروجين يمكن أن نراها في طيف السائل النقي كنموذج للكحول (26-5) وتزاح الحزمة عند عدد موجي منخفض (طول موجي طويل) .

Table 5.9. Variations in the Position of the C—O Stretching Vibration Due to Structural Changes*

	Approximate Position	
	(cm⁻¹)	(μm)
Primary Alcohols		
where:		
X, Y, and Z = H	~1065	~9.39
X = alkyl, and Y and Z = H	1050	9.52
X and Y = alkyl, and Z = H	1035	9.66
X, Y, and Z = alkyl	1020	9.80
X = unsaturation (vinyl or aryl), and Y and Z = H	1015	9.85
Secondary Alcohols		
where:		
X, Y, Z, X', Y', and Z' = H	1100	~9.09
X = alkyl;	1085	9.22
each additional alkyl	~15	~0.13
X and X' = ring	1050	9.52
X = unsaturation	1070	9.35
X and X' = unsaturation	1010	9.90
Tertiary Alcohols		
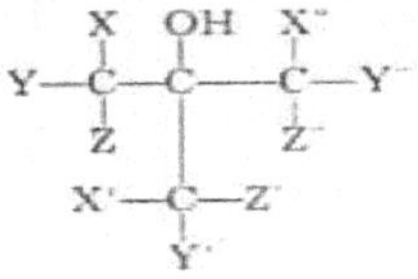 where:		
X, Y, Z, X', Y', Z', X", Y", and Z" = H	~1150	~8.69
X = alkyl	1135	8.81
X and X' = alkyl	1120	8.93
each additional alkyl	~15	~0.13
X = unsaturation	1120	8.93
X and X' = unsaturation	1060	9.43
X, X', and X" = unsaturation	1010	9.90

The structural formulas shown at left:

Primary: Y—C(X)(Z)—CH₂—OH

Secondary: Y—C(X)(Z)—CH(OH)—C(X')(Z')—Y'

Tertiary: Y—C(X)(Z)—C(OH)—C(X")(Z")—Y", with X'—C(Z')—Y'

انظر الجداول (9-5)، (10-5) كلا النوعين للرباط يعطيان انبعاث امتصاصي لـنفس المنطقة $3600Cm^{-1}$ وحتـى $3200Cm^{-1}$ وكـما هـو متوقع التفـاعلات الداخليـة لعنـاصر أربطة الأيدروجين معتمدة علي التركيز ومن ناحية أخري (في الجانب الأخر Cis) النبتـان الحلقي 2, 1 ثنائي أول (diol) يظهر امتصاص الهيدروكسيل الحر عنـد $3633Cm^{-1}$ في وسط رباعي كلوريد الكربون عند مستوي تركيز اقل من 0005 مول / لتر شكل (27- 5)

Table 5.10   Summary of the Characteristic Absorptions Due to the C—O—H Functional Group in Alcohols and Phenols

Functional Group	Frequency (cm⁻¹)	Wavelength (μm)	Remarks
Primary alcohols*	Near 3640	2.75	O—H stretching vibration (sharp and weak)
	Near 1050	9.52	C—O stretching vibration (broad and strong)
	1350–1260	7.41–7.93	O—H bending vibration (broad and medium intensity)
Secondary alcohols*	Near 3630	2.75	O—H stretching vibration (sharp and weak)
	Near 1100	9.09	C—O stretching vibration (broad and strong)
	1350–1260	7.41–7.93	O—H bending vibration (broad and medium intensity)
Tertiary alcohols*	Near 3620	2.76	O—H stretching vibration (sharp and weak)
	Near 1150	8.69	C—O stretching vibration (broad and strong)
	1410–1310	7.09–7.63	O—H bending vibration (broad and medium intensity)
Phenols*	Near 3610	2.77	O—H stretching vibration (weak and sharp)
	Near 1230	8.13	C—O stretching vibration (broad and strong)
	1410–1310	7.09–7.63	O—H bending vibration (broad and medium intensity)
Hydrogen-bonded system 1. Intermolecular hydrogen bonding Dimers	3600–3500	2.78–2.86	O—H stretching vibration weak and sharp, overlapped by polymeric hydrogen-bonded O—H
Polymers	3400–3200	2.94–3.13	A strong, broad absorption with solids and pure liquids the only band observed; N—H free and hydrogen-bonded also appear in this region (Table 5.12). The carbonyl overtone (very weak absorption) also absorbs in this region
With other functional groups	3600–3500	2.78–2.86	—O—H hydrogen bonding to ethers, ketones, amines, and other polar solvents that absorb in this region.
2. Intramolecular hydrogen bonding Polyhydroxylic materials	3600–3500	2.78–2.86	Sharp absorption position, dependent upon the H—O bond distance; critical distance for such bonding appears to be ~ 3.3A
—OH with other functional groups	3200–2500	2.86–4.00	Broad, diffuse band often not easily distinguished; typical of enol systems such as acetoacetic esters, and amides
π-hydrogen bonding	3600–3500	2.78–2.86	Interaction of π-systems such as olefins with hydroxyl proton; useful for structural information

*Summary is based on typical spectral data obtained from compounds in dilute nonpolar solvent (CCl₄ or CHCl₃).

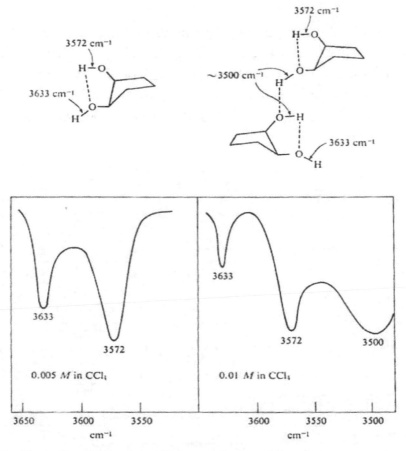

Fig. 5.27 Effect of hydrogen bonding on the O—H stretching vibration in *cis*-cyclo-pentane-1,2-diol.

ومعدل الكثافة لهذين الامتصاصيين ثابت مادام التركيز ثابت إلي مستوي بـدء حدوث التفاعل الداخلي، وعند حدوث تفاعل داخلي يحدث فقط ضعف لمجموعة OH ثم تظهر حزمة جديدة في المنطقة 3500Cm-1 نفس العلاقة يمكن أن تكون موجودة (هذه الظاهرة) مع مجاميع الكربونيل أو النيترو وفي مثل تلك الحالات حدوث تغيرات متوازية في كلا المجموعتين لحدوث مناطق توتر من $3500Cm^{-1}$ إلي $2500Cm^{-1}$. في حالة الفينولات يمكن حدوث إعاقة بعض من مجاميع الاستبدال في موضع الاورنو ويظهر ببساطة كحزمة أحادية أو ثنائية الجزيئية وفي

هذه الحالة كما هو مبين في الشكل (5-28) للطيف والعديد من نفس تلك النماذج يمكن ملاحظتها في الشكل (5-29) وقياسات تردد الهيدروكسيل بنوجول (Alujol) .

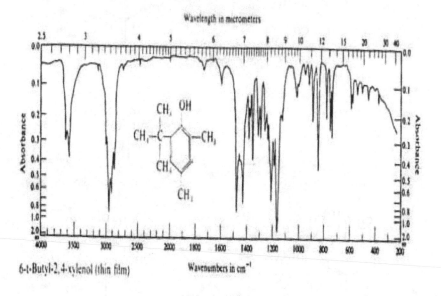

6-t-Butyl-2,4-xylenol (thin film)
Mesitol (KBr pellet)

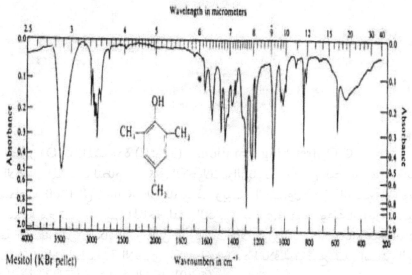

Fig. 5.28 Steric hindrance to hydrogen bonding as exemplified in the spectrum of 6-*t*-butyl-2,4-dimethylphenol (compare with spectrum of mesitol). (Courtesy of Sadtler Research Laboratories.)

2-*t*-butyl-4-methylphenol

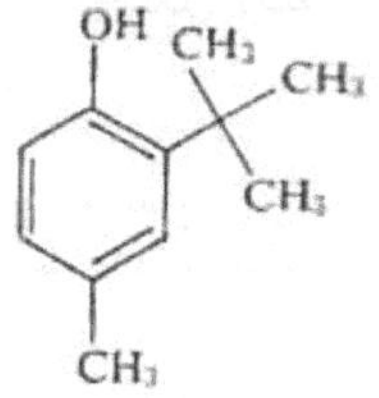

ν_{O-H} 3380 cm^{-1}, 2.96 μm

2.4-di-*t*-butyl-6-methylphenol

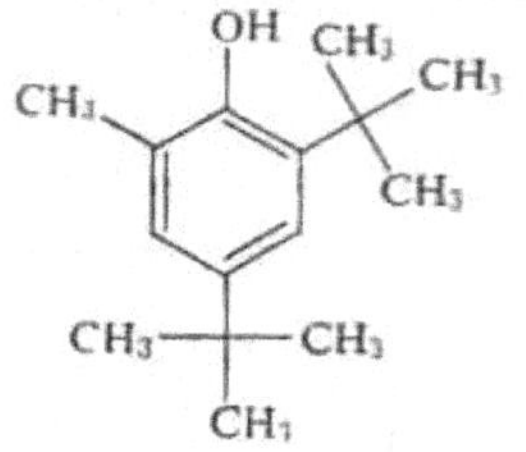

ν_{O-H} 3570 cm^{-1}, 2.80 μm
(shoulder at 3462 cm^{-1}, 2.89 μm)

2,6-di-*t*-butyl-4-methylphenol

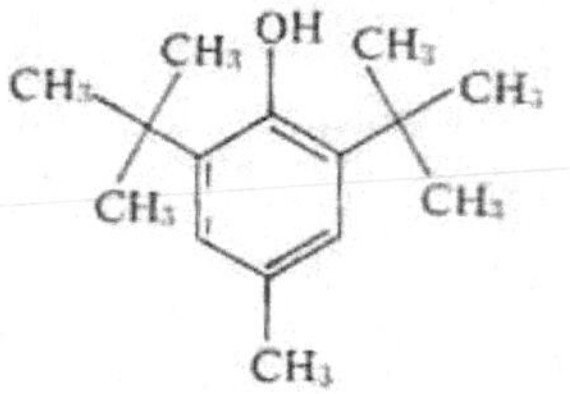

ν_{O-H} 3510 cm^{-1}, 2.85 μm

2,6-di-*t*-butyl-4-cyclohexylphenol

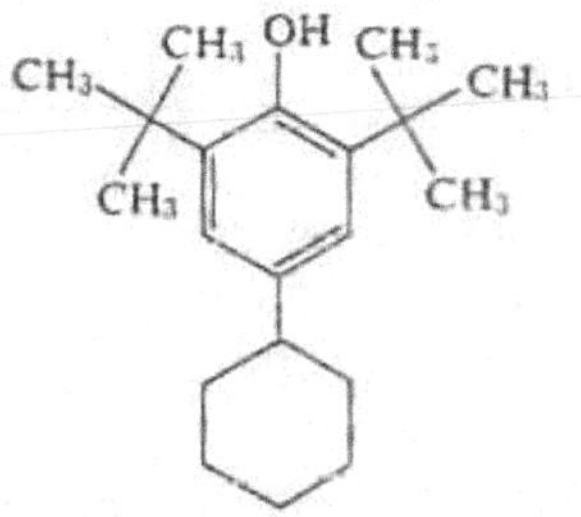

ν_{O-H} 3530 cm^{-1}, 2.83 μm

Fig. 5.29 Typical O—H stretching absorption bands in hindered phenolics. All values were measured in Nujol.

اهتزاز (C-O) المشدودة (المتوترة)   C-O stretching vibrations
الاهتزاز المشدود لنظام C-O في الكحولات والفينولات يعطي انبعاث لحزم امتصاص في المنطقـة 1200 إلي 1000Cm-1 للطيـف ويبـين الجـدول (9-5) التغـير في الوضـع للمجموعة مع تغير التركيب المتاخم لذرة الكربون للجزىء، ومجموعـة الهيدروكسيل في أنظمة الحلقة مثل "ديكالول" وبعض التيربينـات، الاسـتيرودات "steroids& sterpens " وبعض المنتجات الطبيعيـة الاخـري يمكـن أن تحـدد لعلاقـة توضـع علـي أسـاس الوضـع لاهتزاز C-O الممتدة مثال في الشكل (5-30)

يبين اختلاف في التركيب الهندسي والاتجاهات لمجموعة C-3 هيدروكسيل في مركب استيروددیدات تحوز ترانس اتصال حلقة A/B ولنا أن :

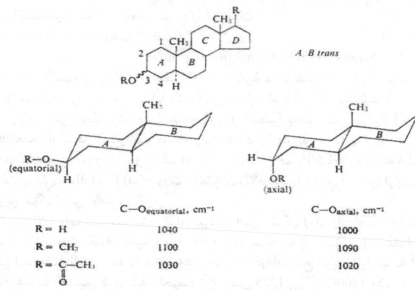

	C—O$_{equatorial}$, cm^{-1}	C—O$_{axial}$, cm^{-1}
R = H	1040	1000
R = CH_3	1100	1090
R = C(=O)—CH_3	1030	1020

Fig. 5.30 Example of the change in band position with different configurations.

استوائية (C-O) اهتزاز الامتصاص عند تردد عال عن ما هو في المجموعة المحورية وهذا يمكن افتراضه إلي أن يعود الاهتزاز في استوائية الحلقة الذى يتطلب طاقة أكثر عن الاهتزازات العمودية عن الحلقة الدورانية (المحورية) هذا الاختلاف ليس محدد في الكحولات .

اهتزاز رابطة الهيدروكسيل Hydroxyl bending vibrations

تحدث الاهتزازات المشوشة والمصاحبة لمجموعة الهيدروكسيل حزمتين منفصلتين للامتصاص بمعني رابطة في مستوي الربط وأخري خارج مستوي الربط ففي الكحولات نجد أن رابطة الأيدروجين لها رابطة اهتزازية خارج المستوي مفلطحة وقريبة من المنطقة $650Cm^{-1}$ (15.38 um) وموقع هذه الحزمة متغير متعمدة علي كثافة رباط الأيدروجين ففي المحاليل المخففة لا يلاحظ امتصاص خارج المستوي في

المدى من 5000 وحتى $650\ Cm^{-1}$ (2- 16 um) ويعطي التشويه امتداد حزمة مفلطحة في مستوي السطح في المدى 1500 وحتى $1300Cm^{-1}$ هذه الحزمة مفلطحة الشكل ومنتشرة في الكحولات النقية وفي المحاليل المركزة بالإضافة كونها ضعيفة إلا إنها تستبدل بواسطة منطقة حادة ضيقة عند ادني تردد $1250Cm^{-1}$, 8.0um ويضم الجدول (10-5) خصائص الامتصاص للكحولات ومجاميع دوال الفينولات .

الايثيرات وعلاقة المجموعات الوظيفية

Ethers and related functional groups

كتلة ذرة الأكسوجين وكثافة الرابطة C-O مشابهة تماما لنظام كربون - كربون وليس من المتوقع علي أي حال التشابه التام القريب في وضع الرباط بين شد (C-C) وامتصاص C-O من رباط الايثير حيث التغير في ثنائي القطبية يعتبر اكبر لاهتزاز C-O والكثافة لحزمة امتصاص الايثير أيضا واسعة وتبعا لعناصر الجزيء عملية تقييم وصلة الايثير الموجودة وغير الموجودة من طيف الامتصاص تحت الحمراء شاقة ومضنيه فأي جزئ يحتوي علي وصلة C-O (الكحولات، الايثيرات، الأحماض) تؤدي لتفسير لرابطة الايثير وغير مؤكدة علي الأصح.

تكتسب الايثيرات المشبعة مثل ثنائي بيوتيل ايثير. شكل (31-5) خاصية حزمة امتصاصية عند منطقة لكثافة عالية قرب $1127Cm^{-1}$ هذه الحزمة تؤدي إلي اهتزازه مشدودة لا متماثلة للمجموعة C-O-C وعند حدوث اقترانات مع روابط اوليفينيه أو مجموعة عطرية (حلقيه) فان تلك الحزمة تزاح من 1275 إلي $1200Cm^{-1}$ وكما هو متوقع في حالة فينيل ايثير vinyl ether تزداد كثافة الرابطة المزدوجة بناء علي شد التردد فبالنسبة للايثيرات المتماثلة مثل ن- ثنائي بيوثيل ايثير حيث لا يحدث شد اهتزازي وهذا يعود إلي التماثليه وفي حالة الايثيرات غير المشبعة مثل :

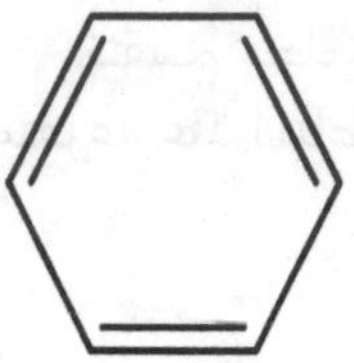

$-O-CH_2-CH_3$ or $CH_2=CH-O-CH_2-CH_3$

وهـذا الاهتـزاز يحـدث في المـدى $1075Cm^{-1}$ إلي $1020Cm^{-1}$ ولغـرض الفحـص (التشخيص)، مجموعة $O\text{-}CH_3$ في المواد الاليفاتية والعطرية تعتبر مهمة خصوصا وهـذا يعود إلي ظهورها في العديـد مـن المـواد فمـثلا مجموعـة CH_3- تظهـر في المنطقـة مـن $2850Cm^{-1}$ وحتى $2815Cm^{-1}$ تجد أيضا حزم أخري لمجموعة الايثيرات في الجدول (11-5) .

Table 5.11. Characteristic Absorptions Due to Ethers and Related Functional Groups

Functional Group	*Frequency* (cm^{-1})	*Wavelength* (μm)	*Remarks*
Ethers			
Aliphatic	1150–1070	8.69–9.35	C—O—C asymmetric stretching vibration, intense
Aromatic and vinyl	1275–1200	7.85–8.33	C—O—C asymmetric stretching vibration, intense (C═C of vinyl also increased in intensity)
	1075–1020	9.30–9.80	Symmetric stretching vibration (weaker than asymmetric band)
O—CH_3	2850–2815	3.51–3.55	CH_3 symmetrical stretching vibration (asymmetric band is overlapped with saturated C—H vibrations); 2850-cm^{-1} region characteristic of aromatic —O—CH_3 and 2830- to 2815-cm^{-1} region characteristic of aliphatic —O—CH_3 group
C—O—C (ring) (epoxides)	3040–3000	3.99–3.33	C—H stretching of the methine group shifted to 3040 cm^{-1} in strained rings
	3050	3.28	CH_2 stretching vibration of terminal epoxide
	1250	8.00	Symmetrical-ring breathing mode (frequently referred to as the 8μm band)
	950–810	10.53–12.35	Asymmetric ring bending mode (referred to as the 11μm band)
	840–750	11.90–13.33	Called the 12μm band, due to the C—H vibration
Acetals and Ketals			
	1190–1160	8.40–8.62	C—O—C—O—C characteristic absorption
	1195–1125	8.37–8.89	C—O—C—O—C characteristic absorption
	1098–1063	9.11–9.41	C—O—C—O—C characteristic absorption
	1055–1035	9.48–9.66	C—O—C—O—C characteristic absorption
	1116–1103	8.96–9.02	Characteristic of acetals *only*
Peroxides C—O—O—C			
Aliphatic	890–820	11.24–12.19	Both aliphatic and aromatic absorption are very weak and difficult to assign with certainty
Aromatic	Near 1000		

Acetals and ketals الاسيتالات والكيتالات

تنقسم مجاميع الالدهيدات والكيتونات الايثيرات الامتصاصية إلى ثلاثة مجاميع متفرعة عند المناطق .

1- 1190 to 1160 Cm^{-1} (8.4 to 8.62 um)
2- 1195 to 1165 Cm^{-1} (8.37 to 8.89 um)
3- 1198 to 1063 Cm^{-1} (9.11 to 9.41 um)

ينشق تردد الايثير العادي إلى ثلاثة أحزمة، وهذا يعود إلى هيئة الاهتزاز تشابه اهتزاز الشد C-O اللا تماثليه كما في الهيئة الآتية :

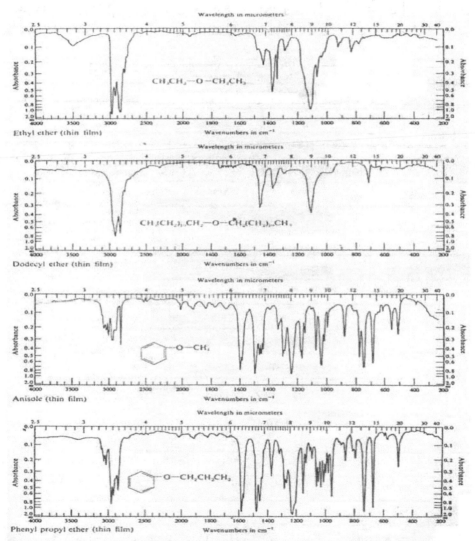

Fig. 5.31 Typical symmetrical ethers epoxide and peroxide spectra. (Courtesy of Sadtler Research Laboratories.)

الاهتزاز الثاني. من حيث أن كل ذرات الأكسوجين مشدودة في السطح ناتجة حزمة امتصاص كثيفة للثلاثة والحزمة الرابعة سوف تكون في بعض الأحيان في المنطقة ما بين 1055Cm-1 وحتى 1035Cm-1 والتي ربنا تشير إلي اهتزاز متماثل

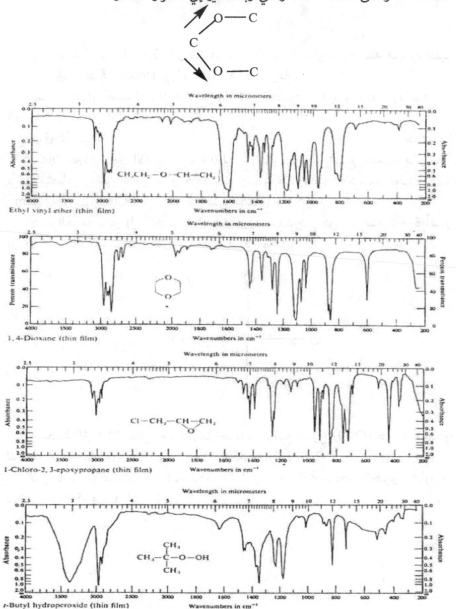

Ethyl vinyl ether (thin film)

1, 4-Dioxane (thin film)

1-Chloro-2, 3-epoxypropane (thin film)

t-Butyl hydroperoxide (thin film)

Fig. 5.31 (*contd.*).

وبالإضافة للحزم المذكورة لكل من الدهيد والكيتونات توجد حزمة مميزة لطيف الالدهيد في المنطقة $1103Cm^{-1}$ إلي $1116Cm^{-1}$ هذه الحزمة .

إنما تعود إلي امتصاص C-H المشوهة من المجموعة المجاورة C-O وتؤخذ هذه الحزمة للتفرقة بين الالدهيد والكيتونات .

فوق الأكسيد Peroxide

صفات التردد لفوق الأكسيد (O-O) ليست قوية ولا نستطيع تعيينها بأي تأكيد يأخذ امتصاص رباعي هيدر فوق الاوكسيد وثلاثي هدروفوق الأكسيد قويا في المدى $920Cm^{-1}$ وحتى $830Cm^{-1}$ (12.05 وحتى 10.87)

هذه الحزمة تشير إلي المجموعة O-O للتردد المشدود ولكن الدراسة الأخيرة أشارت إلي الحزمة تلك أنها تأخذ الإشارة لمجموعة تردد الهيكل.

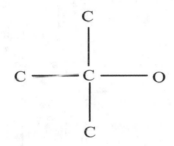

ومنطقة التردد الإجمالية حيث ربما احدهم يتوقع النوع (O-O) حزمة مشدودة لتلاحظ في المنطقة من 1000 وحتى $830Cm^{-1}$ جدول (5-11)

يبين باختصار صفات وظيفة مجموعة الايثير وعلاقة عناصر الجزىء قارن بين الجدول (5-10) والجدول (5-11)

الأمينات والايمينات والأملاح الامونيومية

Amines, imines and ammonium salts

الأمينات لها رابطة N-H مثل أي مواد كيميائية وهي توازي مثلما سبق سرحه مع مجموعة الهيدروكسيل وأيضا المجموعات NH_2-، NH_3- كوحدة اهتزاز للمجموعة -CH_2-، CH_3- علي التوالي. والفروق في الكتل والاستقطابية بين النتروجين وكلا من الكربون والأكسوجين إنما يعكس خاصية القاعدة النتروجينيه ولكن من الممكن إيجاد علاقات مشابهة أو مماثلة .

اهتزاز رابطة N-H — N-H bending vibrations

كما هو ملاحظ في الشكل (5-32) ظهور امتصاص في المدى $1640Cm^{-1}$ وحتى $1560Cm^{-1}$ والثانية مفلطحة، وامتصاص منتشر في المدى $900Cm^{-1}$ وحتى $650cm^{-1}$ نشأة هاتين الحزمتين من تشويه N-H فالحزمة عند المنطقة $1600Cm^{-1}$ تقابل المجموعة -CH_2- انظر الشكل (5-6).

وتشير إلي اهتزاز في سطح الرباط وموضعها ثابتة تماما في كل من الأمينات الاليفاتيه والعطرية ووجود الحزمة المفلطحة تدل علي المجموعة الأحادية واهتزاز الرابطة للمجموعة N-H للأمينات الثانوية في المنطقة $1580Cm^{-1}$ وحتى $1490Cm^{-1}$ وأكثر بعدا لتستخدم للأغراض التفسيرية وفي معظم الحالات من الصعب الكشف عنها .

ومن هنا تكون ضعيفة الامتصاص عند توحد مجموعة فينايل Phenyl ويحدث تداخل بامتصاص العطري أو غالبا تختفي الحزمة أو تكون غامضة .

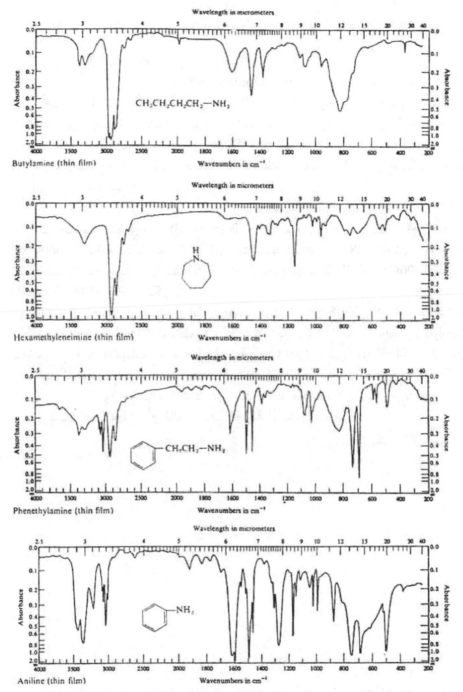

Butylamine (thin film)

Hexamethyleneimine (thin film)

Phenethylamine (thin film)

Aniline (thin film)

Fig. 5.32 Spectra typical of 1°, 2° and 3° amines. (Courtesy of Sadtler Research Laboratories.)

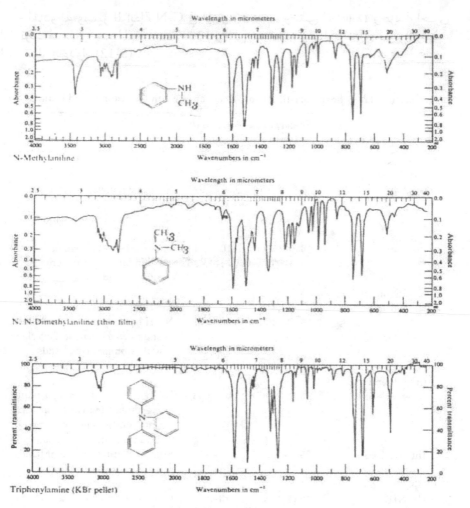

Fig. 5.32 (*contd.*).

اهتزاز توتر مجموعة (C-N) stretching vibrations (C-N)

كما في الكحولات: حيث يلاحظ التشابه بين (C-N) تماما لتوتر اهتزاز مجموعة (C-O) وهذا يعود إلي الاستقطابية وتوترها معلوم ومؤكد ففي حالة الاستبدالات الاليفاتية حيث يكون الامتصاص عند المنطقة ما بين $1230Cm^{-1}$ وحتى $1030Cm^{-1}$ ويكون مزدوجا في الأمينات الرباعية وهذا يعود إلي الاهتزازات التماثليه واللاتماثليه وأما في حالة الرابطة العطرية تظهر حزمتين احدهما عالية التردد وهذه تعود إلي الزوج الالكتروني للنتروجين وازدواجيته مع الحلقة كجزء أيضا للرابطة

– المزدوجة ومميز للرابطة C-N في المدى 1300Cm⁻¹ وحتى 1250Cm⁻¹ وحزمة أخرى ذات تردد منخفض عند المدى 1280Cm⁻¹ وحتى 1180Cm⁻¹ وهذا عائد إلي توتر الرابطة C-N انظر الجدول (12-5) .

Table 5.12   Characteristic Absorption Bands Found in Amines and Imines

Functional Group	Frequency (cm⁻¹)	Wavelength (μm)	Remarks
Amines			
—NH₂ (nonhydrogen-bonded)	3550–3420	2.82–2.92	N—H asymmetric stretching, weak
	3450–3320	2.90–3.01	N—H symmetric stretching, weak
	1640–1560	6.10–6.41	In-plane bending, strong
	900–650	11.11–15.38	Out-of-plane bending, broad diffuse band
—NH (nonhydrogen-bonded)	3450–3310	2.90–3.02	N—H stretching, weak
	1580–1490	6.33–6.71	N—H bending, weak, sometimes undetected because of overlap with aromatic ring bands
—NH and —NH₂ (hydrogen-bonded)			
Intermolecular	3300–3000	3.03–3.33	N—H stretching, stronger than the nonbonded vibration; sometimes quite complex (appears as more than a single band)
Intramolecular	3500–3200	2.86–3.13	Similar to intermolecular bands; usually quite complex
C—N (saturated carbon)			
C—NH₂	1230–1030	8.13–9.71	C—N stretching (a doublet in tertiary amines)
C—N—C	1150–1100	8.70–9.09	C—N stretching
C—N (unsaturated carbon; vinyl or phenyl)	1360–1250	7.38–8.00	A doublet due to double bond character of the C—N bond when conjugated
	1280–1180	7.81–8.48	
CH₃—N	1370–1310	7.30–7.64	
Imines			
R—C=N—H	3400–3300	2.94–3.33	N—H stretching, weak
	1590–1500	6.29–6.67	N—H bending
R—C=N— (aliphatic)	Near 1670	5.99	C=N stretching
R—C=N— (aromatic)	Near 1640	6.10	C=N stretching
R—C=N— (extended conj.)	Near 1618	6.18	C=N stretching

أملاح الأمونيوم Ammonium salts

توجد أربع أملاح لأملاح الامونيوم وهي RNH_3، R_2NH_2، R_3NH، R_4N تعطي إعلان علاقة ربط طيفي لتستخدم لتعيين الأمين. وكما هو مبين من المناقشة أن خصائص الأمينات الأحادية والثنائية والثلاثية تعتبر صعبة علي الأساس للطيف المفرد للامين بسبب الامتصاصات الضعيفة لنوع الأمين المستقل أو لغياب حزم مميزة ولهذا فإننا نستخدم في أنظمة النتروجين نظام إلي وسائل كيميائية بسيطة لتحويل أولا مجموعة الأمين إلي ملح أمين (عادة حمض الهيدروكلوريك الجاف في مذيب خامل لتحويل الأمين إلي أمين هيدروكلوريد) انظر جدول (5-13) من الملاحظ أن حزمة الملح إنما تؤدي إلي تداخل منطقة حزمة توتر (C-H) مجموعة الأمين الأولي بينما يعطي الأمين الرباعي حزمة مميزة بوضوح منفصلة عن امتصاص C-H والأمين الثانوي من ناحية أخري يبدأ أو ينخفض وبالتالي يعرف عن الأولي بالامتصاص في المنطقة $1600Cm^{-1}$ وحتى $1500Cm^{-1}$ جدول (5-13) يلاحظ مجموعة الامونيوم يمكن التعرف عليها بظهور حزمة طيف $2000Cm^{-1}$ والتي لا تظهر مع مجموعة أملاح الامونيوم الرباعية. شكل (5-33)

Table 5.13. Characteristic Absorption Bands Found in Ammonium Compounds

Functional Group	*Frequency* (cm^{-1})	*Wavelength* (μm)	*Remarks*
Ammonium Ion			
$\overset{+}{N}H_4$	3300–3030	3.03–3.30	$\overset{+}{N}H_4$ stretching vibrations
	1430–1390	7.00–7.20	$\overset{+}{N}H_4$ bending vibrations
Amine Salts			
—$\overset{+}{N}H_3$	Near 3000	3.33	$\overset{+}{N}H_3$ asymmetric and $\overset{+}{N}H_3$ symmetric stretching as a broad band overlapping C—H stretching bands
	Near 2500	4.00	Overtones (sometimes absent)
	Near 2000	5.00	Overtones (sometimes absent)
	1600–1575	6.25–6.35	$\overset{+}{N}H_3$ asymmetric bending
	Near 1500	6.67	$\overset{+}{N}H_3$ symmetric bending (analogous to CH_3 bendings)
—$\overset{+}{N}H_2$	2700–2250	3.70–4.44	Broad, stretching band (usually a group of bands)
	Near 2000	5.00	Overtone, usually absent
	1600–1575	6.25–6.35	$\overset{+}{N}H_2$ scissoring (analogous to CH_2 scissoring)
—$\overset{+}{N}H$	2700–2250	3.70–4.44	N—H stretching plus overtone and combination bands; clearly distinguishable from C—H vibrations
$\overset{+}{N}$	—	—	No characteristic bands
Imine Salts			
—C=$\overset{+}{N}$—H	2500–2300	4.00–4.34	N—H stretching; overtones and combinations; a group of broad, sharp bands
	2200–1800	4.55–5.56	One or more medium intensity bands; clearly distinguishes imine salts from amine salts
	Near 1680	5.95	C=$\overset{+}{N}$ stretching vibration

مركبات الكربونيل Carbonyl compounds

قدر من الدراسات ركزت حول طيف مركبات الكربونيل وهذا بسبب أن تلك المجموعة لها مجموعات استبدالية للكيمائيين منها الالدهيد الكربوكسيل، كيتونات، استرات، لاكتون، لاكتام، اميد واللامائيات وأيضا مواد أخري غير الكربونيل كلها تمتص في المنطقة $1905Cm^{-1}$ وحتى $1550Cm^{-1}$ ومن هنا توجد عوامل مختلفة لها تأثير علي موضع الامتصاص لمجموعة الكربونيل تمت دراستها وكثير من الأبحاث دونت للتفسير وباختصار تلك العوامل دونت لتساعد القارئ لفهم علاقة الطيف بالتركيب ومن هنا ليس من الممكن وضع تلك المقترحات الممكنة وللقارئ له أن يلم من المراجع متى استدعت الحاجة إليها، والعوامل التي لها تأثير لإزاحة الحزمة .

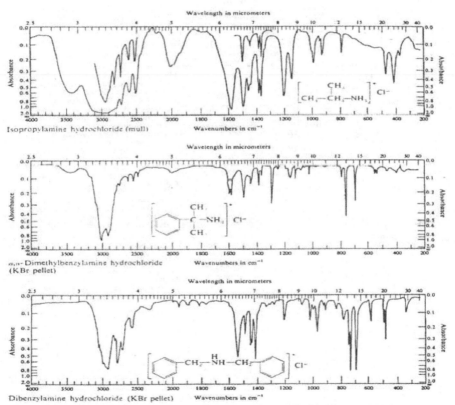

Fig. 5.33 Typical ammonium salt spectrum. (Courtesy of Sadtler Research Laboratories.)

كما أشير في الفصل الرابع لعدد من المؤثرات يمكن أخذها عند تحضير المركبات لدراسة الطيف والعوامل هي:

١- عوامل خارجية
٢- عوامل داخلية منها:
أ- استبدالات الكترونية وموانع طبيعية
ب- الروابط الهيدروجينية
ج- الاهتزاز المزدوج

أولا: العوامل الخارجية:

توتر حزمة الكربونيل ليست كافية لأحداث تغير في الحالة الفيزيائية مثل مجموعة الهيدروكسيل، ولكن هي بالتأكيد أكثر تأثيرا عن معظم المجموعات الاخرى.

وعموما أعظم تردد سجل ولوحظ في الحالة البخارية وفي الحالة السائلة في المذيبات اللا قطبية المخففة مثل رابع كلوريد الميثان أو ثاني كبريتيد الكربون وأعطت اعلي قيمة لتردد الحزمة ولكن مازالت اقل عـن الحالـة البخاريـة وفي المذيبات القطبية، فالمركبات قابلة لبعثرة سحابة π الالكترونية (معني الأنظمة المقترنة) تشير إلي عمل إزاحة مناسبة في حزمة الكربونيل. ظاهريا لا توجد جيـدة بين ثابـت العزل الكهربي للمذيب وتوتر تردد الكربونيل هذا المفهوم لو اعتبرنا أن أي تفاعل يعتمد أيضا علي حجم المذاب وجزيئات المذيب وأيضا علي عدة عوامل أخري .

ثانيا: العوامل الداخلية :
كهربية وطبيعة كوابح الاستبدال :

يمكن اخذ ثلاث عوامل كمؤثرات لتردد مجموعة الكربونيل وهي التوزيع الالكتروني له وبالقرب لمجموعة الكربونيل: اقترانـه بأربطـة متعـددة وتشـويه منـع لزوايا الأربطة حقيقة مثل تلك الانحرافات تعتبر

حقيقية ومؤكدة ومن هنا فأي تبعثر زاوي يتبعه بالضرورة تغير في التوزيع الالكتروني في منطقة مجموعة الكربونيل ومن الصعب بمكان التقييم لقيمة تلك العوامل وفي هـذه الدراسة سوف نتعرف كتقريب وصفي لتوضيح بعض مفهـوم المـؤثر المتوقـع علـي تـوتر تردد الكربونيل.

ففي جزئية التركيبة العضوية الموجـودة أسـفل فثابـت القـوة أو التوزيـع الالكـتروني لمجموعة الكربونيل يمكن أن نأخذ لتلك التراكيب البسيطة .

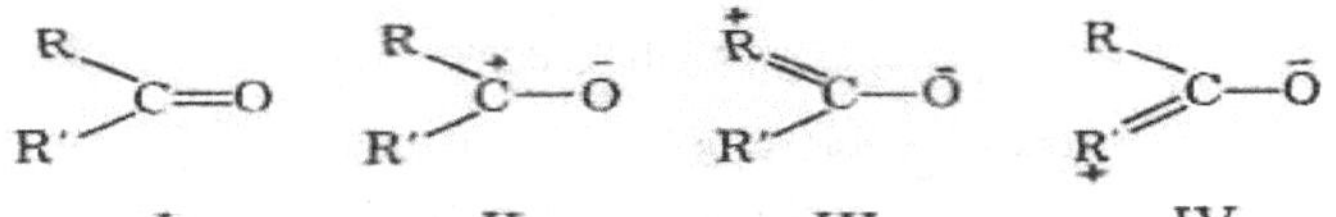

I II III IV

الترددية :

والواقع التركيبي الحقيقي لأي واحد وحتى أربعة سوف تعتمد علي قابلية المجموعة R, R' لتجاذب أو تنافر الالكترونات فلو أن الإسهام للمركب II هو الأكـثر عـن III ، IV فيكون وضع مجموعة الكربونيل عند اعلي عدد موجي لنظام الكربونيـل مـن طيـف (I) هو التركيب المساهم للتوزيـع الالكـتروني في نظـام ربـاط C=O، ومـن ناحيـة أخـري لـو التركيبة III، IV هو العامل المهم في توزيع الالكترونات خلال مجموعة الكربونيل ووضع الحزمة يجب أن تزاح إلي ادني تردد، كناتج لزيادة الرابطة الأحاديـة لنظـام رابطـة C=O وكتقريب أولي هذا التقريب (عندما التراكيب من واحد وحتى IV يمكن تقييمـه وصـفيا من بيانات أخري) يستخدم في علاقة مبدئية تقريبا من بيانات أخري. ولمعظم المقارنـات يختار ابسط المركبات وهو ثنائي الكيل كيتون ليبين التركيب الأول. (ثنائي ايثيل ايثير) .

$$CH_3 - CH_2 - C - CH_2 - CH_3$$

الذي يكتسب كثافة توتر حزمة لمجموعة الكربونيل عند $1715Cm^{-1}$، مشابه لمعظم الكيتونات الأخر. ثنائية الكيل وباستخدام هذا التردد كمقياس أو كمرجع، فمن الممكن استقاق وصفي لمجموعة استبدال آخري في مجموعة الكربونيل موضوعة علي الإسهام المتوقع النسبي للتركيب من II وحتى IV مثال كمجاميع استر، حمض كلوريد، وأميد علي التوالي جميعهم لهم مجموعة R' مستبدلة علي مجاميع مختلفة في السالبية الكهربية ففي حالة الاستر أي زيادة موجبة الشحنة علي ذرة الكربون تؤدي إلي إزاحة تردد توتر مجموعة الكربونيل إلي اعلي قيمة (يمتلك التركيب IIa مساهمة ذات معني في التوزيع الالكتروني في مجموعة الكربونيل) والتأثير المعاكس المساهمة العظمي من التركيبة IIb، متوقعه لتكون صغيرة في الاستر، بالمثل التشابه، التركيب IIa^- لحمض الكلوريد. سوف يكون اكبر عامل في التوزيع الالكتروني لمجموعة الكربونيل عن التركيب IIb^- حقيقة، مجموعات الكربونيل عموما تتبع مجموعات الكربونيل هذه العلاقة الارتباطية وصفيا وعموما مجموعة الاستر وجد لها امتصاصا في المنطقة $1736Cm^{-1}$ (5.76um).

بينما حمض الكلوريد يظهر في المنطقة $1810Cm^{-1}$، 5.53um . بالمقارنة تكتسب مجموعة الاميدو تكتسب تأثيرا معاكسا عائدا إلي الزيادة في القاعدية لذرة النتروجين ويتوقع التركيب IIb'' لان يأخذ تأثيرا معلوما علي تردد الكربونيل وفي هذه الحالة، حيث يكون التأثير إلي ادني تردد عن هو الملاحظ لثاني الكيل كيتون. وفي الاميدات الاليفاتية البسيطة يكون امتصاص الكربونيل بالقرب من $1680Cm^{-1}$ (5.95um) طبقا مع هذا للصور الوصفية وعلي القارئ أن يتوخي الحذر من هذا التقريب.

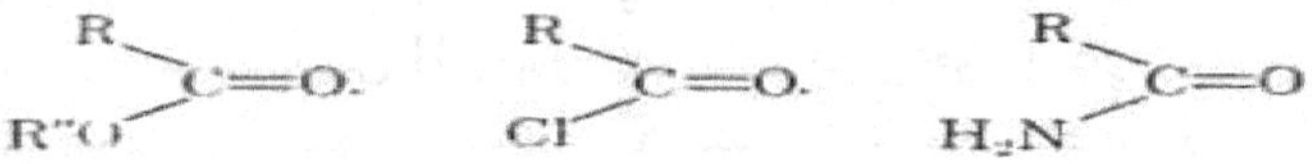

R
R"O–C=O·   IIa

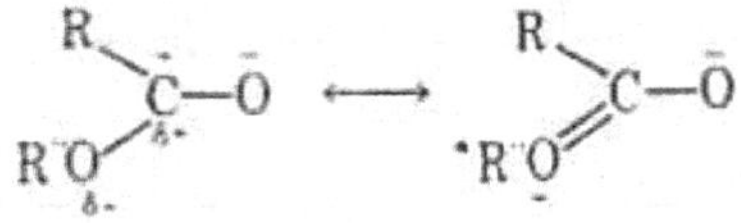

R
RO–C–Ō̄ ⟷ R–C–Ō̄ R'Ō   IIb

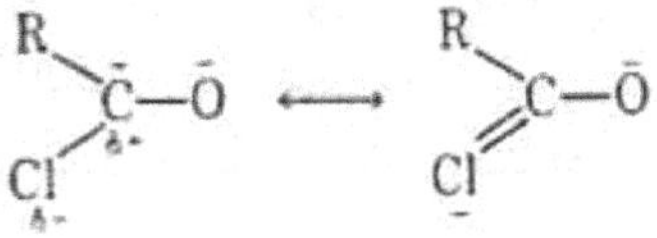

R
Cl–C–Ō̄ ⟷ R–C–Ō̄ Cl̄   IIa'   IIb'

R
H₂N–C–Ō̄ ⟷ R–C–Ō̄ H₂N   IIa"   IIb"

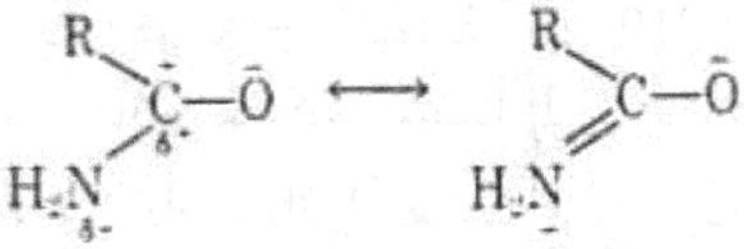

ويلاحظ أن امتصاص مجموعة الكربونيل في الكيتونات البسيطة الاليفاتية عند $1715 Cm^{-1}$ وكما ذكر سابقا أن الروابط الثنائية المتزنة تمتص تردد بحوالي $350 Cm^{-1}$ كذلك المجسوعات العطرية (بنزين) أيضا لها تأثير ولكن لأدني درجة عن الرابطة المقترنة ففي حالة الرابطة الثنائية C=C المقترنة تعزز لتعطي البدء لحزمتين قويين عند $1667 Cm^{-1}$ واحدة تعود إلي مجموعة الكربونيل اقل من $1667 Cm^{-1}$ والثانية اقل كثافة من $1667 Cm^{-1}$.

مثال :

Va   CH₃ — (ring with CH₃, CH₃) — C(=O)H   C=O frequency = 1680 cm⁻¹ (5.95 μm)

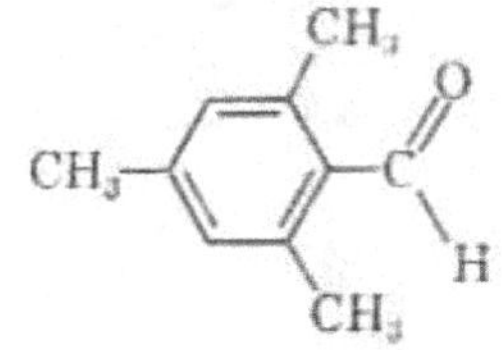

Vb   CH₃ — (ring with CH₃, CH₃) — C(=O)CH₃   C=O frequency = 1700 cm⁻¹ (5.88 μm)

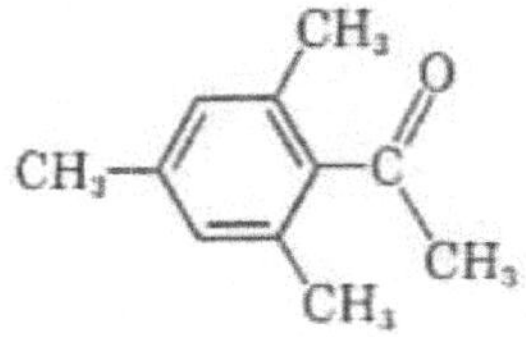

ملاحظ من (V_a) وجود تأثيرا بسيطا لمجموعة الالدهيد، V_b- هنا التأثير محدود وهذا يعني أن V_a، إمكانية التداخل ممكنة في V_a وليست ممكنة في V_b إذا مجموعة الكربونيل لا تقع في المستوي لمجموعة حلقة البنزين .

جدول (5-14) يبين إزاحة مجموعة الكربونيل لأعلي قيمة. الاستخدام لهذه الارتباطات مهمة للكيميائي .

Table 5.14. Effect of Ring Size on the Position of the Carbonyl Stretching Vibration in Ketones, Lactones, and Lactams*

	Carbonyl Stretching Vibration					
	Ketones		*Lactones*		*Amides*	
Ring Size	(cm^{-1})	(μm)	(cm^{-1})	(μm)	(cm^{-1})	(μm)
4	1780	5.62	1818	5.50	1745	5.73
5	1745	5.73	1770	5.65	1700	5.88
6	1715	5.83	1735	5.76	1677	5.96
7	1705	5.87	1727	5.79	1675	5.97

*Values given are approximate only; variations due to α-substituents are averaged to obtain a value for the effect of the ring.

وفي حالة الكيتون الحلقي α – هالو. وضع ذرة الهالوجين المجاورة لمجموعة الكربون لها اثر علي امتصاص مجموعة الكربونيل ومن المتوقع تأثير المنافسة الكهربية، وهو أن وجود مجموعة α – الهالوجين تزيح امتصاص مجموعة الكربونيل إلي تردد عال مثلا تمتص مجموعة الكيتنون عند $1715Cm^{-1}$ (5.83um)، بينما في حالة أحادي كلوروكيتون عند $1724Cm^{-1}$ (5.8um). ويكون تأثير مجموعة الهالوجينات تتبع الترتيب التالي: $F\rangle Cl\rangle Br\rangle I$ انظر الشكل (5-34) وعموما قيمة التأثير متعلقة. أيضا للشكل الهندسي للهالوجين مع الاحتفاظ لمجموعة الكربونيل .

ويلاحظ وضع ذرة الهـالوجين المحـوري لمجمـوعـة الكربونيـل أدت فقـط إلي إزاحـة طفيفة بحوالي $200Cm^{-1}$ في قيمة الإزاحة .

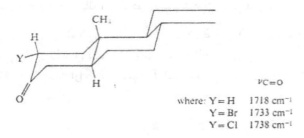

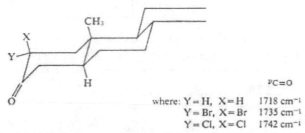

Fig. 5.34 Effect of α-halogen substitution on the position of the carbonyl stretching absorption band.

2- رابطة الأيدروجين Hydrogen bonding: عنـدما تكـون مجمـوعـة الكربونيـل رابطـة هيدروجينية مع مواد هيدروكسيك فان توتر امتصاص الكربون ينتقل إلي تردد ادني يميل تجمع الهيدروجين مع مجموعة الكربونيل إلي النقص لخصائص الرابطة الثنائية لمجموعة الكربونيل

$$\overset{\delta+}{C} - \overset{\delta-}{O} \dotsb \overset{\delta+}{H} - \overset{\delta-}{O}$$

ولربما أحسـن مثال لهـذه الظاهرة يمكـن رسـمها لرابطة الأيدروجين في مجمـوعـة الكربوكسيل حيث تظهر في المنطقة $1760Cm^{-1}$ لمعظم الأحماض الاليفاتيه (المفتوحة السلسلة) ولكـن في الحالـة السـائلة تكتسـب معظـم الأحمـاض امتصاصـا قويـا عنـد $1700Cm^{-1}$ وهذا يعود إلي الازدواجية الجزيئية للحمض شكل (35-5).

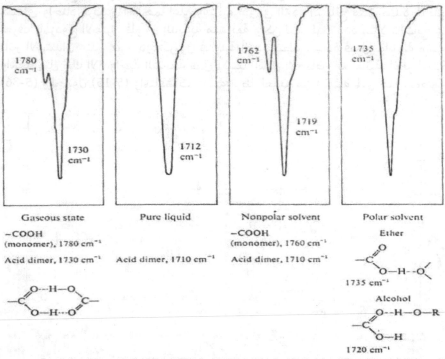

Fig. 5.35 Changes in the position of carbonyl stretching absorption as a function of the state of the sample exemplified by propionic acid.

بالإضافة توجد حزمة امتصاصية مفلطحة في المنطقة 920Cm^{-1} (10.87um) خاصة لرابطة هيدروجينية ثنائية الجزيئية هذه الحزمة تعود إلي اهتزاز رابطة خـارج مسـتوي العناصر الثنائية الجزيئية

الكحولة (الانوله) Enolization تكتسب المركبـات β–ثنائي كيتـون، β– كيتـو حمض، β– كيتو اميد تغير مشابهة لتردد الكربونيل، مؤدية لرابطة هيدروجينية داخليه

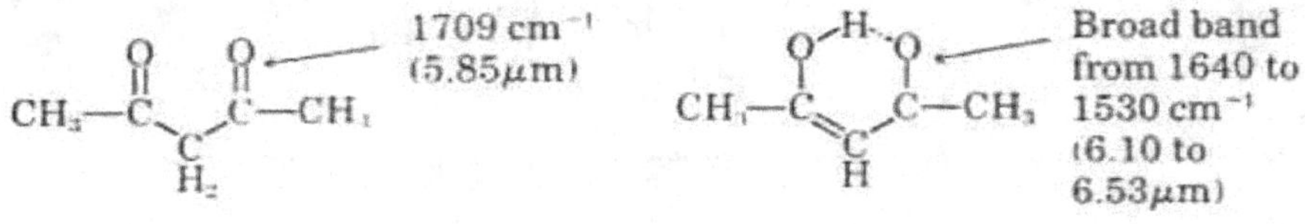

$$CH_3-\overset{\overset{O}{\|}}{C}\underset{\underset{H_2}{C}}{}\overset{\overset{O}{\|}}{C}-CH_3 \longrightarrow \begin{array}{l} 1709 \text{ cm}^{-1}\\ (5.85\mu m) \end{array}$$

$$CH_3-\overset{\overset{O\cdots H\cdots O}{}}{C}=\underset{\underset{H}{C}}{}\overset{}{C}-CH_3 \longrightarrow \begin{array}{l} \text{Broad band}\\ \text{from 1640 to}\\ 1530 \text{ cm}^{-1}\\ (6.10 \text{ to}\\ 6.53\mu m) \end{array}$$

وتعود حزمة الكثافة العاليـة إلي مجموعـة الاينـول وبسـهولة تعمـل عـلي مخلبيـه مقترنة كوحدة، بالرغم ربما تحدث لأكثر من عنصر جزيئي،

والاتزان بين الكيتو اينول لمثل هذا النظام يمكن دراسته في المنطقة تحت الحمراء.

٣- المزدوج الاهتزازي Vibrational coupling يمكن أن تحدث عملية الذبذبة لوحدة اشتقاق واحدة لمركبتين أحدهما اعلى والثانية ادني في التردد الشائع مثل هـذه الذبذبـة تعرف بالمزدوج الاهتزاز فلو أن الذبذبة متشابهة ولكن ليس لها تـردد مـثلا كالنـاتج عـن تأثير الاستبدال عند α − ذرة كربون فعملية التردد تتطلب عادة فصل بواسطة مسافة واسعة مثل تلك الازدواجية الشائعة فوق أكسيد أسيل الأحماض اللا مائية. انظر الشـكل (5-36) والجدول (5-15) والمناقشات التالية ترينا العديد من الأمثلة لمثل هذا الموضوع .

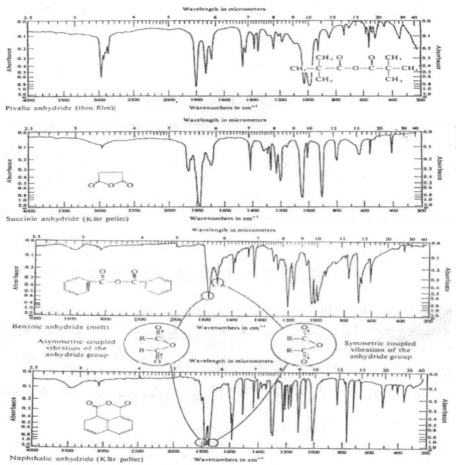

Fig. 5.36 Vibrational coupling in anhydrides (note acid-impurity, band in carbonyl region, 1700 cm⁻¹). (Courtesy of Sadtler Research Laboratories.)

Table 5.15. Summary of the Absorption Characteristics of Carbonyl-containing Compounds

Functional Group	Frequency (cm⁻¹)	Wavelength (μm)	Remarks
Standard $\nu_{c=o}$			
Anhydrides $\left(-\overset{O}{\overset{\|}{C}}-O-\overset{O}{\overset{\|}{C}}-\right)$	1830–1810	5.46–5.53	Asymmetric stretching, C=O (symmetric at 1770–1750 cm⁻¹)
Peroxides $\left(-\overset{O}{\overset{\|}{C}}-O-O-\overset{O}{\overset{\|}{C}}-\right)$	1820–1780	5.49–5.62	Asymmetric stretching, C=O (symmetric at 1796–1769 cm⁻¹)
Acid Halides $\left(-\overset{O}{\overset{\|}{C}}-X\right)$	1810–1790	5.53–5.59	C=O stretching
Acids $\left(-\overset{O}{\overset{\|}{C}}-OH\right)$	1770–1750	5.65–5.71	Monomeric stretching, C=O
Esters $\left(-\overset{O}{\overset{\|}{C}}-O-\right)$	1745–1725	5.73–5.80	C=O stretching
Aldehydes $\left(-\overset{O}{\overset{\|}{C}}-H\right)$	1735–1715	5.76–5.83	C=O stretching
Ketones $\left(-\overset{O}{\overset{\|}{C}}-\right)$	1720–1710	5.81–5.85	C=O stretching
Amides $\left(-\overset{O}{\overset{\|}{C}}-NH_2\right)$	1700–1680	5.88–5.95	C=O stretching "amide I band"
Anhydrides			
Linear			
$R-\overset{O}{\overset{\|}{C}}-O-\overset{O}{\overset{\|}{C}}-R$ (Aliphatic)	1830–1810	5.46–5.53	C=O asymmetric stretching (strong)
	1770–1750	5.65–5.71	C=O symmetric stretching (weaker than asymmetric stretching band)
$R-\overset{O}{\overset{\|}{C}}-O-\overset{O}{\overset{\|}{C}}-R$ (Vinyl or aromatic)	1795–1775	5.57–5.63	C=O asymmetric stretching (strong)
	1735–1715	5.76–5.83	C=O symmetric stretching (weaker than asymmetric stretching band)
Cyclic			
6-membered ring	1810–1790	5.53–5.59	C=O asymmetric stretching (weaker than symmetric stretching band)
	1760–1740	5.68–5.75	C=O symmetric stretching (strong)
5-membered ring	1875–1855	5.33–5.39	C=O asymmetric stretching (weaker than symmetric stretching band)
	1795–1775	5.57–5.63	C=O symmetric stretching (strong)

Table 5.15 — Cont.

Functional Group	Frequency (cm⁻¹)	Wavelength (μm)	Remarks
Other cases			
Maleic anhydride	1850	5.41	C=O asymmetric
	1790	5.59	stretching (weaker than 1790-cm⁻¹ symmetric stretch)
Phthalic anhydride	1850	5.41	C=O asymmetric
	1770	5.65	stretching (weaker than 1770-cm⁻¹ symmetric stretch)
Peroxides			
R—C(=O)—O—O—C(=O)—R (aliphatic)	1820–1811	5.49–5.52	C=O asymmetric stretching (strong)
	1796–1784	5.57–5.61	C=O symmetric stretching (weaker than asymmetric stretching band)
R—C(=O)—O—O—C(=O)—R (aromatic)	1805–1780	5.54–5.62	C=O asymmetric stretching (strong)
	1794–1769	5.57–5.65	C=O symmetric stretching (weaker than asymmetric stretching band)
Acid Halides			
R—C(=O)—Cl (aliphatic)	1810–1790	5.53–5.59	C=O stretching; O=C—F shifted to higher frequencies; O=C—Br(I) shifted to lower frequencies
R—C(=O)—Cl (aromatic or unsaturated)	1780–1750	5.62–5.71	C=O stretching (strong)
Acids			
R—C(=O)—OH (aliphatic)	1765–1750	5.67–5.71	C=O stretching of nonhydrogen-bonded species (variable in intensity in solution, depending on concentration)
	1720–1710	5.81–5.85	C=O stretching of acid dimer (most commonly observed band)
	3000–2500	3.33–4.00	Broad, complex band structure of O—H stretching and combination bands (characteristic)
	Near 3550	2.82	O—H stretching monomer bands due to
	Near 1420	7.04	coupling of in-plane bending of O—H and
	Near 1250	8.00	C—O stretching of the dimer (CH₂ bendings overlap 1420-cm⁻¹ band)
	900–860	11.15–11.65	Broad, medium intensity band; O—H out-of-plane bending of acid dimer (characteristic)
α-halogen substituent	Shift of +10–20	Approx. 0.05	Values for α-bromo and α-chloro (α-fluoro about +50 cm⁻¹)

Table 5.15 — Cont.

Functional Group	Frequency (cm^{-1})	Wavelength (μm)	Remarks
O ‖ R—C—OH (aromatic)	1730–1710	5.78–5.85	C=O stretching of the monomeric species
	1700–1680	5.88–5.95	C=O stretching in the acid dimer
O ‖ R—C—O⁻ (acid salts)	1610–1550	6.21–6.45	Asymmetric stretching of CO$_2$⁻ group (strong)
	Near 1400	7.14	Symmetric stretching of CO$_2$⁻ group (strong)
Esters O ‖ R—C—O—R' (R and R' aliphatic)	1735	5.76	C=O stretching (strong)
	1275–1185	7.85–8.44	C—O—C asymmetric stretch
	1160–1050	8.62–8.70	C—O—C symmetric stretch (both are strong bands, the higher frequency band is usually more intense than the C=O stretching band; position is usually indicative of ester type)
Ester Types (C—O—C) (a) Formates	Near 1185	8.44	
	Near 1160	8.62	
(b) Acetates	Near 1245	8.03	
	665–635	15.04–15.75	
	615–580	16.26–17.24	
(c) Propionates	1275	7.84	
	1200–1190	8.33–8.40	
	1080	8.47	
	1020	9.80	
	810	12.35	
(d) n-Butyrates	1255	7.97	
	1190	8.40	
	1100	9.09	
(e) Isobutyrates	1260	7.93	
	1200	8.33	
	1160	8.62	
	1080	9.26	
(f) Isovalerates	1195	8.37	
	1285–1265	7.78–7.90	
α-halogen substituent	Shift of + 10–40	Approx. 0.1–0.15	Shift depends on electronegativity of the halogen and stereochemistry
O ‖ R—C—OR' (where R is vinyl or aromatic)	1725–1715	5.80–5.83	C=O stretching (shifted by conjugation)
	1300–1250	7.69–8.00	C—O—C asymmetric stretching
	1200–1050	8.33–9.52	C—O—C symmetric stretching
O ‖ R—C—OR' (where R' is vinyl or aromatic)	1765–1755	5.67–5.70	C=O stretching (strong)
	1690–1650	5.92–6.06	C=C stretching in vinyl cases (enhanced intensity)
	Near 1210	8.26	C—O—C asymmetric stretching (very strong)

Table 5.15 — Cont.

Functional Group	Frequency (cm⁻¹)	Wavelength (μm)	Remarks
$R-\overset{\overset{O}{\|\|}}{C}-OR'$ (where R and R' are aromatic)	1735	5.76	C=O stretching vibration
Benzoates (C—O—C)	1310–1240 1150–1080	7.64–8.06 8.70–9.26	Asymmetric and symmetric C—O—C stretching
Cyclic (cf. Table 5.14) 6-membered ring	1735	5.76	C=O stretching vibration (shifts with conjugation with C=O or ester O—C as in aliphatic cases)
5-membered ring	1770	5.65	C=O stretching (shifts with conjugation to 1785 cm⁻¹ and split, 1755 band is present; conjugation with ester O—C shifts C=O stretching to 1880 cm⁻¹
Phthalates	1780–1760	5.62–5.68	C=O stretching, 1780 cm⁻¹ in nonpolar solvents; 1760 cm⁻¹ in polar solvents
	1130–1110 1075–1065	8.85–9.01 9.30–9.39	Asymmetric and symmetric C—O—C stretching, (strong)
Aldehydes $R-\overset{\overset{O}{\|\|}}{C}-H$ (aliphatic)	1725–1715	5.80–5.83	C=O stretching, (strong)
	2820	3.55	C—H stretching (overlapped with other C—H stretching bands)
	2720	3.67	C—H stretching-characteristic (used to distinguish aldehyde from ketone)
$R-\overset{\overset{O}{\|\|}}{C}-H$ (aromatic)	Near 1700	5.88	C=O stretching (shifting due to conjugation with aromatic ring)
$R-\overset{\overset{O}{\|\|}}{C}-H$ (α,β-unsaturated)	Near 1685	5.94	C=O stretching (shifted by conjugation; extended conjugation shifts the band to 1675 cm⁻¹)
Ketones $R-\overset{\overset{O}{\|\|}}{C}-R$ (aliphatic)	1720–1710	5.81–5.85	C=O stretching (nonpolar solvent; shifts lower in polar media)
	Near 1100	9.09	C—C—C bending and C—C stretching of C—C(=O)—C linkage
$R-\overset{\overset{O}{\|\|}}{C}-R'$ (where R' is aromatic)	Near 1690	5.93	C=O stretching (shifted by conjugation)
$R-\overset{\overset{O}{\|\|}}{C}-R'$ (where R and R' are aromatic)	Near 1665	6.01	C=O stretching (shifted by conjugation)
Conjugation α,β-unsaturation: (—CH=CH—C(=O)—)	Near 1675 1650–1600	5.97 6.06–6.25	C=O stretching vibration C=C stretching (enhanced intensity)

Table 5.15 – Cont.

Functional Group	Frequency (cm⁻¹)	Wavelength (μm)	Remarks
Extended or crossed:			
$-CH=CH-CH=CH-\overset{\overset{O}{\parallel}}{C}-$ or			
$-CH=CH-\overset{\overset{O}{\parallel}}{C}-CH=CH-$	Near 1665	6.01	C=O stretching vibration
Cyclopropyl:			
(triangle)$\overset{\overset{O}{\parallel}}{C}-$	Near 1695	5.90	C=O stretching vibration
α-halogen substituent	Shifts − 0 to 25	Approx. 0.05	Depends on electronegativity and stereochemistry
Two halogens (αα or αα')	Shifts − 0 to 45	Approx. 0.1	
$R-\overset{\overset{O}{\parallel}}{C}-R$ (cyclic; cf. Table 5.14)			
4-membered ring	1780	5.62	All bands shift approximately 20 cm⁻¹
5-membered ring	1745	5.73	imately 20 cm⁻¹
6-membered ring	1715	5.83	(0.05μm) on conjugation
7-membered ring or larger	1705	5.87	tion
Diketones			
$-\overset{\overset{O}{\parallel}}{C}-\overset{\overset{O}{\parallel}}{C}-$	1720–1705	5.81–5.87	C=O stretching vibration
$-\overset{\overset{O}{\parallel}}{C}-CH_2-\overset{\overset{O}{\parallel}}{C}-$	1720–1705	5.81–5.87	C=O stretching vibration
	1640–1540	6.00–6.49	Conjugated chelate
Amides			
$R-\overset{\overset{O}{\parallel}}{C}-NH_2$ (aliphatic)	1690–1650	5.92–6.06	The "amide I" band C=O stretching (1690 cm⁻¹ free, and 1650 cm⁻¹ when hydrogen-bonded)
	3550–3420	2.82–2.92	Asymmetric N—H stretching
Conjugation: (Vinyl and aromatic)	Shifts + 15	Approx. 0.05	
$\left(R-\overset{\overset{O}{\parallel}}{C}-N-CH=CH-\right.$ or $\left.-CH=CH-\overset{\overset{O}{\parallel}}{C}-N\triangleleft\right)$			
α-halogen substituent	Shifts + 5 to + 50	Approx. 0.1	Depending on electronegativity and stereochemistry
$R-\overset{\overset{O}{\parallel}}{C}-NH-R$ (cyclic; cf. Table 5.14)			
4-membered ring	1745	5.73	All bands shift approx. 15 cm⁻¹ (0.05μm) on conjugation (no amide II band present in 4- to 9-membered lactams)
5-membered ring	1700	5.88	
6-membered ring	1677	5.96	
7-membered ring	1675	5.97	

Table 5.15 – Cont.

Functional Group	*Frequency* (cm⁻¹)	*Wavelength* (μm)	*Remarks*
	3450–3320	2.90–3.01	Symmetric N—H stretching
	(3200–3050)	(3.12–3.28)	Hydrogen-bonded N—H
	1640–1600	6.10–6.25	The "amide II" band. NH_2 bending
	1420–1405	7.04–7.12	The "amide III" band. C—N stretching
$R-\overset{O}{\overset{\Vert}{C}}-NH-R$ (aliphatic)	1680–1640	5.95–6.10	The "amide I" band. C=O stretching
	Near 3440	2.91	N—H stretching
	(Near 3300)	(3.03)	Hydrogen-bonded N—H stretching
	1570–1530	6.37–6.54	The "amide II" band
	1300–1260	7.69–7.94	The "amide III" band
$R-\overset{O}{\overset{\Vert}{C}}-NR_2$ (aliphatic)	Near 1650	6.06	The "amide I" band; since no N—H is present amide II and III bands are absent

الالدهيدات والكيتونات Aldehydes and ketones

يلاحظ أن هذين الشكلين يحملان مجموعة واحدة (مماثلة) لمجموعة الكربونيل بالرغم أن عسلية الاهتزازات في الالدهيد اكبر بمقدار $10Cm^{-1}$ عن الكيتون علما بان مجموعة الكربونيل لا تتخذ كمصدر للتفرقة بين النوعين ولكي نفرق بين هذين النوعين فانه يجب فحص توتر منطقة التمدد للرابطة C-H الازدواجية عند نهاية التردد والمنخفضة لمنطقة التمدد للرابطة C-H وعموما تميز المجموعة الالدهيدية بالقيمة $2820 - 2720Cm^{-1}$ والحزمة عند المنطقة $2720Cm^{-1}$- 3.67um حادة ومنفصلة تماما عن الامتصاصات الاخري C-H هذه الحزمة يمكن أن تكون جيدة للتعرف عن مجموعة الدهيد من الكيتنونات انظر الشكل (5-37) الذي يبين الفرق بين طيفي الكيتون والالدهيد البسيط .

وعموا تأثير التقارن علي وضع الكربونيل الذى يمكن مشاهدته بوضوح في الشكل (5-38) لاحظ طيف المركبات بروبيو فينون، بنزيل، بنزالدهيد، مع السلسلة المفتوحة (الاليفاتيه) الأمثلة في الشكل (5-37) حيث أن التردد اقل في التردد وكما هو مفسر في الشكل (5-39) وفى الشكل (5-40) الإزاحة الامتصاصية للمجموعة الكربونية مع زيادة حجم الحلقة.

كما أن جدول (5-15) يعطي ترددات المجموعات الالدهيديه الكيتونيه .

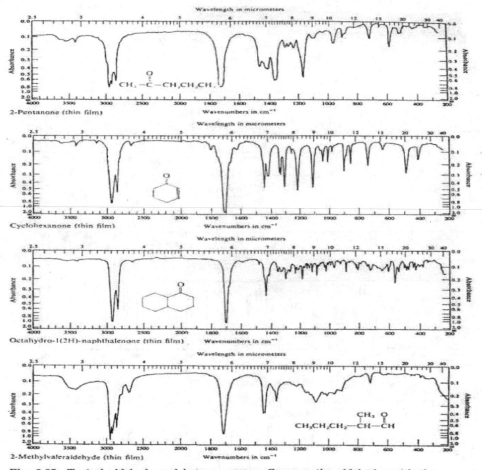

Fig. 5.37 Typical aldehyde and ketone spectra. Compare the aldehydes with the ketones and note the difference in the 3333 to 2500 cm^{-1} region (3 to 4 μm). (Courtesy of Sadtler Research Laboratories.)

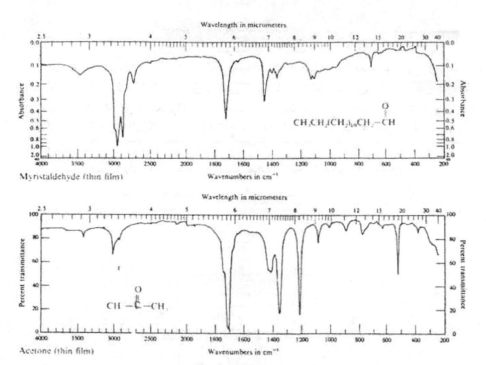

Myristaldehyde (thin film)

$$CH_3CH_2(CH_2)_{10}CH_2-CH$$

Acetone (thin film)

$$CH_3-C-CH_3$$

Fig. 5.37 (contd.).

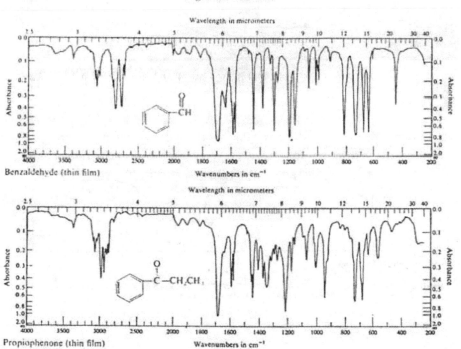

Benzaldehyde (thin film)

Propiophenone (thin film)

Fig. 5.38 Typical spectra of aromatic or unsaturated ketones and aldehydes. (Courtesy of Sadtler Research Laboratories.)

- 170 -

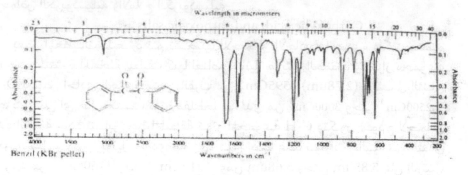

Wavenumbers in cm^{-1}

Benzil (KBr pellet)

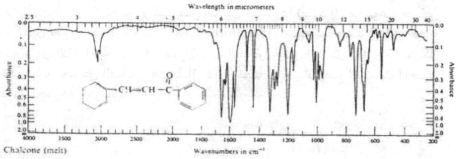

Wavenumbers in cm^{-1}

Chalcone (melt)

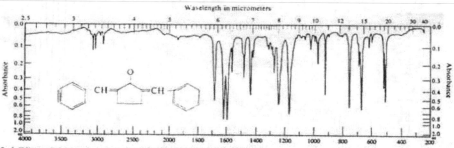

Wavenumbers in cm^{-1}

2, 5-Dibenzylidenecyclopentanone (KBr pellet)

Wavenumbers in cm^{-1}

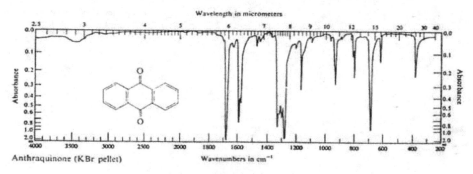

Anthraquinone (KBr pellet)

Fig. 5.38 (*contd.*).

الأحماض الكربوكسيلية والأملاح الكربوكسيلية

Corboxylic acid, and carboxylic salts

بعض المعطيات المبعـثرة تـم تسـجيلها للأحـماض الأحاديـة الجـزىء ولكـن معظم الأبحاث المنتشرة المسجلة للطيف كلها لعناصر ثنائية جزيئية الحمض، واهتزاز مجموعة O-H لحمض أحادي الجزىء تمتص بالقرب من (2.78um) $3595Cm^{-1}$ والشـكل الثنائي الجزيئي علي أي حال تكتسب توترا مفلطحا في المدى من $3000Cm^{-1}$ وحتى $2500Cm^{-1}$. هذه الحزمة عادة تتطابق جزئيا لمنطقة تـوتر المجموعة C-H وتكـون نمـوذج لأحـماض الكربوكسيل وتوتر كربونيل أحادي الجزىء يـري أيضـا عنـد تـوترات عاليـة عـن الثنـائي الجزىء من $1760Cm^{-1}$ وحتى $1710Cm^{-1}$ ومن 5.68um وحتى 5.85um علي الترتيب إضافة إلي هـذين الملاحظتين والتـي مـن السـهل تفسـيرها تعـود إلي مجموعـة حمـض الكربوكسيل لحزمة مفلطحة عند $920Cm^{-1}$ (10.87um) مبينه لمجموعـة (OH) خارج رباط مستوي الازدواجية المضافة لتفسر تركيب الحمض ويبـين الشـكل (5 - 41) بشـكل مبسط طيف الحمض العطري والاليفاتي قارن تلك المنحنيـات مـع المركبـات الاخـري المحتوية لمجموعة الكربونيل .

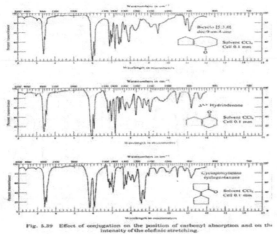

Fig. 5.39 Effect of conjugation on the position of carbonyl absorption and on the intensity of the olefinic stretching.

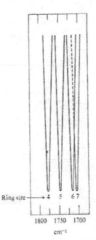

Fig. 5.40 Effect of ring size on the position of carbonyl absorption.

ومع أملاح مجموعة الكربوكسيل نجدها مختلفة تماما، كما هو متوقع من توتر اهتزاز مجموعة الكربوكسيلات (CO_2-) وموازية لتلك المجموعة في اهتزازات الذرات الأخرى الثلاثة انظر مجموعة الميثيلين أو مجموعة الامينو شكل (5-42): يبين طيف الكربوكسيلات .

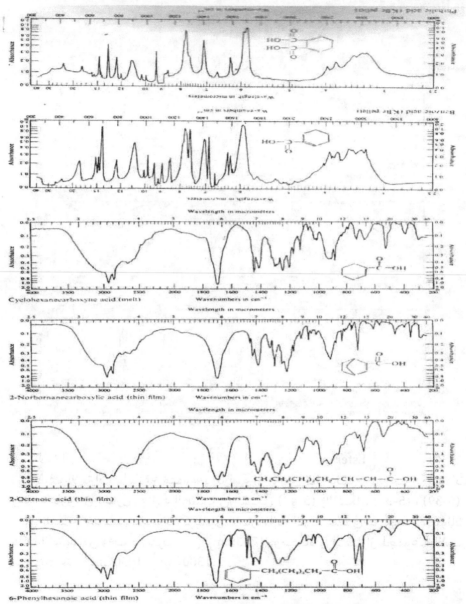

Fig. 5.41   Typical spectra of carboxylic acids. Note the position of the carbonyl stretch-
ing band as a function of structure. (Courtesy of Sadtler Research Laboratories.).

مـع تمثيـل مرسـوم للاهتـزازات التماثليـة واللا تماثليـة التـي تعـود إلـي مجموعـة الكربوكسيلات .

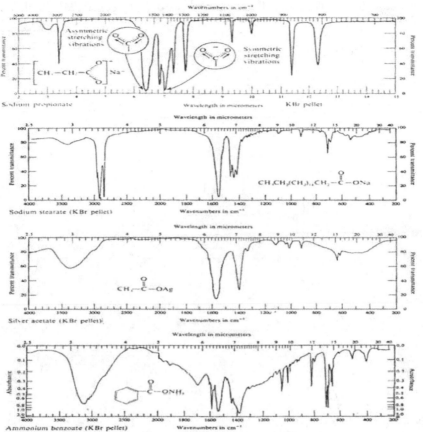

Fig. 5.42 Spectra typical of the carboxylate group. Shown are the asymmetric and symmetric absorptions of the R—CO₂⁻ species. (Courtesy of Sadtler Research Laboratories.)

الاسترات   Esters

طيف الاسترات غالبا غير مفهوم، بالدراسة الميدانية مثـل ذلك لمجموعـة الكيتونـات وعلي القارئ أن يقـارن بعنايـة الطيف في الشـكل (43-5) والأشـكال (37-5) ، (39-5) . وعلي العموم امتصاص مجموعة كربونيل الاستر عالية التردد عنها في مجموعة الكيتونات هـذا الامتصـاص وجـد بـالقرب مـن $1733Cm^{-1}$، وخصـائص الاهتـزاز لمجموعـة الاسـتر موجودة عند $1050Cm^{-1}$ - $1300Cm^{-1}$.

يظهر امتصاصين في هذه المنطقة فويتا الاهتزاز المتماثل واللا متماثل للمجموعة -C O-C لمجموعة الاستر (مجموعة الايثير)، ويعتمد تأثير المجموعات غير المشبعة علي وضع المجموعة المشبعة واتصالها بالكربونيل ففي حالة الفينيل أو الاليفينك غير المشبعة مع مجموعة الكربونيل (-CH=CH-C(=O-C) حيث تزاح حزمة الكربونيل إلي تردد منخفض $1720Cm^{-1}$

وعلي كل ففي غير المقترن لمركب استر من نوع فايثيل علي النحو (-CH=CH-O-C(=O)-) مثل الاسترات العطرية حيث يحدث توتر إلي اعلي والي تردد عالي قرب $1760Cm^{-1}$ علاقات أخري .

يمكن أن :

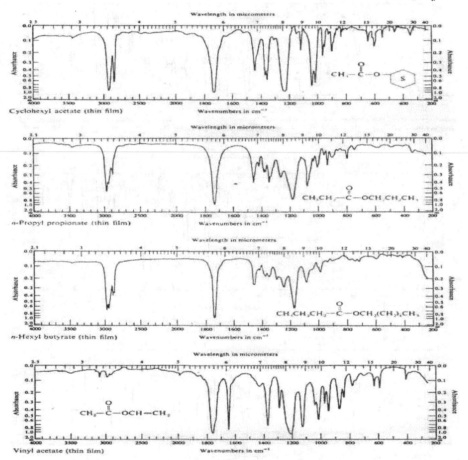

Fig. 5.43 Typical spectra of esters. Note the position of the carbonyl stretching band as a function of structure. (Courtesy of Sadtler Research Laboratories.)

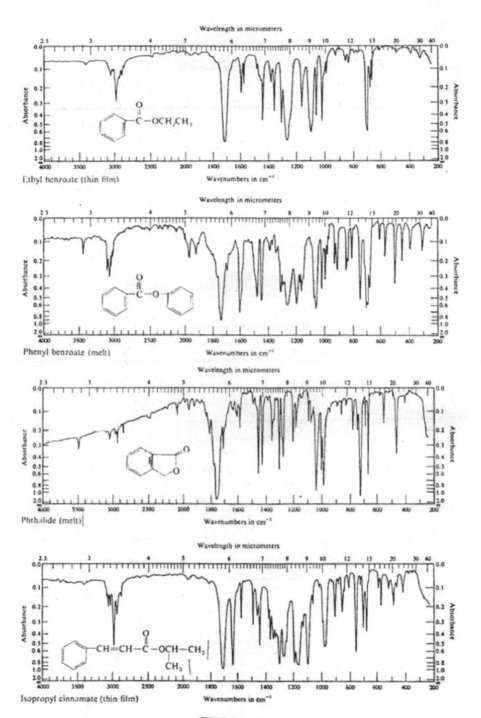

Ethyl benzoate (thin film)

Phenyl benzoate (melt)

Phthalide (melt)

Isopropyl cinnamate (thin film)

Fig. 5.43 (contd.).

- 176 -

في الجـداول (5-14) (5-15) والشـكل (5-43) يشرـح نمـاذج مختلفـة للمقارنـة مـع طيف كربونيل آخر .

هاليد اسيل وارويل (البنزويل) Acyl and aroyl halides

يحدث استبدال ذرة الهالوجين لذرة الكربونيل- إزاحة تردد توتر لمجموعة الكربونيل في وضع $1800Cm^{-1}$ وعند وجود عدم تشبع تعتبر الإزاحة غير واضحة تماما فالامتصاص يتضح من المدى $1750Cm^{-1}$ وحتى $1780Cm^{-1}$ كما تكتسب هاليدات الارويل امتصاص في منطقة الكربونيل حزمة ترددات عالية تعود إلي مجموعـة C=O بيـنما ادني امتصاص لتردد ادني إنما يعود إلي تفاعل لمجموعة الحلقة العطريـة مـع الربـاط الثنـائي (كربـون - أكسوجين) شكل (5-44) الذي يبن طيف هاليدات الحمض للأنظمة العطرية والاليفاتية .

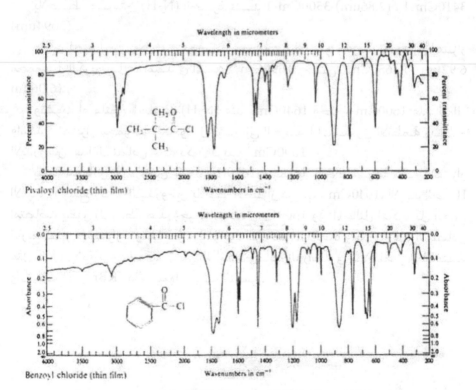

Fig. 5.44 Typical spectra of acid chlorides. (Courtesy of Sadtler Research Laboratories.)

طيف الاميد ببساطة مرتبط لمجموعة الكربونيل مع مجموعة الاميد والتقنية المستخدمة لدراسة تردد (N-H) لمجموعة الامينو الحرة .

وكذلك أيضا تطبق علي وصلة الامينو ففي المحاليل المركزة أو الاتصالات تكتسب الاميدات نموذج امتصاص رباط هيدروجين في المدى 3050Cm-1 وحتى 3200Cm-1 ما توجد عدة حزم لمجموعة الاميد الأولى في المحاليل المخففة للمذيبات اللا قطبيه مثل الكلورفورم .

يلاحـظ حـزمتين (N-H) الحـرة عنـد 3500Cm-1 (2.86um) ، 3410Cm-1 (2094um) .

واثنين لحزم أخري وهما من خصائص مجموعة الامينو وحزمة تعـود إلي اهتـزاز مجموعـة الكربونيـل – اميـد في المـدى $1690Cm^{-1}$ وحتـى $1650Cm^{-1}$ (6.92um (6.06um) .

وتشويه أو ملتوي لمجموعة (N-H) عند $1640Cm^{-1}$ وحتى $1600Cm^{-1}$ علي التوالي وامتداد اهتـزاز مجموعـة الكربونيل تشـير إلي الحزمة I الاميد وفي الأنظمـة رباط – الأيدروجين هذا الامتصاص عادة يكون قريب $1690Cm^{-1}$.

بينما امتصاص الأيدروجين عند $1650Cm^{-1}$ومجموعة N-H المشوهة تشـير لاهتـزاز الاميد II فمع رباط الأيدروجين يلاحـظ الاهتـزاز قريب $1640Cm^{-1}$، الاميد الحـر II امتصاصه يظهر (لا رابطة هيدروجينية) قرب $1600Cm^{-1}$ وفي المحاليل المركزة كل الحـزم الأربع تظهر باستمرار . وهذا يعود إلي وجود كل العناصر الحرة والملازمة عند الامتصاص مثل هذا الوضع يؤول لتعقيد تفسير الطيف وعـادة الدراسة في كلا المحاليل المخففـة والأصلاب (مثل KBr) دائما يسهل عملية التفسير.

وفي الاميـدات الثنائيـة امتـداد حزمـة (N-H) مفـردة وتظهـر عنـد 3440Cm⁻¹
(2.01um) في المحاليل المخففة والرابطة الايدروجينيـه تظهـر حزمتهـا عنـد 3320Cm⁻¹
ومن الصعب التحقق من هذا الفحص لتوتر الحزمة (N-H) المصاحبة أي من الاثنين مـا
هو أحادي أو ثنائي الاميد كربونيل اميد (I) مشابه الامتصاص لاميد الثانوي للاميـد الأولي
ويمتص عند 1650Cm⁻¹ – 1680Cm⁻¹.

واهتزاز الاميد II يظهر في المدى 1300Cm⁻¹ – 1650Cm⁻¹ وتشير مثل الاميـد (III)
حيث يلاحظ فقط الثلاثية قرب 1650Cm⁻¹ حيث لا توجد مجموعة (NH) .

الشكل (45-4) يبين طيف الاميدات الثلاثة (المنظر المكبر) لمجموعـة N-H ويفسرـ
حزم امتصاص N-H في المحاليل المخففة للاميدات الأولية والثانوية .

جدول (14-5) يبين إزاحة توتر تردد مجموعة كربونيل – اميد للاميدات الحلقية.

خصائص الاميدات الحلقية كما هو ملاحظ أن الحلقات تمتلك اقل عن تسعة أركان،
وحزمة الاميد (II) غير موجودة هذا مفسر في الشكل (46-5).

وجدول (15-5) يلخص اهتزازات خصائص الاميد ويشير إلي التأثيرات للمجموعة غير
المشبعة المقترنة علي موضع حزمة الكربونيل .

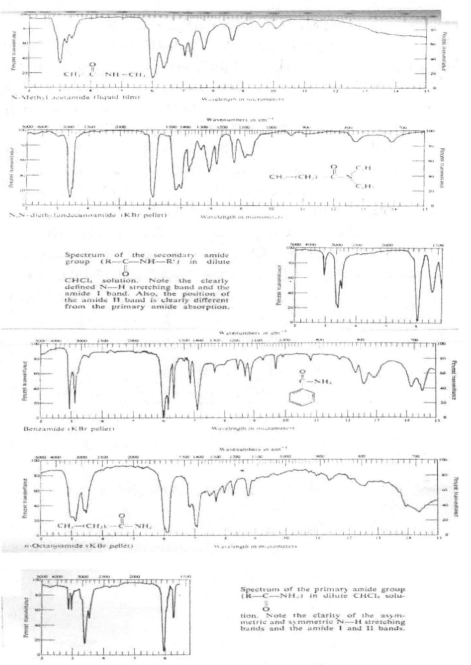

Spectrum of the secondary amide group (R—C—NH—R') in dilute

CHCl₃ solution. Note the clearly defined N—H stretching band and the amide I band. Also, the position of the amide II band is clearly different from the primary amide absorption.

Benzamide (KBr pellet)

n-Octanoamide (KBr pellet)

N-Methyl acetamide (liquid film)

N,N-diethylundecanoamide (KBr pellet)

Spectrum of the primary amide group (R—C—NH₂) in dilute CHCl₃ solu-

tion. Note the clarity of the asymmetric and symmetric N—H stretching bands and the amide I and II bands.

Fig. 5.45   Spectral characteristics of amides.

- 180 -

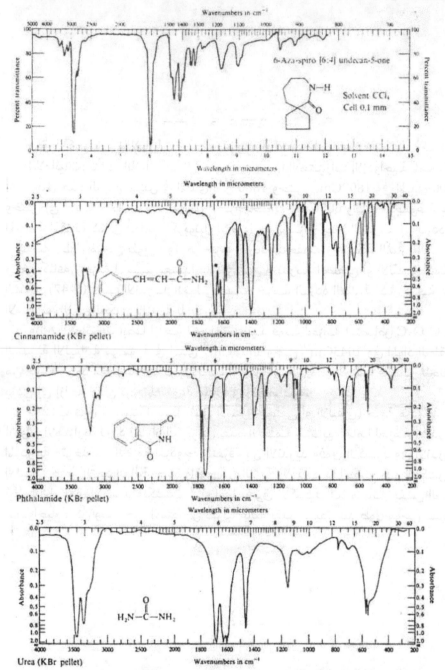

Fig. 5.46 Spectrum of a lactam (cyclic amide), an unsaturated amide, an imide, and urea amide II vibration normally characteristic of secondary amides. (Courtesy of Sadtler Research Laboratories.)

فوق الأكسيدات واللامائيات Anhydrides and peroxides

اللامائيات: تنشق اللامائيات إلي حزمتين بسبب الاهتزازات الازدواجية لمجموعة الكربونيل هذه الحزم تمتص في المدى من 1860 وحتى $1800Cm^{-1}$ وفي المدى 1800 وحتى إلي $1750Cm^{-1}$ وعادة تفصل الحزم بحوالي $600Cm^{-1}$ وتأثير المجموعة غير المشبعة المقترنة كما في أنظمة الكربونيل الاخري حيث تزاح حزم الاندريد إلي ترددات منخفضة (طول موجي طويل) وتمتص حزمة التردد المنخفضة في منطقة الاستر والكيتون وتتغير كثافة الحزمة النسبية معتمدا علي أي من الاندريد الحلقي أو الاليفاتي كما في الشكل (5-47) ففي الاندريد الخطي تصبح حزمة التردد العالية أكثر كثافة عن الامتصاص الاني والعكس بالنسبة للحلقي.

وتبين اللامائيات أيضا إزاحة لترددات عالية قوية لحزمة امتصاص C-O-C وفي السلسلة الاليفاتية موضوعة في المدى $1175Cm^{-1}$ وحتى $1045Cm^{-1}$ وفي المواد الحلقية من حيث وجود مجموعة الكربونيل كجزء أو ركن أساسي من الحلقة فالتأثير للحلقة يؤدي إلي إزاحة لأعلي تردد لمجموعة C=O في الامتصاصية.

يكتسب فوق الأكسيد المتماثل ثنائي الأسيل (الحلقي أو الاليفاتي) حزمة مزدوجة من ازدواج الاهتزازية لتردد اهتزاز الكربونيل هذه الأنظمة مشابهة تماما لحزمة الاندريد المزدوجة وتؤخذ شد الحزمة المزدوجة للتفرقة بين الاندريد وفوق الأكسيد وفي الاندريد الاليفاتي حزمة التردد العالية حادة واقوي عن التردد الادني هذا الوضع هو العكس في ثنائي أسيل فوق الأكسيد ويكتسب ثنائي أسيل فوق الأكسيد اللا متماثل نفس الحزم الازدواجية ولكن وضع حزم الامتصاص تقريبا عالية بقدر بسيط عند طول موجي بسيط.

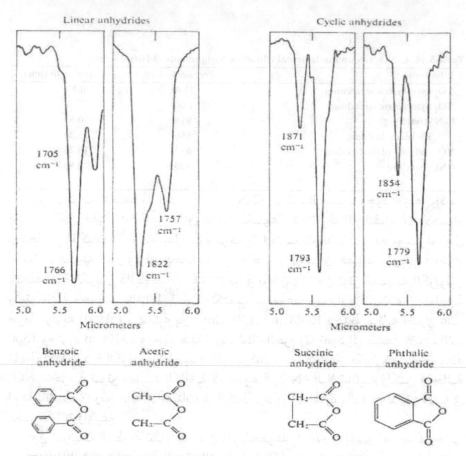

Fig. 5.47 Intensity relationship between coupled carbonyl vibrations in linear and cyclic anhydrides.

نيترو، نيتروزو، علاقة أنظمة N-O

Nitro, ritroso and related N-O systems

تتميز مركبات النيترو لمجموعة NO_2 بحزمة طيف تحت الأشعة الحمراء حزمة توتر لا تماثليه بين 1615 وحتى $1540Cm^{-1}$ وأيضا بحزمة توتر تماثليه بين $1390Cm^{-1}$ وحتى $1320Cm^{-1}$ وابسط المركبات النتروجينيه مع البرافينات CH_3NO_2 ولدراسة الشكل $C-NO_2$ والتي جمعت في الجدول (5-16) .

Table 5.16. C-NO_2 Group fundamental vibration Assignments in Nitromethane

Vibration	*Frequency (cm^{-1})*	*Wavelength (μm)*
NO_2 asymmetric stretching	1570	6.37
NO_2 Symmetric stretching	1380	7.25
C-N stretching	918	10.89
NO_2 in- plane bending	656	15,24
NO_2 out- of- plane bending	615	16.26
CNO bending	480	20.83

وفي المركبات المعقدة فان حزمة التوتر (C-N) لا تلاحظ بسبب وجود حزمة تراكيب ذات كثافة في هذه المنطقة وانشقاق حزمة المجموعة NO_2- كنتائج لتفاعلات الاهتزاز وتلاحظ في المركبات الأكثر تعقيدا (نيترو برافينات) وتحدث أيضا مع مجموعة الميثيل المتصلة لمجموعة نيترو ويمكن لمجموعة النيترو حدوث إزاحة في خصائص لمجموعة أخري متصلة بذرة الكربون ذاتها. كما في α – نيترو برافين وكلا من توتر مجموعة الكربونيل وتوتر حزمة مجموعة يزاحا إلي اعلي. وتكتسب مجموعة نتروبرافين الثنائية الازدواجية حزمة توترية (امتداد) لا تماثلية بين $1500Cm^{-1}$، $1505Cm^{-1}$ وحزمة تماثليه أخري عند 1360 وحتى $1335Cm^{-1}$ ووجود هذا التردد لتلك الحزم إنما تعود إلي طبيعة الاستبدالات الموجودة علي ذرة الكربون الاوليفينية ففي مركبات النيتراوليفين يكون توتر مجموعة NO_2 - حزمة توتر مماثله الكثافة كمجموعة NO_2- اللا تماثليه ولكن في حالة البرافينات تكون ربع حالة الاليفينات في الكثافة ولا يوجد إشارة محددة لتوتر C-N في مجموعة النتراوليفين.

وفي المركبات العطرية تظهر حزمة التوتر لمجموعة NO_2- في المدى $1548Cm^{-1}$ وحتى $1508Cm^{-1}$ (اللا تماثليه) وحزمة التوتر التماثلية في المدى من $1356Cm^{-1}$ وحتى $1340Cm^{-1}$ وتردد حزمة الامتصاص المتوترة للمجموعة C-N في المركبات العطرية ليست معلومة. شكل (5-48) الذى يفسر خصائص الطيف لكلا من الأليفاتى والعطري. كما يبين

الجدول (5-17) الكثافة النسبية لترددات المجاميع التماثلية واللا تماثليه .

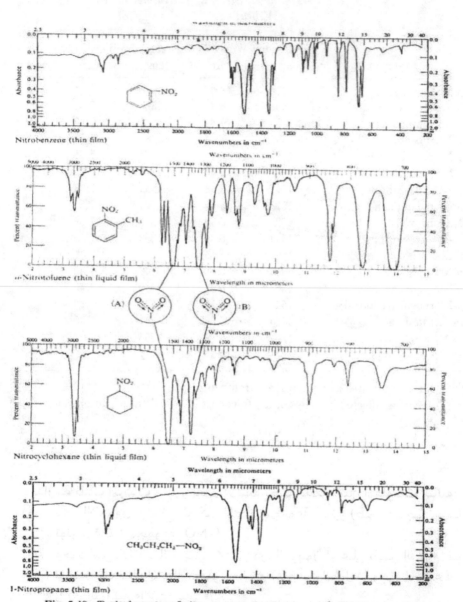

Fig. 5.48 Typical spectra of nitro compounds. (Courtesy of Sadtler Research Laboratories.)

Table 5.17. Consistency of the Positions of Absorption of the Asymmetric and Symmetric —NO_2 Stretching Vibrations

	Asymmetric Stretching Vibration*		*Symmetric Stretching† Vibration*	
Compound	*Frequency* (cm^{-1})	*Wavelength* (μm)	*Frequency* (cm^{-1})	*Wavelength* (μm)
Nitromethane	1570	6.37	1380	7.25
Nitroethane	1558	6.42	1368	7.31
2-Nitropropane	1553	6.44	1361	7.35
1-Nitropentane	1553	6.44	1383	7.23
1-Nitrocyclohexane	1553	6.44	1361	7.35
2-Nitroethanol	1555	6.43	1370	7.30
1,2-Dinitrobutane	1567	6.38	1383	7.23
6-Nitrocamphene	1527	6.55	1361	7.35
Nitrobenzene	1529	6.54	1353	7.39
m-Dinitrobenzene	1548	6.46	1353	7.39
p-Chloronitrobenzene	1527	6.55	1350	7.41
p-Nitrophenol	1524	6.56	1346	7.43
p-Nitroaniline	1508	6.63	1340	7.46
p-Nitrobenzoylchloride	1536	6.51	1351	7.40
p-Nitrotoluene	1524	6.56	1341	7.40
m-Nitrotoluene	1531	6.53	1355	7.38
m-Nitrobenzaldehyde	1541	6.49	1357	7.37

*Position is affected by electrical environment.

†Position is affected by the ability to conjugate with unsaturation (i.e., planarity).

بدارسة طيف المركبات النيترو تحت الأشعة تحت الحمراء تبين المعلومات التالية:

١- سعة الإلكترون - المانح للمركب المتصل بمجموعة النيترو (طول موجي لحزمة توتر لا تماثليه لمجموعة NO_2-)

٢- وجود استبدالات سالبة علي $\alpha-$ ذرة الكربون أو علي نفس النظام غير المشبع، كما لتلك المتصلة لمجموعة النترو (فرق بين الطول الموجي لمجموعة - NO_2 التماثلية واللا تماثليه)

٣- المدى للاقتران لمجموعة النترو مع البناء المتصل (كثافة نسبيه للتردد المتوتر لمجموعة النترو التماثلية واللا تماثليه) .

٤- وجود بناء له اثنين أو أكثر لمجموعات ميثيل أو نيترو أو كلاهما علي نفس ذرة الكربون (حدوث انشقاق للحزمة $1370Cm^{-1}$) .

٥- وجود مجموعة سالبة متصلة لمجموعة المثيلين $-CH_2-$ (تحدث إزاحة للحزمة $1450Cm^{-1}$إلي $1430Cm^{-1}$) .

مركبات النيتروز والاوكزيمات

Nitrose compound, and oximes

تكتسب مجموعة C-N=O حزمة تردد قوية في المنطقة من $1600Cm^{-1}$ وحتى $1500Cm^{-1}$ وهذه المجموعة تتأثر بوجود المجاميع الاستبدالية كما هو في مجموعة الكربونيل.

مثال: تكتسب نيتروز المركبات العطرية حزمة $1500Cm^{-1}$ بينما المركبات والاليفاتية الرباعية تمتص بالقرب من $1550Cm^{-1}$.

وفي مركبات الكربون حيث يوجد إيدروجين علي الكربون مثل CH-N=O وفي هذه الحالة تكون تلك المجموعة متهيأه لعمل متساو لجزئ آخر (ايزو) - اوكسيم- Oxime علي النحو C=N-OH هذا الانقلاب الداخلي من السهل الكشف عنه حيث وجود لون ظاهر وواضح وشكلها عبارة عن مواد بللورية بيضاء .

وفي هذه الحالة تكتسب حزمة ضوئية (O-H) في المدى $3650Cm^{-1}$ وحتى $3500Cm^{-1}$.

وتظهر تلك الحزمة عند ادني تردد ومجموعة C=N تتأثر بحجم الحلقة المتصلة بها ويكون الامتصاص للمجموعة N-O عند $960Cm^{-1}$ ويوضح الشكل (5-49) طيف مركز (اكسيم) - Oxime

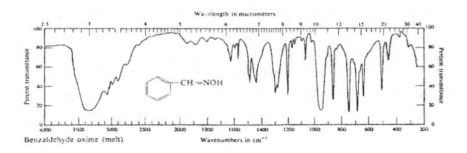

Benzaldehyde oxime (melt)

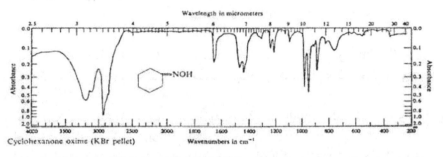

Cyclohexanone oxime (KBr pellet)

Fig. 5.49   Spectrum of typical oximes, an imine, a nitroso compound, and an n-oxide.

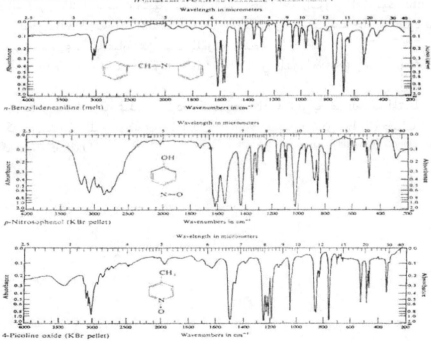

n-Benzylideneaniline (melt)

p-Nitrosophenol (KBr pellet)

4-Picoline oxide (KBr pellet)

Fig. 5.49   (contd.).

- 188 -

استر - نترات   Nitrate esters

تكتسب مجموعة استر – نترات R-O-NO2 حزمة امتصاص قوية عند 1640Cm-1
(6.1um) والتي تعود إلي اهتزاز مجموعة NO2 اللا تماثليه والتماثلية والحزمة المفلطحة
والضعيفة بالقرب من 855Cm^{-1} وهي تعود إلي توتر N-O والحزمة للكثافة المتوسطة
بالقرب من 690Cm-1 وهي تعود إلي اهتزاز الرباط للمجموعة NO2 قطبية مركبات
النترات وهذا بسبب شدة حزمة نترات- استر .

جدول (5-18) يعطي علاقة لمركبات النيترو وعلاقة تركيبها

Table 5.18.   Summary of the Characteristic Absorptions of Nitro, Nitroso, and
Related N—O Systems

Functional Group	Frequency (cm^{-1})	Wavelength (μm)	Remarks
C—NO$_2$ (nitro) aliphatic	1615–1540	6.19–6.49	Asymmetric —NO$_2$ stretching vibration (very strong)
	1390–1320	7.20–7.58	Symmetric —NO$_2$ stretching vibration (very strong)
olefinic	1500–1505	6.67–6.65	Asymmetric stretching vibration (intense)
	1360–1335	7.36–7.49	Symmetric stretching vibration (intense)
aromatic	1548–1508	6.46–6.63	Asymmetric stretching vibration (intense)
	1356–1340	7.37–7.46	Symmetric stretching vibration
	Near 870	11.49	C—N stretching vibration (difficult to assign in aromatic nitro compounds)
C—N═O (nitroso)	1600–1500	6.25–6.67	Shifts similar to those observed for carbonyl compounds
C═N—OH (oxime)	3650–3500	2.74–2.86	O—H stretching vibration (at lower frequencies when hydrogen bonded)
	1685–1650	5.94–6.06	C═N stretching vibration weak unless conjugated; position influenced by ring strain (cf. Table 5.14 for similar C═O shifts)
	960–930	10.42–10.75	N—O stretching vibration
N → O (N-oxide) Aliphatic N → O	970–950	10.31–10.53	N—O stretching vibration (intense)
Aromatic N → O (Pyridine N-oxides)	1300–1200	7.69–8.33	N—O stretching vibration intense shifting due to conjugation (N̄═O); hydrogen bonding shifts band to lower frequencies (10–20 cm^{-1})
R—O—NO$_2$ (nitrate esters)	1640–1620	6.10–6.17	Asymmetric —NO$_2$ stretching vibration (intense)
	1300–1250	7.69–8.00	Symmetric —NO$_2$ stretching vibration (intense)
	870–855	11.49–11.70	N—O stretching vibration
	Near 690	14.49	NO$_2$ bending vibration

مركبات تحتوي هالوجينات

Halogen – containing compounds

اهتزازات رابطة C-F. vibrations C-F

الوجود لوجود ذرة منفردة للفلورين في الجزئي طبيعيا يعطي نتائج لحزمة امتصاص كثيفة في المدى $1100Cm^{-1}$ وحتى $1020Cm^{-1}$ ومع وجود استبدالات أكثر من الفلورين هذا التردد يحدث انشقاق إلي حزمتين وهذا يعود إلي الاهتزازات اللا تماثليه والتماثلية وفي المركبات الأكثر تعقيدا والتي تأخذ أو تمتلك نسبة من الفلورين تؤدي إلي حدوث امتصاص كثيف فوق المنطقة 1400 وحتى $1050Cm^{-1}$ وبالنسبة للمركبات الممتلئة أكثر من الفلورين وفي هذه الحالة الطيف يصبح أكثر تعقيدا وليعطي سلسلة من الحزم الكثيفة في المنطقة $1366Cm^{-1}$ وحتى $1090Cm^{-1}$.

اهتزازات C-Cl vibration C-Cl

تحدث عند المنطقة ($697Cm^{-1}$ وحتى $745Cm^{-1}$) وبالنسبة لمركب يحتوي أكثر فانه تحدث حزم امتصاص تماثليه ولا تماثلية ومع حدوث تفاعلات مع مجموعة آخري جانبية حدثت إزاحة في منطقة امتصاص $840Cm^{-1}$ ولو حدث استبدال أكثر من الكلورين تظهر حزمة اشد كثافة في المنطقة $1510Cm^{-1}$ وحتى $1480Cm^{-1}$ والتي تعرف بنغمة توافقية إضافية أوليه .

اهتزاز C-I, C-Br vibration C-I, C-Br

وهذه تظهر في المدى من $600Cm^{-1}$ وحتى $500Cm^{-1}$ وهذه المنطقة تزاح إلي اعلي بوجود أكثر من ذلك ولربما وجد حزمتين امتصاص (C-Br) وبالنسبة C-I فيكون الامتصاص في المنطقة من $200- 500Cm^{-1}$

جدول (5-19) يلخص القيم مفصله لمجموعة الهالوجينات وللقارئ أن يستزيد من الشكل (5-50) والذي يبين معظم المجاميع للدوال الاهتزازية .

Table 5.19.   Summary of Characteristic Carbon-Halogen Absorptions

Functional Group	Frequency (cm⁻¹)	Wavelength (μm)	Remarks
C—F	1250–960	8.00–10.42	Stretching vibration
—CF₂ and CF₃	1350–1200	7.41–8.33	Asymmetric stretching vibration
	1200–1080	8.33–9.26	Symmetric stretching vibration
=C—F	1230–1100	8.13–9.09	Stretching vibration
—C—F	1120–1010	8.93–9.90	Stretching vibration
C—Cl	830–500	12.04–20.0	Stretching vibration
	1510–1480	6.62–6.76	Overtone of stretching vibration
—C—Cl₂	845–795	11.83–12.58	Asymmetric stretching vibration
	620	16.13	Symmetric stretching vibration
C—Br*	667–290	14.99–34.5	Stretching vibration
C—I*	500–200	20.2–50.0	Stretching vibration

*The reader should note that C—Br and C—I fundamental stretching absorptions are not usually observed in the 5000 to 625 cm⁻¹ region (2 to 16μm) of the infrared

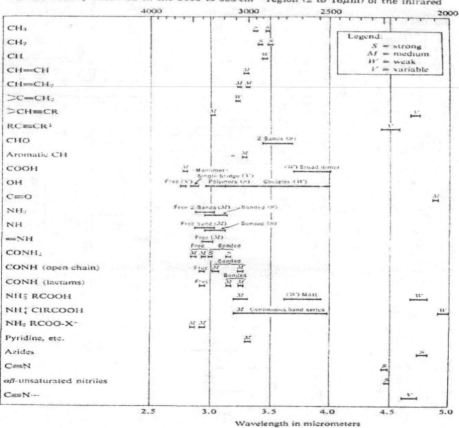

Fig. 5.50(A)   Summary of the characteristic absorption bands in the 4000 to 2000 cm⁻¹ region (2.5 to 5 μm) due to the more common functional groups.

- 191 -

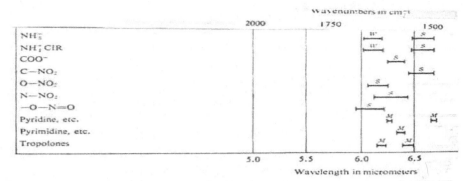

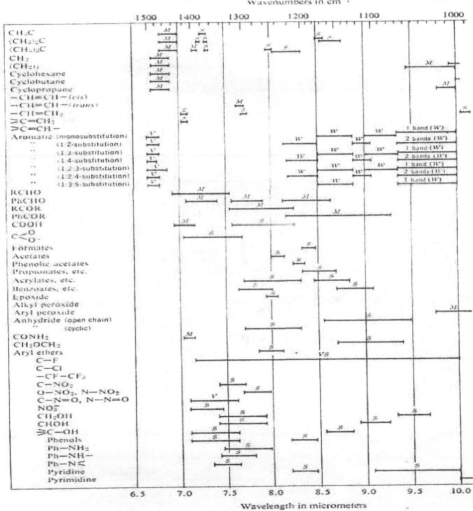

Fig. 5.50(B) (*contd.*).

Fig. 5.50(C) Summary of the characteristic absorption bands in the 1500 to 625 cm^{-1} region (6.7 to 16 μm) due to the more common functional groups.

مركبات عضوية تحتوي ذرة عامة غير متجانسة

Miscllaneous heteroatom- containing organic compounds

عدد لا بأس به من المركبات التي تحتوي علي ذرات مخالفة لذرة الكربون، هيدروجين، اكسوجين، نيتروجين، وهالوجينات، هذه المواد تاخذ طريقها في الازدياد مع الوقت وعلاقة الأشعة تحت الحمراء لنواتج التفاعلات والمركبات المعينة مطلوب الكشف عنها ومن بين تلك المركبات .

١-مركبات عضوية- سيليكون

Organic – silicon compound

اهتزازات سيلكون كربون **Si- C vibrations**

هذه الرباطة تمتص في المنطقة من 890 وحتى $690Cm^{-1}$ والوضع التام لاهتزاز Si-C يعتمد علي طبيعة خصوصية استبدال الكربون وحزم امتصاص بعض المجموعات مثل الميثيل، الايثيل، فاينيل، فينيل المرتبطة بالسيليكون لوحظ ثباتها في مواجهتها في طيف الأشعة تحت الحمراء ومجموعة الميثيل المتصلة بالسيليكون تكتسب ثلاثة حزم امتصاصية وهي $2939Cm^{-1}$، $1421Cm^{-1}$, $1263Cm^{-1}$ وهذا يؤدي إلي توتر اهتزاز (C-H) واهتزاز الرباط (C-H) واهتزاز تأرجح مجموعة (CH_2) علي التوالي ويعتمد التردد لحزمة التوتر للمجموعة (Si-C) في مجموعة مركب الميثيل علي عدد مجموعات الميثيل المرتبطة لذرة السيليكون.

مثال: امتصاص (Si-C) لمجموعة Si $(CH_5)_2$ بالقرب من $800Cm^{-1}$ بينما في حالة مجموعة Si $(CH_3)_3$ ظهور حزمتين بناء إلي اهتزازات Si-C عند $844Cm^{-1}$ و $756Cm^{-1}$ وتكتسب مجموعة Si- C_2H_5 حزمة رباط CH_3 لا تماثليه عند 1462Cm-1 وأحزمة رباط CH_2 عند $1412Cm^{-1}$ وحزمة رباط تماثلية عند $1377Cm^{-1}$ ورابطة تشويه لمجموعة CH_2-Si عند $1238Cm^{-1}$ و حزمة توتر C-C عند $1012Cm^{-1}$ ويظهر امتصاص Si-ph عند $1429Cm^{-1}$، $1126Cm^{-1}$ والحزمة عند $1126Cm^{-1}$ تنشق إلي ازدواجية عند مجموعتي الفينيل تكون متصلة علي نفس ذرة السيليكون.

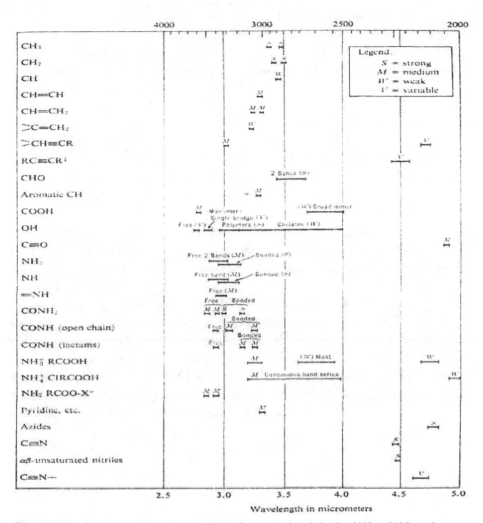

Fig. 5.50(A) Summary of the characteristic absorption bands in the 4000 to 2000 cm^{-1} region (2.5 to 5 μm) due to the more common functional groups.

اهتزاز Si-O   Si-O vibration

هذا النوع $(R_2SiO)_n$ يعطي حزمة امتصاص كثيفة في المدى $1100Cm^{-1}$ وحتى $1000Cm^{-1}$ ففي الثلاثي $(R_2SiO)_3$ أو الرباعي $(R_2SiO)_4$ أو أكثر من ذلك $(R_2SiO)_n$ فالحزمة الامتصاصية في

المنطقة $1075Cm^{-1}$-$1055Cm^{-1}$ وثنائي سيلوكسان $(R_2SiO)_2O$ disiloxane، تكتسب تلك المجموعة Si امتصاصا عند $1050Cm^{-1}$ وبالنسبة للمركبات العديدة الخطية تكتسب اثنين من الاهتزازات عند $1080Cm^{-1}$، $1020Cm^{-1}$ وعموما في كل الحالات الامتصاصات مفلطحة الشكل وعندما Si-O متصلة لذرة كربون علي النحو $Si-O-CH_3$ فالمجموعة Si-O تمتص عند $1090Cm^{-1}$ وبدلا من CH_5 إلي C_2H_5 – المتصلة فان المجموعة تمتص عند $1090Cm^{-1}$ ولكن الحزمة مفصصة إلي اثنين (مزدوجة) .

اهتزاز Si-H   Si-H vibration

هذه المجموعة تظهر عند $2200Cm^{-1}$ وحادة الامتصاص قارن الطيف في الشكل (5-51) مع المواد الاخري الممتصة عند $2500Cm^{-1}$ ويعتمد الامتصاص تماما علي طبيعة ونوع المستبدلات الاخري علي ذرة السليكون وتقع عند $860Cm^{-1}$.

Table 5.20. Typical Absorption Characteristics of Organo-Silicon Compounds

Functional Group	*Frequency* (cm^{-1})	*Wavelength* (μm)	*Remarks*
SiH	2230–2150	4.48–4.65	Stretching vibration
	890–860	11.24–11.63	Bending vibration
SiOH	3390–3200	2.95–3.13	OH stretching vibration
	870–820	11.49–12.20	OH bending vibration
Si—O—	1110–1000	9.01–10.00	Si—O stretching vibration (very intense, broad)
Si—O—Si (disiloxanes)	1053	9.50	Si—O stretching vibration (very intense, broad)
Si—O—Si (linear)	1080	9.26	Si—O stretching vibration of approx. equal intensity
	1025	9.76	
Si—O—Si (cyclic trimer)	1020	9.80	Si—O— stretching vibration
Si—O—Si (cyclic tetramer)	1082	9.24	Si—O— stretching vibration
Si—OCH_3	1090–1050	9.18–9.52	Si—O— stretching vibration
Si—OC_2H_5	1090	9.18	Intense doublet; if Si—O—Si is present, this doublet is overlapped
	1085	9.22	
Si—C	890–690	11.24–14.49	Si—C stretching
Si—CH_3	1260	7.93	CH_3 rocking mode (sharp and intense)
	794	12.60	Si—C stretching
$Si(CH_3)_2$	1260	7.93	CH_3 rocking mode (intense, broad, and characteristic)
	820–800	12.21–12.50	Si—C stretching
$Si(CH_3)_3$	1260	7.93	CH_3 rocking vibration
	840	11.90	Characteristic of the $Si(CH_3)_3$ grouping
	755	13.25	
Si—C_6H_5	1632	6.13	C═C stretching vibration
	1428	7.00	C—C— ring stretching vibration (sharp, intense)
	1125	8.89	Intense band, which appears as doublet for $Si(C_6H_5)_2$

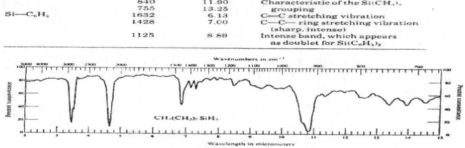

Fig. 5.51 Spectrum of *n*-octyl silane.

اهتزاز Si-OH Si-OH vibration

منطقة الامتصاص قريبة مثلما لوحظ سابقا في مجموعة الكحولات والفينولات ووسيلة التعرف لتلك المجاميع هو فحص حزمة التشويش لمجموعة (O-H) deformation حيث يتم ظهورها قريب من $1056Cm^{-1}$ بينما Si-OH تمتص عند $870Cm^{-1}$ (11.49um) وعند $820Cm^{-1}$ (12.19um) جدول (5-20) الذي يبين خصائص مجموعة السيليكون

المركبات الكبريتية العضوية Organic- sulfur compounds

تحتوي تلك المركبات علي مجموعة (S-H) وامتصاصها ضعيف في الوسط للمدى $2550Cm^{-1}$ - $2600Cm^{-1}$ (3.85 to 3.9 um) وبالتالي هذه المجموعة لا تزاح لنفس المدى مثلما حزمة توتر الهيدروكسيل وبفحص طيف الحالة السائلة في المحاليل المخففة يلاحظ وجود إزاحة صغيرة فقط إنما تعود إلي عملية التجميع الحادث في المحاليل لذا هذا الامتصاص الضعيف لتلك المجموعة لا يكتشف في الخلايا الدقيقة جدا

اهتـــــزاز (C-S) C-S vibration

تظهر هذه المجموعة في منطقة الطيف عند $700Cm^{-1}$ وحتى $590Cm^{-1}$ للمنطقة 14.28um وحتى 16.96um ووضع هذه المجموعة إنما يعتمد طبيعة واستبدالات ذرتي الكبريت والكربون وبالتالي فان وصلة الامتصاص ضعيفة ومجموعة ذرة الكربون الاخري تكتسب شبة اهتزازات في هذه المنطقة وعندما تقترن رابطة C-S بوصلات غير مشبعة مثل الفاينيل والفيثيل فالامتصاص عند $590Cm^{-1}$(16.95um) والحزمة لا تلاحظ في الطيف العادي ويلاحظ امتصاص مجموعة C-Cl عند نفس المنطقة لامتصاص C-S ومع ارتباط مجموعة الفينيل لذرة الكبريت الامتصاص عند $700Cm^{-1}$ ويلاحظ مجموعة ثيو ايثير -C-S

C كما ذكر سابقا مع مجموعة C-O-C حيث الامتصاص في المدى $695Cm^{-1}$ وحتى $655Cm^{-1}$

وأما مجموعة ثيو كربونيل يكون الامتصاص في المدى$1200Cm^{-1}$ إلي $1020Cm^{-1}$ ففي الجزيئات التي تحمل مجموعة C=S ومتصلة لذرة نتروجين thiamine فان تردد الامتصاص يلاحظ عند ترددات عالية في المدى $1405Cm^{-1}$ وحتى $1290Cm^{-1}$ وعندما يتصل الكلور مباشرة بذرة الكربون فان الامتصاص يزاح إلي $1235Cm^{-1}$ - $1225Cm^{-1}$

اهتزاز S-O S-O vibration

تمتص هذه المجموعة في المدى $1080Cm^{-1}$ وحتى $1000Cm^{-1}$ هذه المجموعة شديدة الكثافة ونسبيا شديدة الموقع وتمتص مجموعة السلفوكسيد في المحلول بين $1040Cm^{-1}$ وحتى $1050Cm^{-1}$ وفي الحالة الصلبة يلاحظ إزاحة طفيفة عن الموقع.

ومجموعة SO2- السلفون كجزء من تركيبه جزئ هذه المجموعة تأخذ ثلاث واحدات اهتزازية حرة لتكتسب اهتزاز تماثلي ولا تماثلي وهذه الامتصاصات تظهر في المدى $1340Cm^{-1}$ وحتى $1300Cm^{-1}$ وفي المدى 1160 وحتى $1135Cm^{-1}$ وفي المنطقة (8.62um وحتى 8.81um) علي الترتيب كما وجد أن عملية التقارن ليس لها تأثيرا علي الوضع.

كلوريد السلفون SO_2-Cl- يلاحظ اتصال مباشر لذرة الكلوريد لمجموعة SO_2 وأيضا سلفوناميد SO_2NH_2- يلاحظ NH2 متصلة مباشرة بالأكسيد SO_2- وكلا المجموعتين اكتسبا اهتزازات تماثليه ولا تماثلية والامتصاص، والامتصاص للاهتزاز اللا تماثلي في المدى $1385Cm^{-1}$ وحتى $1340Cm^{-1}$ بينما الامتصاص التماثلي في المدى $1185Cm^{-1}$ وحتى $1160Cm^{-1}$ وفي حمض السلفونيك وصلة S=O والحاملة خصائص رابطة مؤيده إلي وحدة تركيب SO_3H- حيث

حدوث ثلاث مناطق امتصاص لتلك المجموعة وهـم $1250Cm^{-1}$, $1080Cm^{-1}$ حتـى $1000Cm^{-1}$ والمـدى مـن $700Cm^{-1}$ وحتـى $610Cm^{-1}$ والثلاثـة لهـم كثافـة عاليـة هـذه الامتصاصات غالبا تنشق إلي عـدد مطـابق لفـراغ الحـزم. انظـر الجـدول (5-21) يعطـي ملخص امتصاصات المركبات الكبريتية العضوية.

Table 5.21. Characteristic Absorption Bands Due to the More Common Sulfur-Containing Linkages

Functional Group	*Frequency* (cm⁻¹)	*Wavelength* (μm)	*Remarks*
—S—H			
Alkyl —SH	2600–2550	3.85–3.92	S—H stretching vibration
Aryl —SH	2560–2550	3.91–3.92	S—H stretching vibration
—C—S	700–590	14.28–16.95	C—S stretching vibration (extremely weak)
CH_3—S—	700–685	14.28–1460	C—S stretching vibration
—CH_2—S—CH_2—	695–655	14.39–15.27	C—S—C stretching vibration
>CH—S—	630–600	15.87–16.67	C—S stretching vibration
Phenyl —S— *or* C=C—S—	Near 590	16.95	CH— stretching vibration (increased intensity due to conjugation)
C=S	1200–1050	8.33–9.52	C=S stretching (strong) shifts similar to C=O (Table 5.15)
Cl—C=S	1235–1225	8.10–8.16	C—S stretching
>N—C=S	1405–1290	7.12–7.75	Analogous to "amide I" band (Table 5.15)
S—O			
S—O	900–700	11.11–14.28	S—O stretching vibration (intense)
S=O	1080–1000	9.26–10.00	S=O stretching vibration (intense)
—SO_2	1340–1300	7.46–7.69	Asymmetric stretching vibration (intense)
	1160–1135	8.62–8.81	Symmetric stretching vibration (intense)
Common Types			
R₂S=O (sulfoxide)	1060–1040	9.43–9.62	Shifts to lower cm⁻¹ values when conjugated or hydrogen-bonded (10–20 cm⁻¹)
RSO_2R (sulfone)	1340–1300 1160–1135	7.46–7.69 8.62–8.81	Asymmetric stretching Symmetric stretching
RSO_2—N< (sulfonamide)	1370–1330 1180–1160	7.30–7.52 8.47–8.62	Asymmetric stretching Symmetric stretching
R—SO_2—Cl (sulfonylchlorides)	1385–1340 1185–1160	7.22–7.46 8.44–8.62	Asymmetric stretching Symmetric stretching
R—SO_2—OH (sulfonic acids)	1250–1160 1080–1000 700–610	8.00–8.62 9.26–10.00 14.28–16.39	Asymmetric stretching Symmetric stretching S—O stretching
R—SO_2—OR (sulfonates)	1420–1330 1200–1145	7.04–7.52 8.33–8.73	Asymmetric stretching Symmetric stretching

المركبات العضوية الفوسفورية Oregano- phosphorus compounds

من المعلوم بان ذرة الفوسفور أثقل من ذرة الأيدروجين وفي المركبات المحتوية علي المجموعة p-H فان عملية ترددات الأربطة غالبا لا تعتمد علي المتبقي للجزئي وانها تظهر في المدى $2325Cm^{-1}$ وحتى $2425Cm^{-1}$ وفي المدى $1250Cm^{-1}$ و $950Cm^{-1}$ والمركبات التي تحتوي علي وحدة عضوية مثل R-P-H يلاحظ حدوث حزمة واحدة في P-H وحركة الوصل P-H في الجزئي تظهر ضعيفة جدا

اهتزاز P-O vibration P-O

يوجد نوعان من الاهتزازات للمجموعة P=O علي النحو P=O أو $P^{+}-O^{-}$ حيث R أما اكيل أو اربل واهتزاز امتداد لمجموعة P=O تمتص كحزمة قوية في المدى $1315Cm^{-1}$ وحتى $1180Cm^{-1}$ ومن المهم أن نلاحظ انه وبسبب حجم ذرة الفوسفور وحزمة الامتصاص من مؤثر P=O تبين إنها لا تعتمد علي نوع المركب وعلي حجم المجموعة المستبدلة ومن الواضح أن العامل الوحيد المؤثر علي وضع امتصاص P=O هو عدد الاستبدالات السالبة الكهربية كما يلاحظ استثناء حمضي الفوسفوريك والفوسفينيك من هذا التعميم

وفي هذين النوعين من الحمض حزمة توثر P=O وحزمة توثر OH- ستتراوح إلي ادني تردد كناتج لرابطة الأيدروجين وأيضا كلا الحزمتين (P=O) (O-H) لهما امتصاص مفلطح جدا والمجموعة P=S المشابهة الامتصاصية تظهر في المدى $800Cm^{-1}$ وحتى $650Cm^{-1}$ كحزمة امتصاص ضعيفة. وامتصاص P-O-R تعتبر كثيفة ومفلطحة الحزمة بين $1100Cm^{-1}$ وحتى $960Cm^{-1}$ ، حيث R- مجموعة ميثيل وامتصاص P-O-C قوية وحادة الحزمة عند $1050Cm^{-1}$ بالإضافة الضعف الثاني ولكن حادة ويظهر مقصاصه قرب $1190Cm^{-1}$ وخصائص امتصاص مجموعة الميثيل التماثلية عند 1379Cm-1

والمجموعات الكيل العليا تمتص في المنطقة $1050Cm^{-1}$ وعادة تمتلك كثافة ثانية متوسطة في $1190Cm^{-1}$ في حالة الاستبدال الكربون - العطري (P-O-phnyl) و -P-O- C عند امتصاص ادني في المنطقة 950 والي $875Cm^{-1}$

اهتزاز الهيدروكسيل hydroxyl vibration

يتوقع اهتزاز مجموعة الهيدروكسيل في المركبات الفوسفورية قرب $3000Cm^{-1}$ والرابطة الايدروجينيه لتلك الأنظمة POH عند $2600Cm^{-1}$ وهي حزمة قوية ومفلطحة توجد حزمة وحيدة للاهتزاز (POH) لا يتعرف عليها مع التأكيد بسبب تأثير رباط الأيدروجين ومهما يكن حزمة مفلطحة تؤكد امتصاص المجموعة OH وتظهر عند $1050Cm^{-1}$ ومعظم المركبات الفسفورية لها امتصاص قوي وعموما اهتزازات الأربطة تعتبر قليلة القيمة في تفسير الطيف. انظر جدول (5-22)

Table 5.22. Summary of Characteristic Absorptions Attributed to Organo-Phosphorus Compounds

Functional Group	*Frequency* (cm^{-1})	*Wavelength* (μm)	*Remarks*
P—H	2425–2325	4.12–4.30	P—H stretching vibration (sharp, medium intensity)
	1250–950	8.00–10.53	P—H bending (very weak)
P═O	1315–1180	7.60–8.49	P═O stretching vibration (strong; position affected by the number of electronegative substituents)
P═S	800–650	12.50–15.38	P═S stretching vibration (weak absorption)
P—O—C	1100–950	9.00–10.53	Where C = CH_3, strong sharp band at 1050 cm^{-1} (9.52μm); a sharp weak band near 1190 cm^{-1} (8.40μm) also present due to P—O stretching (higher alkyls absorb similarity) Where C = phenyl, a strong band is present in the 950- to 875-cm^{-1} (10.53 to 11.42μm) region
P—OH	Near 2600	3.85	Hydrogen-bonded —OH stretching (strong, very broad absorption)
	Near 1050	0.52	O—H bending

المركبات العضوية المعدنية

Organe- metallic compounds

تم فحص طيف الامتصاص لعديد المركبات المعدنية cyclopentadienyl كما أن جزئ فيروسين $(C_5H_5)_2Fe$ وكذلك استبدالاته تمت دراستهم

وربما احدهم يشتمل أن أنواع (C_5H_5) - معدن للمركبات تأخذ تلك الترددات الاشارية امتصاص توتر (C-H) الطبيعية قرب $3075Cm^{-1}$ حزمة متوسطة الكثافة تعود إلي امتصاص المجموعة (C-C) عند $1430Cm^{-1}$ حزمة أخري قوية عند $1110Cm^{-1}$ علي الترتيب تعود إلي شكل حلقة عطرية لحظية وشكل رباط (C-H) وامتصاص قوي قرب $825Cm^{-1}$ تشير إلي (C-H) اهتزاز خارج للسطح (المستوي) والمركب السابق المعدني يكتسب لسلسلة لثلاثة أو أكثر لحزم ضعيفة جدا في المدى $1750Cm^{-1}$ وحتى $1610Cm^{-1}$ وتوصف هذه المجاميع الحزميه (بامتصاصات أو موجات إضافية توافقيه overtone لا يوجد امتصاص محقق لتتابع وصلة (رابطة) كربون - معدن، خصائص ملفته للنظر للمركب السابق وهو أن حزمة الامتصاص عند $1110Cm^{-1}$، $1005Cm^{-1}$ غائبة هذه ليست الحالة ففي طيف تركيب أحادي الاستبدال فيروسين حيث أن تلك الحزمة مازالت موجودة فولتين Fulvene- معدن بنزين، والمركبات التي لها صلة تأخذ خصائص امتصاص مماثله.

درست مركبات الكربونيل المعدنية بشموليه مثل تلك المركبات تأخذ حزم امتصاص شديدة الكثافة في المدى $2050Cm^{-1}$ وحتى $1750Cm^{-1}$ هذه الحزم إنما تعود إلي خاصية المعدن المرتبط بمجموعة الكربون خصائص مجاميع الكربونيل المنتظرة لها خصائص امتصاص قوية قرب $1800Cm^{-1}$

وبالنسبة للمركبات سيانو - معدن وجد لها نفس العلاقات وتعود الامتصاصات الترددية إلي المجموعة الطرفية $C \equiv N$ ومجموعة $C \equiv N$ القنطرية فالأولي عند $2065Cm^{-1}$ والأخيرة عند $2130Cm^{-1}$

انظر الجدول (23-5) يلخص الترددات العامة لعدة مركبات عضوية معدنية

Table 5.23. Characteristic Absorptions of Several Organo-Metallic Systems

Functional Group	*Frequency* (cm^{-1})	*Wavelength* (μm)	*Remarks*
(C_5H_5)-metal compounds	3075	3.25	C—H stretching mode
	1750–1615	5.71–6.19	3–6 very weak bands; overtone of ring rotational mode
	1430	6.99	C—C vibration
	1110*	9.01*	Asymmetric ring breathing mode (sharp and intense)
	1005*	9.95*	C—H bending vibration (sharp and intense)
	825	12.12	Probably CH out-of-plane mode (very strong and broad)
Metallic-carbonyl compounds	2050–1750	4.88–5.71	CO vibrations
	2050–1875	4.88–5.33	Terminal CO modes
	1875–1750	5.33–5.71	Bridge CO vibrations
Metallic-cyano compounds	2065	4.84	Terminal C≡N stretching mode
	2130	4.70	Bridge C≡N stretching mode

*Absent in disubstituted systems.

خصائص المركبات غير العضوية وطيف الأشعة تحت الحمراء

علاقات في المدى $5000Cm^{-1}$ وحتى $650Cm^{-1}$ انظر الشكل (5-52) لطيف كبريتات الصوديوم حيث يتبين وجود حزمتان للامتصاص في المدى $1130Cm^{-1}$ وحتى $1080Cm^{-1}$ وحزمة اقل كثافة تمتص في المدى $680Cm^{-1}$ وحتى $610Cm^{-1}$. انظر الشكل (5-52) كذلك بالنسبة لنترات البوتاسيوم حيث تظهر منطقة امتصاص قوية في المدى $1380Cm^{-1}$ وحتى $1350Cm^{-1}$ وتكون حادة واقل كثافة في المنطقة لحزمة $840Cm^{-1}$- $815Cm^{-1}$ هذه الحزم تبين إنها مستقلة علي نوع الكانيون (الشق القاعدي) وبالمقارنة للشكل (5-22) وهو نترات

الرصاص نلاحظ إزاحة طفيفة تعود إلي مجموعة النترات (بمعني أن KNO_3 تكتسب حزمة عند $1380Cm^{-1}$ و $824Cm^{-1}$) بينما نترات الرصاص عند $1373Cm^{-1}$ و $836Cm^{-1}$

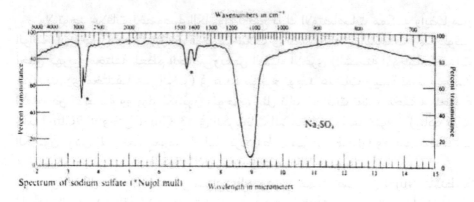

Spectrum of sodium sulfate (*Nujol mull)

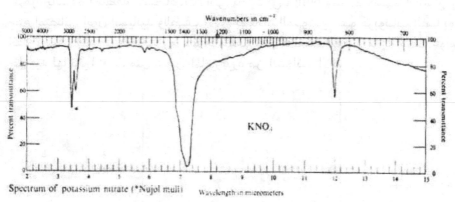

Spectrum of potassium nitrate (*Nujol mull)

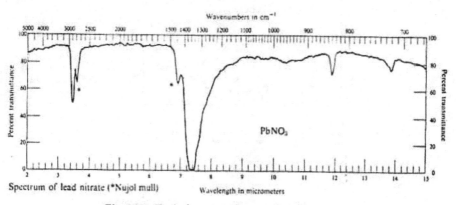

Spectrum of lead nitrate (*Nujol mull)

Fig. 5.52 Typical spectra of inorganic anions.

ولا توجد علاقات لخصوصية الكاتيون لوضع تلك الامتصاصات ممكنه وأيضا من الواضح أن وجود ملاحظة لإزاحة فوجود اختلاف في نصف القطر والشحنات ربما يتوقع لخلق كهربية مختلفة لمعظم العناصر وبعض الأشياء الاخري (الشحنة الموجبة، أحداث شكل بللوري مختلف عن الأخر) في عدة مواقع توجد علاقات جيدة لوضع حزمة الامتصاص الافيونية ووجود الكاتيون الموجود، مثل تلك العلاقات تعتبر محققه للحزمة عند 909Cm-1 وحتى 833Cm-1 في الكربونات اللا مائية وكما هو متوقع زيادة كتلة الكانيون تؤدي إلي إزاحة الحزمة إلي ادني تردد (طول موجي طويل) وهذه الارتباطات يمكن توضيحها في الشكل (5-53) الاهتزازات في طيف اللا عضوية.

يبين الشكل (5-54) عينه من سيانيد الصوديوم كما فحصت في Nujol فالمنطقة المرمزه بالسهم (منطقة الامتصاصات) التي تعود إلي Nujol وهذه الاسهم لا تشير إلي حزم امتصاص ايون السيانيد والطيف الادني لسيانيد الصوديوم هو كربونات الصديوم. انظر الشكل (5-54) كما جاء وما هو جاء معمليا في الأبحاث ليعطي ما إذا كانت عوامل خارجية لها تأثيرا أم لا. مثل هيدره الماء وغيره من الشوائب الاخري .

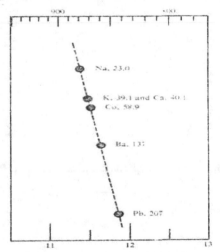

Fig. 5.53 Effect of the mass of the cation on the position of absorption in carbonates in the 909 to 833 cm^{-1} region (11 to 12 μm).

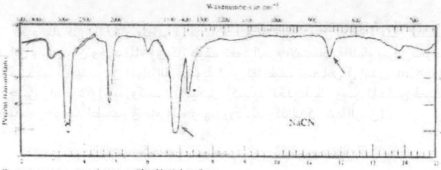

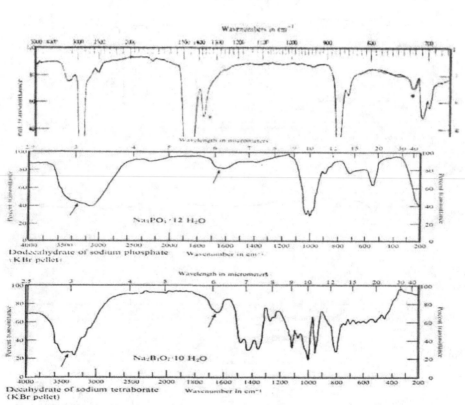

Spectrum of impure sodium cyanide (*Nujol mull) Wavelength in micrometers

Dodecahydrate of sodium phosphate (KBr pellet)

Decahydrate of sodium tetraborate (KBr pellet)

Fig. 5.55 Effect of water on the spectra of inorganic materials. Note that only the water bands are shown by the arrows. Other effects on the absorption bands of the polyatomic ion are not indicated.

حزم الماء كثيرا ما تكرر وتظهر في مركبات غير عضوية شكل (5-55) يمثل الطيف المماثل والذي يبين وجود الماء وفي كل طيف تعود الحزم الامتصاصية للماء المرمز كمرجع مناسب كما أن عديد من المواد اللاعضوية ليس لها طيف امتصاص في المدى $5000Cm^{-1}$ وحتى $625Cm^{-1}$ (هيدروكسيد النيكل، أكسيد الحديديك، ومن الممكن فحص الامتصاص الوحيد لطيفهم ولحزم الماء والهيدروكسيد وكذلك كبريتيد الزئبق) .

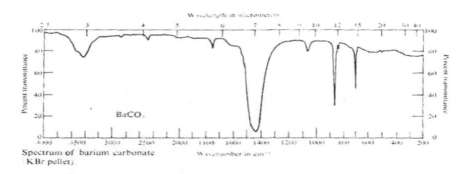

Spectrum of barium carbonate
(KBr pellet)

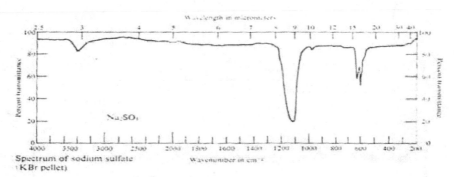

Spectrum of sodium sulfate
(KBr pellet)

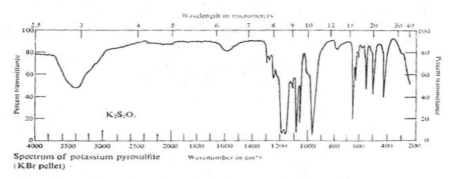

Spectrum of potassium pyrosulfite
(KBr pellet)

Fig. 5.56 Typical spectra of inorganic substances over the 4000 to 250 cm⁻¹ region.

علاقات المواد اللا عضوية مع طيف الأشعة تحت الحمراء البعيدة باستخدام أداه قياس شدة الضوء باستخدام بروميد السيزيوم أو نظام لمرشح مناسب.

من الممكن تفسير الامتصاص إلي ما وراء 625Cm-1 ولإعطاء مزيد من خصائص حزم الايونات اللا عضوية بالأدوات المتاحة الحالية فمن الممكن أن نفحص طيف المواد لمناطق ابعد من ذلك خارج هذا النطاق كما عند المنطقة 400Cm-1.

ولمثل هذا الوضع يمكن استخدام نيوجول (Nujol) كعامل لوقف عينه التسخين ولكن كلوريد الصوديوم يمكن استخدامه بواسطة مواد بلوريه شفافة في هذه المنطقة مثل بروميد السيزيوم أو مواد ضوئية شبيهة بأطوال موجية طويلة قاطعة شكل (5-56) نماذج لخطوط طيف من المواد اللا عضوية في المنطقة الوسطية من $4000Cm^{-1}$ وحتى $250Cm^{-1}$.

والشكل (5-57) يبين خصائص التردد المحققة لايونات لا عضوية عديدة الذرية في المدى من $3600Cm^{-1}$ وحتى $3000Cm^{-1}$

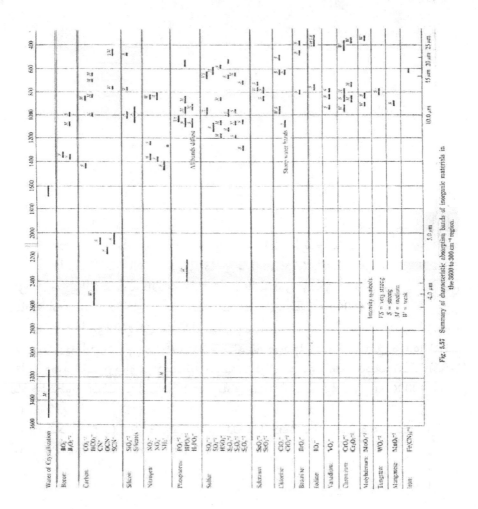

Fig. 5.57 Summary of characteristic absorption bands of inorganic materials in the 3600 to 300 cm⁻¹ region.

SUGGESTED READING

1- L.J. BELLAMY, The infrared spectra of complex molecules. Wiley. New York, 1958.

2- W. BRUGEL, An introduction to infrared spectroscopy, Wiley, New York, 1962.

3- A. D. CROSS, introduction to practical infrared spectroscopy. Buttersworth, London, 1960.

4- K. NAKANISHI, infrared absorption spectroscopy – practical, Holden- Day san Francisco, 1962.

5- R.N. JONES and C. Sandorfy in techniques of organic chemistry, Vol. IX, ed. W. West. Interscience, New York. 1956

****

الباب السادس
التحاليل التقديرية
Qualitative analysis

مقدمة :

في الوقت الحاضر أصبحت الأشعة تحت الحمراء أكثر شيوعا للكيميائي للتحليل النوعي التقليدي للمجاميع الوظيفية، والاستخدام لمنطقة التحاليل الطيفية التقديرية للمخاليط يجب أن تخضع للفحص، وفي كثير من الحالات لقياسات الطيف يمكن إجراؤها سريعا، وهذا مثل كثير من الأدوات الاخري المستخدمة في التحليل مثل جهاز فوق البنفسجية المرئية ومتطلبات تحليل مخاليط المركبات ووجود توحد لحزمة الامتصاص أو خصوصية لكل مكون وليس تداخل مع مكونات أخري في العينة الكلية. وعموما تحاليل المواد الغازية والسائلة والصلبة يمكن تطبيقها أو تؤدي بواسطة الأشعة تحت الحمراء وفي هذا الباب سوف نتعرض لطرق الفحص للمحاليل.

باختصار التقدير الكمي لمكون خاص في مخلوط سيصاحبه مقارنة لكثافة حزمة الامتصاص لنفس الحزمة تحت الحمراء من المكون النقي تحت نفس الظروف للتركيز المعلوم إذا فلو أن الحزمة المقاسة ليست متوافقة أو واقعة مع المكون الأخر للمخلوط فالتركيز لكل مكون في المخلوط يتم قياسه منفردا، ثم قيم التحاليل التقديرية المطلوبة تعالج بقدر الإمكان. بالنسبة للمخلوط من حيث الامتصاص للمكون الأقل لمساهمة بسيطة لحزمة المكون المعين. كمثال فلو أن الكيميائي أراد معرفة ضرورية بين محتوي العينة 42% للمكون (A) أو 45% فتكون المساهمة للمكون الثاني تعتبر صغيرة.

العلاقة بين الأشعة تحت الحمراء الواصل للمكشاف - قانون بير -لامبرت :

The relationship between infrared radiation reaching the detector and sample concentration: the beer- lambert low

تسجل كل طرق المطيافيه نسبة شدة الضوء الواصلة للمكشاف أو نسبة النفاذية للإشعاع الساقط خلال العينة والعلاقة بين الإشعاع النافذ

من العينة (الواصل للمكشاف) وتركيز العينة (المكون) في الوسط ضروريا قبل عملية التحليل هذه العلاقة عموما معلومة بقانون بير- لامبرت (والتي تعرف بقانون بير) وفي بعض الأحيان تعرف بقانون بير - بوجوير.

فلو أن شعاعا ساقطا واحدا فقط خلال خلية كما هو مبين في الشكل (1-6) فان I تبين كمية الإشعاع المار (النافذ) خلال مساحة لخلية ١سم٢ لكل ثانية، ولو تعتبر جزء صغير مميز لمجموع الخلية db، النقص في الكمية النافذة خلال db سوف تتناسب إلي كمية الإشعاع لكل ثانية لكل سم٢ (I) المتبادلة للامتصاص إلي عدد الجزيئات الخاضعة لامتصاص الإشعاع في كمية السنتيمترات المربعة إذا عدد الجزيئات للامتصاص تتناسب مع تركيز الجزيئات الماصة (C) والي (db)، dl- الأشعة الممتصة، يجب أن تساوي حاصل التركيز (C)، dl- الطول. وكمية الإشعاع لكل سم٢، I في شكل المعادلة يمكن أن تلخص بالعلاقة .

$$-dI = a'Cl,\ db \qquad 6\text{-}1$$

(a') − عامل التناسب، هذه القيمة تعتمد علي الجزىء الماص عند تردد معلوم وبالطبع الوحدات المستخدمة للتعبير عن (b, C) والمعني الفيزيائي (a') يجب أن يكون واضحا للقارئ لذا مع ثبات (b, C) والمنحني المسجل سيسجل التغير لهذا المعامل مع الطول الموجي.

وبإجراء تكامل المعادلة (1-6) لإيجاد النقص الكلي لكثافة الإشعاع الساقط تصبح المعادلة :

$$\int_0^1 \frac{dI}{I} = -\int a' C db = -a'C\int_o^b db$$

$$\log\frac{I}{I^0} = -a'cb \qquad 6\text{-}2$$

or

$$\log\frac{I}{I^0} = -abc \qquad 6\text{-}3$$

حيث الامتصاصية (a') تعين بالمقدار a'/leg_{10} ونعبر عن علاقة بير- لامبرت عادة بالعلاقة (6-4) ففي هذه المعادلة I - تبين الطاقة تحت الأشعة الحمراء المتنقلة بالمول، I_0، الطاقة الكلية للشعاع الساقط، ولهذا جزئية I/I_0 تبين النفاذية النسبية للمواد الماصة وبالتالي يمكن التعبير عن علاقة بيير- لامبرت بالعلاقة الآتية:

$$legT = -abc \qquad or \qquad \log\frac{1}{T} = abc$$

حيث T– نسبة النفاذية

ومن الملاحظ أن تركيز المواد ليست متعلقة في السلوك الخطي أو نسبة النفاذية .

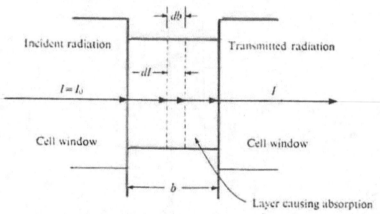

Fig. 6.1 Decrease in radiant energy as a result of absorption.

حقيقة الكيميائي لا يستخدم المعادلة (6-3) للحسابات التحليلية مفضلا المعادلة البسيطة لإيجاد الكمية المتعلقة خطيا للتركيز هذه الكمية تعرف بالامتزاز (A) وتكتب علي النحو

$$A = -\log\frac{I}{I_0} = -\log T = \log\frac{I}{T}$$

وتكون معادلة لامبرت علي النحو:

$$A = abc \qquad\qquad 6\text{-}4$$

وتعرف (A)- الامتصاصية: بأنها الكمية المقاسة مباشرة من الجهاز باستخدام تـدريج الامتصاص مفضلا ذلك عن تدريج النفاذية كما في الشكل (٢)

الانحراف عن علاقة بيير- لامبرت :

Deviation from the beer- lambert relations

عندما يتم رسم الامتصاصية (A) مقابل التركيز (C) ليعطي خـط مسـتقيم وبالتـالي نستطيع انه يتبع قانون بيير- لامبرت، ولكن يوجد العديد من المركبـات لا تعطي الخـط المستقيم وفي مثل تلك الحالات "عمل المنحني" يسـتخدم لتصـحيح أو لتـدقيق انحـراف التركيز. شكل (6-3) الذى يبين ثلاث منحنيات لأمثله بناءا علي تبـادل تفـاعلات داخليه بين تلك المركبـات وهـذا يعنـي إنهـا ليسـت ميثالية وهـذا التفاعـل النـاتج مـن ربـاط إيدروجين، تكوين زوج ايون، اماهه، تكسير أو تفاعلات أخري كيميائية.

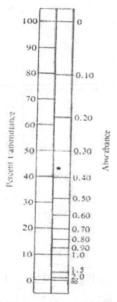

Fig. 6.2 Comparison of absorbance

and transmission scales.

وعموما يظهر الانحراف عندما تكون التراكيز عالية عن ما هو متوقع وفي بعض الأحيان ويمكن أن يأتي الانحراف من الأدوات المستخدمة أو الأجهزة أو خليه الامتصاص، والمفروض تأثير تلك الأدوات يمكن التعويض عنها بواسطة التوصيلات الصحيحة، ضبط الأجهزة، الصيانة الدورية، ففي حالة التفاعلات الكيميائية والفيزيائية لو العينة مخلوط- مذيب لنظام لا يستطيع الانتشار وهذا بسبب مثلة الإذابة، يجب عمل منحني يركب فوق الجزء اللا خطي للمنحني ففي حالة (A). شكل (3-6) أو لحزمة التحديد وخط غالبا المدى في الحالات C, B وبالتالي معادلة بيير -لامبرت يمكن أن تطور أو تحور ليشمل الامتصاص المضاف A_x

$$A=A_x+abc \qquad 6\text{-}5$$

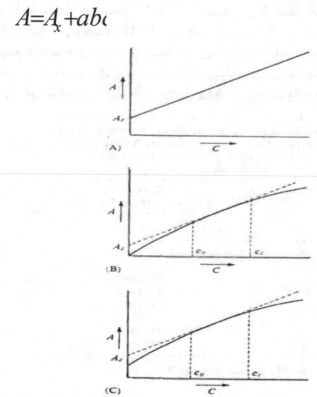

A
(A)
C
A
(B)
C
A
(C)
C

Fig. 6.3 Examples of absorbance versus concentration curves that do not strictly follow the Beer-Lambert relationship over a wide range (non-ideal behavior). (A) Compound follows the Beer-Lambert relationship plus background absorption; $A = A_x + abc$. (B) Compound exhibits nonlinear behavior. The equation in (A) is followed only over a limited range (c_y to c_z). (C) Combination of (A) and (B). The equation of (A) is followed only over a limited range (c_y to c_z).

منحنـــي التجربــة The working curve

يوضح الشكل (6-4) منحني العمل لتحليل نمـوذجي حيـث علاقـة بيـير- لامـبرت لا تتبع أي تحليل لمكون المفردة، ويمكن قياس مباشرة المكون المفرد من وضـع حزمـة ضـوء (الطيف) الوحيد، ولمثل هذا التحليل التقليدي هذه الطريقة لها أفضـلية محـدودة جـدا علي طريقة الحسابات المباشرة الموضوعة علي قانون بيير- لامبرت، ومن الواضح من هذه الطريقة من حيث أن منحني العمل يكون مركب بشكل متقارب من القياسات المعمليـة في المحلول، وبالتالي من المتوقع أن تكون هذه الطريقة صحيحة ولا حـل الطالـب المثـال القادم الذى يمكن تناوله للحصول لبعض الأمور لكيفية عمل بسيط لتحليل مكون وحيد، وذلك بأخذ سلسلة من محلول الهكسانون الحلقي في الهكسان الحلقي ليعطي امتصاص كدالة للتركيز انظر الجـدول (6-1)، مـن هـذه البيانـات التـي وضـحت في الشـكل (6-4) يستخدم هذا المنحني في تحليل لسلسلة مـن العينـات الناتجـة مـن أكسـدة الهكسـانول الحلقي إلي الهكسانون في وجود برمنجنات البوتاسيوم. من هنا يكون الامتصاص المتبقـي للكحول غير المتفاعل ليس له تأثير. وهذا يبرهن أن التحليل يقيد سريعا.

Table 6.1. Typical Set of Standards Used in Preparing a Working Curve for a Single Component Analysis (*Analysis of Cyclohexanone in Cyclohexane*)

Concentration (g/l)	*Absorbance*[a] (1715 cm^{-1} band)
5	0.190
10	0.244
15	0.293
20	0.345
25	0.390
30	0.444
35	0.487
40	0.532
45	0.562
50	0.585

[a]Cell-path length 0.096 mm.

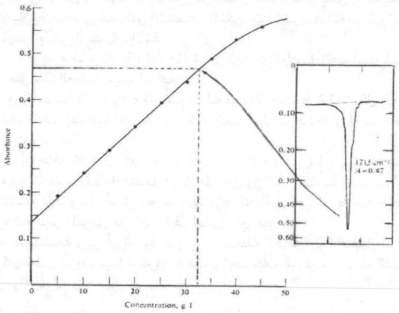

Fig. 6.4 Construction of a typical working curve for the analysis of cyclohexanone in cyclohexane solution. The dashed lines indicate concentration versus absorbance for an unknown mixture exemplified in the inserted spectrum.

قياس الامتصاص Measurement of the absorbance

بطريقة آلية: تستخدم طريقتان لتعيين ارتفاعات القمة وصفيا.

أولا: وهو استخدام ماسح المطياف إما بأشعة مفردة أو أشعة مزدوجة وقياس حزمة الامتصاص وذلك بطريقة خط الأساس.

الثانية: وهي مماثلة لتقنيه مطوعة في منطقة فوق البنفسجية- المرئية، حيث يقاس امتصاص العينة بالمذيب عند طول موجي ثابت ثم تملا الخلية بعد ذلك بالمذيب فقط وتقاس الامتصاصية بطريقة داخل خلية- خارج خلية. وكلاهما يستخدما لإيجاد الامتصاص A وعلي الكيميائي أن يكون ملما بالطريقتين للحصول علي قيم الامتصاص والجزء القادم سوف يتناول مجرد طريقة الخط - الأساس معالجة أكثر تفصيلا يمكن الحصول عليها وذلك بأخذ عدة عينات مرجعيه في آخر الجزء من هذا الباب.

أ- طريقة الخط الأساس :

هـذه الطريقـة ببسـاطة تتكـون مـن رسـم تخمينـي ليبـين الخـط الأسـاسي لحزمـة الامتصاص كما في الشكل (6-5) فكما هو مبين من الشكل خط الأساس يمكن رسمه بعده طرق والاختيار يعتمد عـلي خصـائص الامتصـاص للمكونـات الاخـري في المخلـوط وخـط الاختيار المرسوم يفسر بالاعتبارات الآتية:

١- لو لم توجد مواد متداخلة (خط ١٠) شكل (6-5) فالافتراض إذا هـو أن المـذيب أعطي هذا الخط في غياب المذاب.

٢- وفي وجود تداخل للمواد يمكن رسم نقطـة مفـردة (خطـوط 3,2) شـكل (6-5) معتمدا علي إمـا التـداخل يكـون عـلي جانـب طـول مـوجي اعـلي أو مـنخفض للحزمة المقاسة.

٣- ولو أن حزمة التداخل متوافقة تماما للحزمة المحللـة ولكـن تأثيرهـا ثابـت عـلي مـدي التحليـل خـط 4 الشـكل (6-5) المطـابق وفي كـل الحـالات خـط الأسـاس المرسوم المختار علي أساس العلاقة المستخرجة لنقطة أو عدة نقـاط مـن حيـث خط الأساس المتوافق من بين الطيف المقارن لأي خط طيف.

وللإحاطة المتقدمة وهي أن الخلية التي ليست متعلقة للحزمة تحت الاختبار تقلـل بقدر الإمكان، ولمثل ظروف ميثالية ضروريـة تكـون الحسـابات العدديـة بسـيطة الفهـم وسريعة وسهلة المنال.

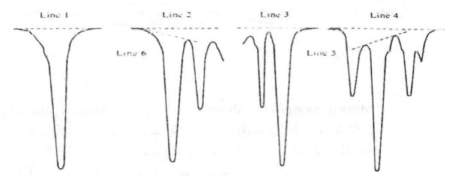

Fig. 6.5 Examples of possible "base-line" constructions.

Typical   تحاليــــل نموذجيـــه

analysis

الأمثلة الآتية سوف تشرح الطريقة المستخدمة بالتفصيل لمعظم أي تحاليل، وبالرغم أن طريقة التقدير سوف تتغير تبعا لتعقيد المخلوط للتحليل. شكل (6-6) الذى يشرح الطيف لمنطقة محددة لمخلوط غير معلوم اوريو - زيلين، ميتا- زيلين، وبارا - زايلين، الحزمة عند $741Cm^{-1}$، ميتا- زايلين، الحزمة عند $768Cm^{-1}$ وللبارا- زيلين الحزمة عند $795Cm^{-1}$، كل مكون فحص في محلول الهكسان الحلقي لأي امتصاص عند الثلاث ترددات المختلفة المستخدمة، لتعيين التركيز لكل مكون في المخلوط. ويضم جدول (2-6) الامتصاصية لكل من المكونات الثلاثة عند الترددات الثلاثية كما عينوا في المحاليل النقية في الهكسان الحلقي. بالإضافة الامتصاص عند كل تردد للمخلوط المجهول أيضا تم تدوينه.

Table 6.2. Typical Set of Data for the Analysis of *o*-Xylene, *m*-Xylene, and *p*-Xylene in Cyclohexane Solution

Frequency (cm^{-1})	*Absorptivity* × Cell Length*			*Absorbance of Unknown Mixture*
	p-xylene	*m-xylene*	*o-xylene*	
795	1.506	0.048	0.000	0.145
768	0.025	1.440	0.000	0.173
741	0.032	0.033	2.405	0.441

*The absorptivities at the specified frequencies for each component were determined from the Beer-Lambert relationship, $A = abc$; the absorbance A was measured in a cell of known path length (0.1 mm) for each component at a known concentration. For example: For *p*-xylene (0.992 gram in 100 ml of cyclohexane), an absorbance of 1.45 was obtained, using a 0.1-mm cell. Therefore,

$$1.45 = a[9.92\ g/l(0.01\ cm)]$$
$$a = 14.62$$

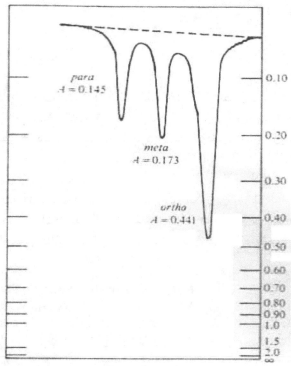

Fig. 6.6 Absorbance data for an unknown mixture of o-, m-, and p-xylene

فيما بعد ذلك امتصاصات المخلوط المجهول هو امتصاصات إضافة لكل مكـون عنـد التردد الخاص، كما يمكن تكوين ثلاث معادلات متتالية علي النحو التالي:

$$A_{795} = 1.506 C_P + 0.000 C_o = 0.145 \qquad 6\text{-}6$$

$$A_{765} = 0.025 C_P + 1.440 C_o + 0.000 C_0 = 0.173 \qquad 6\text{-}7$$

$$A_{741} = 0.032 C_P + 0.033 C_m + 2.405 C_0 = 0.441 \qquad 6\text{-}8$$

والمعادلتين (6-7) لا يحتويا لمساهمات الأرثو- زيلين، وبالتالي الامتصاص عند كل من $795Cm^{-1}$ ، $768Cm^{-1}$ بصفر، والحل لتلك المعادلات يتطلب حسابات بسيطة جدا وبضرب المعادلة (6-6) في ٣٠   لتعطي:

$$45.180 C_P + 1.440 C_m + 0.000 C_0 = 4.350$$

بطرح المعادلة (6-7): $(0.025 C_P + 1.440 C_m + 0.000 C_o = 0.173$

- 220 -

لتنتج :

$$45.155 C_P = 4.277$$

$$C_P = 0.095 g/l$$

بالطرح المعادلة (6-7) قيمة التركيز للبارازيلين (0.095) ثم بالحل

$$C_m = 0.118 g/l$$

وقيمتا C_m, C_P في المعادلة (6-8) لإيجاد قيمة C_o

$$C_O = 0.180 g/l$$

(التراكيز/ بالتحضير للمخلوط هو 0.096 ,0.182,0.118 جرام/ لتر) وبأخذ الجدول (6-2) يمكن للقارئ أن يقرأ كل طول موجي. والامتصاص لأحد المكونات اعلي بقدر كاف عن الأخر، وفي كل الحسابات المباشرة للحالات وعموما يمكن أن تؤخذ للمقارنة والحل المباشر لكل مكون كما يلي:

$$A_{795} = 1.506 C_P = 0.145 \quad (6\text{-}9)$$

$$C_P = 0.096 g/l$$

$$A_{768} = 1.440 C_m = 0.175 \quad (6\text{-}10)$$

$$C_m = 0.120 g/l$$

$$A_{741} = 2.405 C_O = 0.441$$

$$C_O = 0.180 g/l$$

بالنظر إلي تلك القراءات إلي ما يتم تقديره من الحل للمعادلات المستمرة لا نجد فرقا يذكر والامتصاص يمكن تقديره بقسمه المسافات المقاسة والقيمة الدقيقة لتلك القيم ربما لا تتعدي عن ± 0.005 عن القيم المقدرة.

دقة التحليل لطيف الأشعة تحت الحمراء

Accuracy of infrared analysis

كما هو مبين في الباب الثالث أن طريقة الأشعة تحت الحمراء لم تكن متوقعة لتعطي نتائج دقيقة، والسبب في هذا، مفترضا أن كل

التجارب الاخري خاطئة وثانوية، متضمنة وقوعها في جهاز المطياف، والقياسات المطيافيه لطاقة أشعة تحت الحمراء بتركيز مواد يتناسب للامتصاص، ولكى نعين دقة مطياف تحت الحمراء يجب أن نعرف ما هي النقطة علي تدريج النفاذية التي يتم عندها التقدير، مثل التغير البسيط في الامتصاصية التي تعطي اكبر قدر ممكن من الامتصاصية علي مساحة الرسم. شكل (7-6) يبين التغير في النفاذية الناتجة بتغير نسبة 1% في الامتصاص كدالة للامتصاص.

ويشير المنحني أقصي قيمة امتصاص 0.43 ونسبة نفاذيه لقيمة 37%

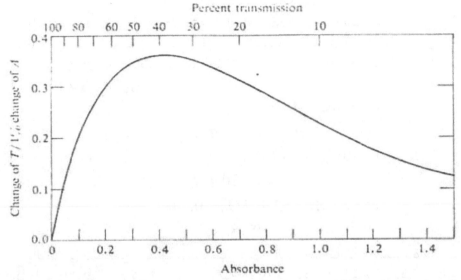

Fig. 6.7 Change in transmission produced by a 1% change in absorbance as a function of absorbance.

استخدام قانون بيير- لامبرت لحساب طول السير (المسافة) :

Use of the Bear –Lambert low in measuring path length

في الباب الرابع: قياسات طول- مسافة الخلية سوف تتخذ في التقدير لتلك الخلايا. مثال سائل- خلية مجهولة السمك يمكن أن تملأ مذيبا أو بمحلول لمركب معلوم الامتصاصية (a)، وعليه يتم مباشرة قياسها. وطول الخلية (b) يمكن إيجاده مباشرة

$$b = \frac{A}{aC}$$

6-12

وبتقنيه مماثلة يمكن إيجاد قياس سمك العينات للأصلاب مثل أقراص بروميد البوتاسيوم

استخدام المعيار الداخلي: الطريقة النسبية

Use of inaternal standards: the ratio method

قياس لنسبة كثافة بين قمتين لنفس الطيف لإزالة قيمة الكثافة، ولاستخدام نسب الامتصاص أفضل الأمثلة كما يلي: ولإيجاد قيمة مناسبة لغرض المقارنة يتم تطويع بعض الماد القياسية معلومة التركيز، وفي علاقة بيير- لامبرت يمكن التعرف علي الامتصاص المجهول كما يلي:

$$A_1 = a_1 \, b_1 \, c_1$$

وامتصاص بنفس الشكل للعيارية الداخلي يمكن التعبير عنه كما يلي:

$$A_2 = a_2 \, b_1 \, c_2$$

ثم بعد ذلك نضع المعيار في الفيلم أو القرص المعلوم الكمية وبالتالي النسبة للامتصاصين هـ

$$\frac{A_1}{A_2} = \frac{a_1 \, b_1 \, c_1}{a_2 \, b_1 \, c_2}$$

6-13

والمعادلة (13-6) قيم كلا من a_1, a_2 امتصاصية للمكون المجهول والمعيار الداخلي علي الترتيب يجب معرفته. وقيمة التركيز (C_2) للمعيار الداخلي معلوم التركيز من التحضير b_2- طول المسافة قياسية ومعلومة ثابتة وبالتالي جميع الرموز معلومة ما عدا (C_1) التي يجب حسابها. إذا المعادلة (13-6) يمكن التعبير عنها ببساطة كما يلي:

$$A_1 / A_1 = K c_1$$

6-14

وبرسم منحني النسبية A_1 / A_2 مقابل التراكيز المختلفة للمادة التي يمكن تحليلها C_1- المجهولة يمكن إيجادها بالرجوع إلي منحني الشكل .

شروط يجب توافرها في المادة المعيارية الداخلية:

١- يجب أن يكون لها اقل قمم ممكنة لتقليل التداخل

٢- ثابتة مقابل الحرارة وعديمة الحساسية للرطوبة

٣- متاحة الحصول عليها في شكل نقي

٤- يجب الوصول إليها في اقل حجم ممكن

٥- تعطي قرص شفاف بعد الطحن والضغط عليها

SUGGESTED READING

1- R. P. Bauman, Absorption spectroscopy. Wiley, New York, 1962.

2- W. J. Potts, JR., chemical infrared spectroscopy, Vol. 1., Techniques. Wiley, New York, 1963.

3- Recommended practices for general Techniques of infrared Quantitative analysis, " Am. Soc. Testing materials, Proc., 1959.

4- W. Brugel, An introduction to infrared spectroscopy. Wiley , New York, 1962.

5- K.G. Flynn and D. R. Nenortas, J. Org. *Chem.*.,28 (1963). 3527.

6- W. J. Bailey and R. B. fox, J. org. *Chem.*, 28 (1963), 531

****

الباب السابع

المنطقة تحت الحمراء - القريبة

The near- infrared region

مقدمة :

أصبح الكيميائي الآن الأكثر اهتماما بالمنطقة الامتصاصية ما بين ($13.300Cm^{-1}$ وحتى $4000Cm^{-1}$)، الدراسة في هذه المنطقة بالتأكيد ليست فريدة أو جديدة وعموما التطبيق لهذه المنطقة للتحاليل التقليدية الوصفية والنوعية كانت ممنوعة حتى تلك السنوات الحديثة وهذا يعود إلي الافتقار للأدوات المناسبة، وفي الحقيقة كثير من الأعمال المتقدمة أجريت مستخدمة الطرق الفوتوغرافية الضوئية لكشف الامتصاص الأشعة القريبة تحت الحمراء. وخلال هذه الدراسة لقد كان معلوما وواضحا أن هذه المنطقة الضوئية بها مفتاح حل العديد من المشاكل المطلوب فحصها بالتفصيل.

ففي عام ١٩٥٤ أجهزة الضوء التجارية كانت مؤهلة لفحص هذه المنطقة بطول موجي مرضي وبقياسات كثافية مناسبة جديرة. هذه الأجهزة تتضمن أحادية الإشعاع monochromoters والتي تخضع مناشير كوارتز أو حاجز شبكي لانتشار ضروري لطاقة الإشعاع المتوهج من المنبع .

وعموما الإشعاع المنتقل يكشف عنه بواسطة مكشاف من كبريتيد الرصاص، مثل هذه الأجهزة سهلت للكيميائي الفحص من القرب من هذه المنطقة تحت الحمراء بسرعة وبكفاءة، وفي بعض الأحيان هذه الأجهزة يمكن أن تعمل مسح فوق البنفسجية والمناطق المرئية للطيف مثلما المنطقة القريبة تحت الحمراء.

استخدام الآلات Instrumentation

يوجد نوعان في الأساس من الأدوات المتاحة، الأول: يستخدم منشور من السيليكا مزدوجة بها ٦٠٠ خط لكل مليمتر حاجز مشيد في نظام وحيد الضوء - المزدوج. يشرح شكل (1-7) مسار ضوء نموذجي لتركيبة منشور- حاجز شبكي. والمنبع عبارة عن لمبة لشريط فتيل-

تنجستين. تجمع طاقة الشعاع من المنبع بواسطة مرآة M_1, M_2 التـي تركـز الإشـعاع خلال المرجع وخلية العينة علي التوالي. وتقاد الأشعة تؤخذ إلي حجرة أحـادي اللـون مـن خلال مروحة دواره.

انظر الشكل (1-7): تمر الطاقة الإشعاعية المتبادلة خلال مدخل شريحـة S_1 ويشـتت بواسطة الحاجز وبعد المرور خلال الشريحة الوسطية S_1 يقسم الشعاع علاوة عـلي ذلك بأطوال موجية منفصلة بواسطة منشور سيليكا أحادي الكرومـات الثـاني. بعـد ذلـك تمـر الحزمة الرفيعة خارج قطاع أحادي الكرومات خلال S_3 الخارجية، وبعد ذلك تركز الأشعة خلال خلية التوصيل الضوئية لكبريتيد الرصاص تكبر الإشارة الواصلة للخلية وتوصـل كـما هو معمول للأجهزة الضوئية.

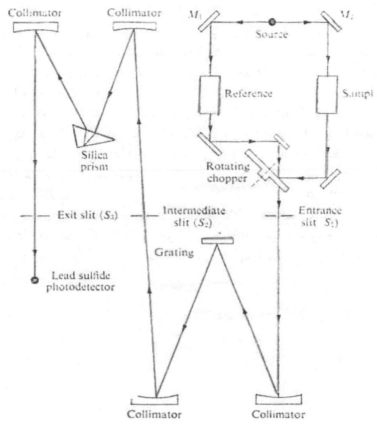

Fig. 7.1 Typical optical path of a prism-grating spectrophotometer utilized in the examination of the near-infrared region.

والنوع الثاني من الأنظمة انظر الشكل (2-7) هذا الضوء المنظم المرئي يختلـف عـن النظام المألوف المعتاد المستخدم في المنطقة تحت الحمـراء النظاميـة. ولكـن هـي غالبـا مماثلـه للأنظمـة الضـوئية التقليديـة المسـتخدمة في الطيـف المـأخوذ في منـاطق فـوق البنفسجية والمرئية حيث تمر الطاقة الإشعاعية من المنبع مباشرة إلي أحادي اللون خلال مدخل الشـريط S_1، ثم يشتت الضوء خلال منشور كوارتز (مرمر) – بلوري ثم يمـر خـارج القطاع الأحادي الضوء أي خارج الشريط S_2 مرة أخري تمـر أشـعة أحـادي الضـوء خـلال مرآه دواره وبعد ذلك يركز علي العينة والخلية المرجعية والشعاع خلال الخلايا يصطدم بالمكشاف كبريتيد الرصاص يضخم ويقسم تسجيله مثلما سبق من الشرح .

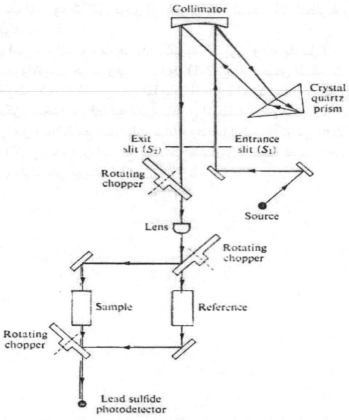

Fig. 7.2 Typical optical path of a prism spectrophotometer for use in the near-infrared region.

التقنية Techniques

تتطلب منطقة تحت الحمراء- القريبة محاولة لأقل ما يمكن من التحاليل عن المتطلبة في المناطق تحت الحمراء المعتاد، عموما تستخدم الخلايا طريق طويل المسافة والمشكلة في إيجاد طول المسافة بسيط جدا ويتم تركيبها من سيليكا من زجاج مع الكوارتز أو شباك سيليكا (ذات سمك 2.4 um) وخلايا منطقة تحت الحمراء القريبة تستخدم أكثر عن تلك المستخدمة في الأشعة تحت الحمراء, لا تتأثر بالماء، سهولة تنظيفها.

المذيبات المستخدمة لفحص المركبات في المنطقة من 0.75 وحتى 3.0 um مثل المستخدمة في المنطقة تحت الحمراء باستثناء فقط يجب أن يذكر تلك المذيبات التي لها C-H، O-H أو N-H ربما تكون مناسبة في دراسات محددة في المنطقة من 2 وحتى 16um في منطقة تحت الحمراء القريبة. يجب استخدامها بسيط، وهذا بسبب الامتصاص لتلك المجموعات التى تؤدي إلي غموض كثيرا للمعلومات المطلوبة في الطيف للعينة المجهولة الخاصة .

وأفضل المذيبات المستخدمة هو رابع كلوريد الكربون، وهو يفضل لدراسة رباط الهيدروكسيل والامينو هيدروجين. جدول (1-7) يبين بعض المذيبات الشائعة والمستخدمة يعتبر كلوريد الميثيلين من المذيبات الممتازة للمركبات الحلقية (العطرية) البسيطة ويمكن استخدامه بأفضليه للدراسات في المنطقة 2.7 وحتى 2.9 um وكذلك يستخدم ادني من 2.3um مع استثناءات ضئيلة وعندما الطريق أكثر من 2cm المستخدم ثاني كبريتيد الكربون هو الآن الشائع كمذيب ممتاز في منطقة تحت الحمراء. انظر الشكل (3-7) طيف ثاني كبريتيد الكربون.

Table 7.1. Common Solvents* Used for Near-Infrared Spectrophotometry

Solvent	Maximum Thickness (cm)	Regions of Solvent Absorption (μm)	(cm⁻¹)
Carbon tetrachloride	10	None	
Carbon disulfide	10	2.21–2.25	4525–4444
	1	None	
Chloroform	10	1.39–1.44	7194–6944
		1.65–1.73	6061–5780
		1.82–1.90	5495–5263
		2.05–2.11	4878–4739
		2.22–3.00	4505–3333
	1	1.68–1.71	5952–5848
		2.32–2.40	4310–4167
		2.65–3.00	3774–3333
Methylene chloride	10	1.15–1.18	8696–8475
		1.37–1.45	7299–6897
		1.63–3.00	6135–3333
	1	1.66–1.74	6024–5747

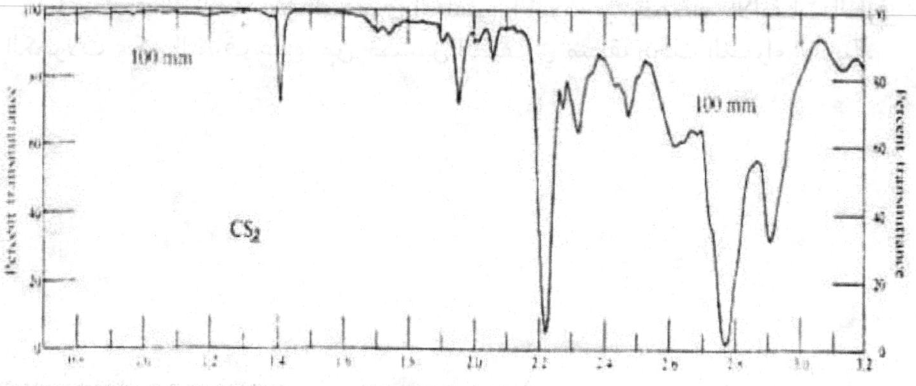

Carbon disulfide (pure liquid; CCl₄ reference cell; cell thickness as indicated)

Fig. 7.3 Near-infrared spectrum of carbon disulfide. (Courtesy Beckman Instruments, Inc.)

علاقة التركيب- الطيف في منطقة تحت الحمراء – القريبة :

Spectra- structure correlations in the near – mfrared region

تقدم منطقة تحت الحمراء - القريبة جهودا عديدة وفريدة لكسب معلومات تركيبيه .

فمن المعلوم من المناقشات السابقة للتحاليل الوصفية أن الامتصاصات الظاهرة في المنطقة الأقل من $3333Cm^{-1}$ تتضمن اهتزازات توتر الأيدروجين محتويا وصلات أو تركيبات لاهتزازات توتر مع أشكال أخرى لاهتزاز الجزيء.

ولو أن تلك الاهتزازات هي اهتزازات فقط فعلي العموم يتكون طيف منطقة تحت الحمراء القريبة امتصاصات متناغمة لعدد من الامتصاصات الأساسية في المنطقة من 3.5 وحتى 6.0um .

فطيف تحت الحمراء القريبة النقاط تلك النوعية وكأنها بصمة الأصبع، فهذه المنطقة تستخدم بكثرة في الكشف وبالتالي تعيين المجموعات الدالة التي تحتوي ذرات إيدروجين فريدة.

شكل (21-7) يوضح طيف تحت الحمراء القريب لمركب (هيبتان) الهكسان الحلقي، المركبات العطرية (بنزين) لاحظ بالأخص المناطق المختلفة بين النوعين امتصاص C-H العطرية مرة أخري عند ترددات عالية (طول موجي قصير) عن المركبات المفتوحة (السلسلة) C-H ذرات هيدروجين فريدة.

لمثل تلك الأنظمة من الهكسان الحلقي، الايبوكسيد الحلقي الأليفات الطرفية الكحولات يمكن التعرف عليها من خصائص الطيف في منطقة تحت الحمراء القريبة.

من هنا التجميع لعدد كبير لطيف تحت الحمراء القريبة لا تجيز الاحتياج في الحصول علي معلومات تركيبيه ومعظم التأكيدات موضوعة علي ازدواجية أوضاع الحزم مع كثافة المعطيات.

امتصاص C-H　　　　C-H absorptions

كل الاهتزازات الأساسية C-H مع استثناء اهتزاز $\equiv C-H$ الكين عند طول موجي حوالي $3333Cm^{-1}$,3.0 um اقوي هذه الحزم المتجمعة والتي تظهر في المنطقة من $5000Cm^{-1}$ وحتى $4000Cm^{-1}$ ، $9090Cm^{-1}$ وحتى $8333Cm^{-1}$.

مجموعة C-H الميثيلين الطرفية :

Terminal methylene C-H absorption

قارن الامتصاص في الشكل (7-5) والشكل (7-4) للمجموعة العطرية C-H لاحظ أكثر من اثنين من الأحزمة تستخدم في طيف الشكل (7-5) عند (2.1um)، $4700Cm^{-1}$ وعند $6250Cm^{-1}$ (1.6um).

وللغرض الوصفي تنجز المنطقة 6250Cm-1 بعض المعطيات المستخدمة متضمنة طبيعة الاستبدالات مع مجموعة فينايل تمتص هي مجموعة فينايل ايثير CH= CH-O عند اقصر طول موجي (1,615 um) بينما مجموعة كيتو - B المستبدلة تمتص اعلي بقدر طفيف عند المنطقة 1.620um .

وبالنسبة للهيدروكربونات غير المشبعة شكل (7-5) مازالت تمتص اعلي عند المنطقة $1.630Cm^{-1}$.

ومن المهم أن نلاحظ امتصاصات لمركبات مماثله عند المنطقة 1.6um وبسبب ذلك علاقات جيدة يمكن أن تضع للعينة ولأجل ذلك لا توجد قيم قياسية في المتناول .

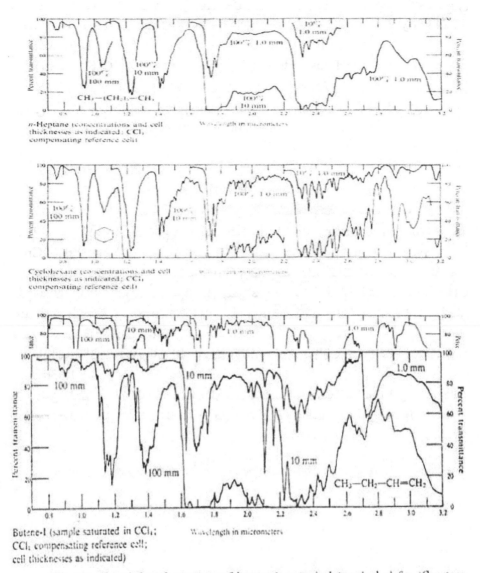

n-Heptane (concentrations and cell thicknesses as indicated; CCl_4 compensating reference cell)

Cyclohexane (concentrations and cell thicknesses as indicated; CCl_4 compensating reference cell)

Butene-1 (sample saturated in CCl_4; CCl_4 compensating reference cell; cell thicknesses as indicated)

Fig. 7.5 Near-infrared spectrum of butene-1, a typical terminal olefin. (Courtesy Beckman Instruments, Inc.)

بأخـــذ مركـــب لــــه تركيبــــه قريبـــة. المجموعـــات ($CH_2=CH-$) والمجموعـــة ($CH_2=CH=$) يمتصـان في المنطقـة تحـت الحمـراء القريبـة بـين المنطقـة (2.0 وحتـى 16um) والمطلوب بيانات علي مجموعة C-H الاليفاتية خارج مستوي امتصاص الرباط. وهذا يعتـبر مثـالا جيـدا للاسـتخدام لكـل الأنـواع الازدواجيـة للحصـول عـلي معلومـات تركيبيه.

مجموعة الاستيلين $\equiv C{-}H$ Methyne1 $\equiv C{-}H_{groups}$

تمتص تلـك المجموعـة في المنطقـة 3.0um، الحزمـة عنـد 3.0um والنغمـة الفوقيـة التوافقية (overtone) عند 1.53um – حادة ومميزة، برغم امتصاص مجموعة الامينو في المنطقة من 3 وحتى 1.5um . إلا انه يمكن التعرف عليها مـن المركبـات الثلاثيـة الربـاط عـلي أسـاس الفـرق في الامتصـاص، وعمومـا مجموعـة (C-H) الاسـتيلين المرافقـة لهـا امتصاص مولاري تقريبا مزدوج لتداخل امتصاص N-H

المجموعات غير المشبعة (التجازآت)

Cis versus trans- unsaturated group

مشـكلة هـذا النـوع مـن المجموعـات غـير المشـبعة($-HC = CH-$)متمسـكة بشـدة في المنطقة دون الحمراء القريبة. والمماثل الايسوميري ليس له حزمة قويـة متـوترة في هـذه المنطقـة ولكـن الجانـب مـن (Cis) لـه ثـلاث منـاطق عـلي الأقـل 2.91um، 2.14um، 1.18um للمركبـات غـير المشـبعة الـلا متزاوجـه Conjugated،مـن بـين هـذه الأحزمـة 2.14um هـو المـأخوذ لكـل مـن الفحـص النـوعي والمقـداري والقـارئ لا يلاحـظ أن في الجزيء عدد من الروابط الطرفية (Cis أو trans) وكلاهـما في منطقـة تحـت الحمـراء - القريبة لمنطقة العينة.

امتصاص C-H– الالدهيديك Aldehydic –C-H absorptions

تختلـف الالدهيـدات عـن الكيتونـات بحزمـة واحـدة في المنطقـة تحـت الحمـراء وتستخدم حزمة للبرهنة التأكيدية وبها يمكن التعرف علي

المجموعة عند 2.1um وحتـى 2.2um هـذه الحزمـة تنشـأ مـن الارتبـاط لمجموعـة اهتزازات C-H المتوترة ومجموعة C=O أيضا، وتكون موضحة عـن الاهتـزازات الاخـري (C-H) السلسلة المفتوحة (والاليفاتية)

امتصاص الابيوكسيد والبروبيل الحلقي C-H

Epoxide and cyclopropyl C-H absorphions

شكل (6-7) يبين الصورة الطيفية لمركب ايبي كلوروهيدرين، قارن هذا الطيـف مـع مركب البيوتين – شكل (5-7)، حيث يلاحظ إنها متماثلا الامتصاص للحزم عنـد 1.6um ، 2.20um ويكونـا مميـزا لمجموعـة الايبوكسـيدية الطرفيـة. بـالرغم وجودهـا في منطقـة مماثلة الامتصاص تعود إلي الاليفتات الطرفية (السلسلة)، وهذه الامتصاصات تعتبر أكـثر كثافة وأيضا اقل تعقيدا عن الاوليفينات المقابلة.

لوحظت حزمة مماثلة تنحرف إلي المنطقة 1.64um ، 2.24um في البروبان الحلقـي. تتاتي معلومات من منطقة تحت الحمراء القريبة وعلي نحو متصلة بطيف تحت الحمراء للحصول علي صورة تامة للتركيبة تحت الفحص .

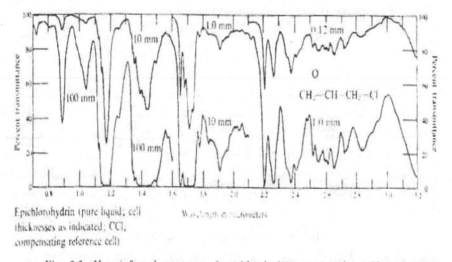

O
Epichlorohydrin (pure liquid; cell thicknesses as indicated; CCl4 compensating reference cell)

Fig. 7.6 Near-infrared spectrum of epichlorohydrin, a typical epoxide-containing compound. (Courtesy Beckman Instruments, Inc.)

N-H absorptions   امتصاص N-H

الأمينات (Amines): أجريت العديد من الأبحاث متضمنة مبدئيا الامتصاصات N-H الأساسية وكذا التوافق الفوقي (over-tone)، كما أن طيف المجموعة الأحادية والثنائية والثلاثية الأمين مختلفة تماما ولربما طريقة واضحة للتعرف علي الثلاث أمينات المختلفة في المحاليل المخففة فمن هنا N-H لها منطقتي حزم أساسية بين 2.85um، 3.05um.

والازدواجية في أول منطقة إضافية لهذين الامتصاصيين بين 1.45um، 1.55um وحزمة وحيدة عند 1.0um مقارنة بالأمين الثنائي الذي له ثلاث حزم مفردة في نفس المنطقة.

والمجموعة الثلاثية ليس لها منطقة امتصاص، وبالتالي لا توجد حزمة قوية تحت الحمراء - القريبة. وهذا بسبب مجموعة الأمين.

وبالتالي هذا الامتصاص بوضوح يمكن التعرف عليه لتلك المجموعات.

وغالبا من السهل تقدير مجموعة الامينو المتصلة للالكيل والاريل (والاليفاتية والعطرية) علي أساس بيانات الطيف 2. um وحتى 1.6um المتناولة .

وعموما الأمينات الحلقية لها كثافة امتصاصية عالية تقريبا بنسبة 20 إضافة لذلك الأمينات الأولية وحدها تعطي نشأة لحزمة عند 2.0um هذا الحزمة غير موجودة في الأمينات الثنائية والثلاثية، وهذا يعود إلي ارتباط الحزم بشكل الاهتزاز المتوتر.

وفي أول منطقة إضافية حزمتي الأمينات الأولية إنما تعود إلي التوتر الإضافي في المتماثل واللا متماثل لمجموعة NH2– مهمة بعض الشئ والامتصاص المتماثل أكثر بست مرات كثافة عن اللا متماثل، وفي

حالة استبدال الاثيلين فوضع الحزم تكون متعلقة للطبيعة الالكترونية وعلاقة وضع المجموعات علي حلقة الاثيلين. انظر الشكل (7-7)

الاميد   Amides

طيف الاميد مماثل أو مواز لطيف الأمين، بالرغم من وجود تغيرات بسيطة في الظهور الإجمالي في حزمة امتصاص N-H وكما هو متوقع إسهامات من الاميد والأمين لتلك المجموعات يمكن اعتبارها فيما بعد الطيف .

بالإضافة الاميدات الثانوية يمكن وجودها في حالتي (Cis والـ trans) كل تلك العوامل أدت إلي إضافة متراكبة لامتصاصات N-H خلال منطقة تحت الحمراء القريبة.

$$O \qquad\qquad\qquad OH$$
$$R-C-NH-R \longleftrightarrow R-C=N-R$$

بدراسات لتأثير المذيب علي خصائص حزم رابطة الأيدروجين مثل نظام رباط هيدروكسيل- امينو هيدروجين ونظام وحدة رباط – هيدروجين امينو – امينو، والتي تأخذ أهمية قيمة في دراسات الكيمياء الفراغية للتركيب.

وبالتأكيد الكيميائي العضوي للان لم يستخدم هذه المنطقة لكل المدى فالمعلومات التركيبية التي تم الحصول عليها في المركبات الشبة قلوية والببتيدات (Alkaloids&peptides) والمركبات الطبيعية الاخري .

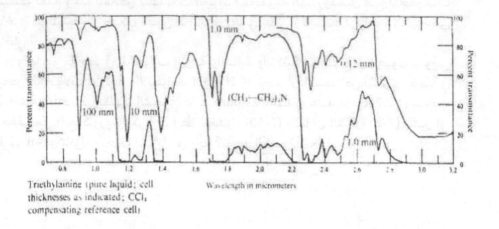

Triethylamine (pure liquid; cell thicknesses as indicated; CCl_4 compensating reference cell)

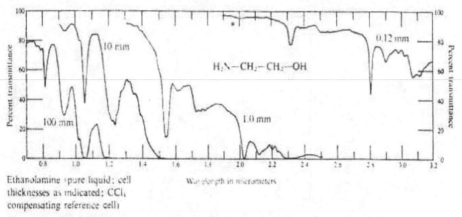

Ethanolamine (pure liquid; cell thicknesses as indicated; CCl_4 compensating reference cell)

Fig. 7.7 Near-infrared spectra of a tertiary amine and a primary hydroxy-amine. (Courtesy Beckman Instruments, Inc.)

امتصاص O-H   O-H absorptions

الكحولات (alcohol): نعود مرة أخري ونقول أن المنطقة من واحد وحتـى 3.0 um تعطي الأساس لخصائص اهتزاز توتر O-H كما لو كانت نغمتها فوقية والدراسـة لربـاط الأيدروجين أكثر سهولة عند استخدام أجهزة الطيـف تحـت الحمـراء - القريبـة بـالاحري عند الأجهزة العادية. تـأثيرات تركيـز الخليـة مـن السـهل تغييرهـا وحـدوث إضـافات أو تحسين أكثر سهولة.

وهذه ليست الحالة في دراسات المنطقة من 20um وحتى 16.0um بالخصوص أن المنطقة تقدم وعدا للفحص للتفاعلات الجزيئية لمجموعة الهيدروكسيل مع المجموعات الاخري الوظيفية من خلال نفس الجزيء بمعني عملية تجميع لرباط هيدروجيني داخلي.

وكما هو ملاحظ في الكحولات الأولية والثنائية والثلاثية إنها تزاح في الطول الموجي ببعض الكحولات الأولية والاليفاتية –CH$_2$-OH نجد أن الامتصاص المتوتر يظهر في المنطقة 2.75um ويظهر الثانوي عند 2.76um والثلاثي عند 2.766um في مذيب مخفف من رابع كلوريد الكربون. انظر الجدول (10-7) وكما أن الشكل (8-7) يشير إلي طيف n– اوكتانول وكحول البنزيل في رابع كلوريد الكربون المخفف.

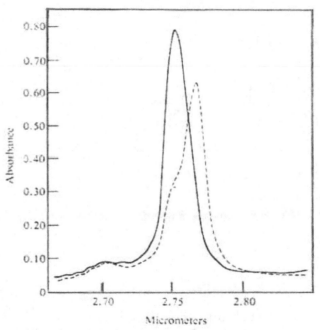

Fig. 7.8 Near-infrared spectra of n-octanol and benzyl alcohol in the 2.7 to 2.8 μm region. The spectra were recorded in a 1-cm cell. The solid line shows the spectrum of n-octanol in carbon tetrachloride solution at a concentration of 0.0013 M. The dashed line represents the spectrum of benzyl alcohol in carbon tetrachloride at a concentration of 0.0012 M. Contrast the spectra in this region with those of the pure liquids and the 10% solutions for similar alcohols in Fig. 7.9.

كما يظهر طيف البنزيل الكحول ليأخذ وضع مفلطح متوقع للكحول الأولي عند 2.75um، وعلى أي حال أقصي امتصاص عند 2.766um، ومثل هذا الطيف يعتبر نموذج لغير المشبع والكحولات المعطرية، بينما مجموعة الهيدروكسيل في وضع لتتفاعل مع π – الكترون للنظام غير المشبع مثل هذه التجمعات تمتد إلي بروتونات أخري مستقبلة مثل رابطة الاسيتلين وحلقة البروبان الحلقي، وتأكيدا لمثل هذا التأثير تم الحصول عليه من تغيرات في استبدالات حلقة البنزيل الكحول مثال: مجموعة بارانيترو تقلل كثافة الكترون الحلقة ولهذا أقصي- منطقة 2.766um تقلص الكثافة وتصبح 2.75um مفلطحة السائدة. انظر الشكل (9-7) يوضح الأمثلة للكحولات الثلاثة .

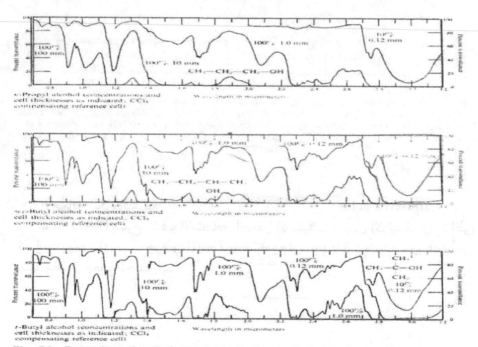

Fig. 7.9 Comparison of typical near-infrared spectra of alcohols at concentration levels of 10% to pure liquid samples. Contrast these with the very dilute spectra in the 2.7 to 2.9 μm region shown in Figs. 7.8 and 7.10. (Courtesy Beckman Instruments, Inc.)

الفينولات   phenols

شكل (7-10) يكشف الأوضاع للكحولات اللا اعاقيه، 4- ميثيـل فينـول مـع الفينـول غـير ظـاهر، 2، 6 ثنـائي – رباعي – بيوتيـل – 4- ميثيـل فينـول مثل هـذه المجموعـات الاعاقية ظاهرة تماما في هذا الطيف.

فمجموعـات الهـالوجين المسـتبدلة، الامينـو، الايثـير، ألـلايـل، الهيدروكسـيل، بنزيـل ومجموعات الفينيل كل تلك المجاميع تحـدث تغـير في الحـزم الضـوئية وأول امتصـاص توافقي فوقي في هذه المنطقة. وفرق التردد بين حزمة الامتصـاص الحـرة وحزمة تفاعـل الرباط الجزيئي تعتبر صفة مهمة لتلك المجموعة الداخلة. مثل تلك البيانـات تستخدم بكثرة للبرهنة لدراسة التراكيب.

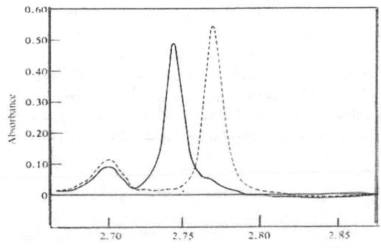

Fig. 7.10 Near-infrared spectra of hindered versus non-hindered alcohols. The spectra were recorded in a 10-cm cell in dilute (0.00026 M) carbon tetrachloride solution. The solid line is the spectrum of 2,6-di-t-butyl-4-methylphenol, whereas the dashed line is the spectrum of 4-methylphenol. Contrast these spectra with those in Figs. 7.8 and 7.9.

الأحماض الكربوكسيلية   Carboxylic acids

شكل (7-11) يشرح طيف الامتصاص لحمض الاسيتيك وحمـض الاولييـك في منـاطق ثلاثة وعموما تظهر عده حزم في المنطقة 2.7um وحتى 3.0 um معتمدة علي عدة أمور منها حالة التجميع للحمض بسبب

الاتزان ما بين أحادي الجزئي وثنائي الجزئي في الأحماض الكربوكسيلية، وغالبا في المحاليل المخففة ومنطقة الهيدروكسيل تعتبر قيمة لتأكيد عناصر الحمض الموجودة أو غير الموجودة في العينة المجهولة في المحاليل المخففة حزمة أحادية الجزئي غالبا تظهر تقريبا عند المنطقة 2.8um، 2.1um، 1.8um كنتاج للتوتر الأساسي، حزمة الربط وأول توتر O-H توافق فوقي علي الترتيب .

مجموعة الكربونيل   Carbonyl groups

تبين الأشكال من (7.12 وحتى 7.14) المنطقة تحت الحمراء القريبة لعدة مركبات محتوية لمجاميع كربونيل. فأول إضافة فوقيه (توافق) (overtone) لمجموعة الكربونيل عند 2.8um وحتى 3.0um هذه الكثافة الضوئية يمكن أن تقلل مجموعة الهيدروكسيل أو مجموعة الامينو كما أننا نلاحظ في امتصاصية الاستر تمتص عند طول موجي قصير عن مجموعة الكيتون المفتوحة، والتي مازالت قصيرة في الطول الموجي عن السلسلة المقترنة الرابطة الثنائية والكيتونات الحلقية. هذه العلاقة موازية للمنطقة ما بين 5.5um وحتى 6.1um .

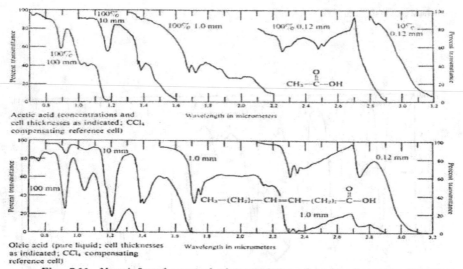

Acetic acid (concentrations and cell thicknesses as indicated; CCl₄ compensating reference cell)

Oleic acid (pure liquid; cell thicknesses as indicated; CCl₄ compensating reference cell)

Fig. 7.11   Near-infrared spectral characteristics of carboxylic acids. (Courtesy Beckman Instruments, Inc.)

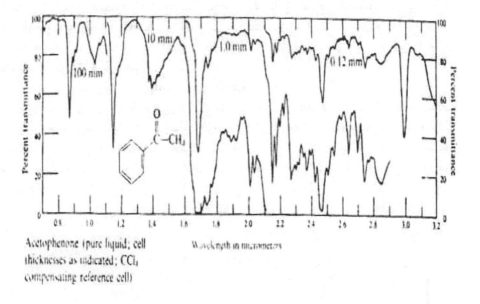

Acetophenone (pure liquid; cell
thicknesses as indicated; CCl₄
compensating reference cell)

Wavelength in micrometers

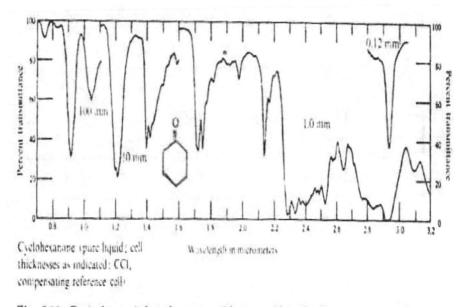

Cyclohexanone (pure liquid; cell
thicknesses as indicated: CCl₄
compensating reference cell)

Wavelength in micrometers

Fig. 7.12 Typical near-infrared spectra of ketones. Note the first overtone of the carbonyl stretching vibration at 2.9 to 3.0 μm. (Courtesy Beckman Instruments, Inc.)

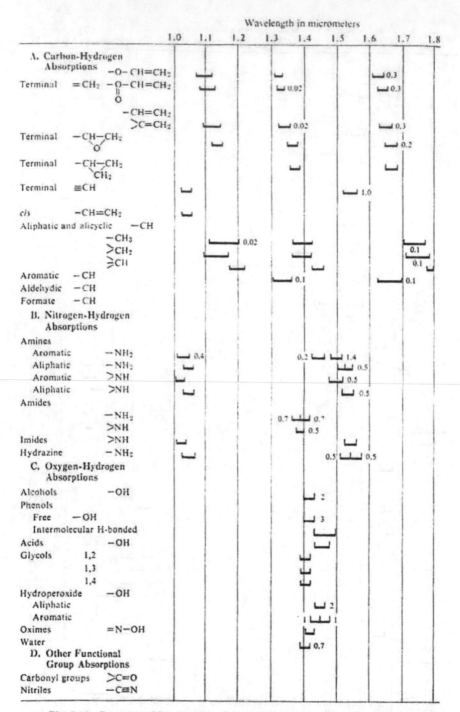

Fig. 7.13 Summary of functional group correlations in the near-infrared region. Data expressed as position in microns and intensity in molar absorptivity.

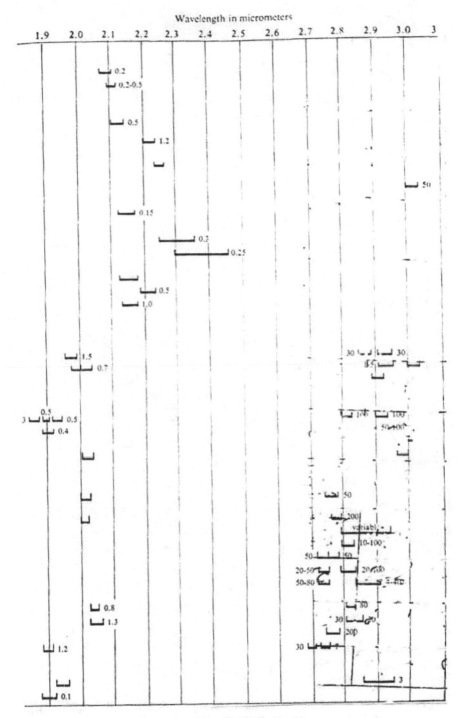

Fig. 7.13 (contd.).

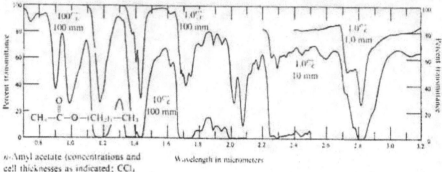

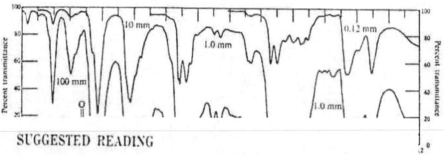

n-Amyl acetate (concentrations and
cell thicknesses as indicated; CCl₄
compensating reference cell)

Wavelength in micrometers

SUGGESTED READING

1. W. KAYE. *Spectrochim. Acta,* 6 (1954), 257.
2. W. KAYE. *Spectrochim. Acta,* 7 (1955), 181.
3. O. H. WHEELER. *Chem. Revs.,* 59 (1959), 629.
4. L. J. BELLAMY, *The Infrared Spectra of Complex Molecules.* Wiley, New York, 1958.
5. R. N. JONES AND C. SANDORFY in *Techniques of Organic Chemistry,* Vol. IX, ed. W. West. Interscience. New York, 1956.

الباب الثامن
طيف الأشعة تحت الحمراء
لعديد الجزيئات والراتنجات

Infrared spectra

of polymers and resins

تقنية عديدة الجزيئات Polymer sampling technique

الطريقة المستخدمة والمسلم بها لدراسات عديدة الجزيئات هي تقنيه الأفلام والأغشية، والطريقة المباشرة هو توزيع عجينة مذيب العديد الجزيء علي سطح كلوريد الصوديوم، ثم بعد ذلك يتم التبخير. وتتم عادة عملية التبخير بواسطة مبخر أو عند درجات حرارة منخفضة في جو خامل وذلك لمنع عملية التكسير، ولإنتاج الأفلام لإعطاء نتيجة جيدة يمكن إجراؤها بعناية وذلك بانتشار العجينة بواسطة ورقة عشب وعموما عملية إجراء مثل تلك الأفلام إنما تعتمد أساسا علي شكل وهيئة عديد الجزئي فمثلا عديد الجزيء الايثيلين يمكن تحضيره من تسخين العينة وضغطه وفي كل الحالات يجب الحذر والأخذ بعدة تمرينات وذلك لمنع السخونة المفرطة التي تؤدي إلي الأكسدة أو التكسير للعينة. وبالنسبة لراتنجات الفينول فورمالدهيد، تقنيه الفيلم لتحضير العينة هي المستخدمة لفحصها بواسطة الأشعة تحت الحمراء. وفي حالات عديدة حدوث تداخل ناتج من سمك الفيلم وبالتالي يعطي امتصاص صعب التفسير مثل هذا الوضع في الشكل (1-8) خصوصا خلال منطقة المجموعة الوظيفية في المنطقة 5000 وحتى $1429Cm^{-1}$.

المحاليل Solutions

تقنيه هذا النوع قليله التطبيق لعديد الجزيئات، وهذا يعود إلي قله الذوبانية لمعظم تلك المواد في المذيبات اللا قطبية أو شحيحة الذوبانية وأفضل الطرق لتقنيه المحاليل هو تحديد التركيز، والقابلية لإهمال تغيرات الطيف الناشئ من التبلور والقابلية لحماية النظام من الأكسدة ومثلما ذكرنا سابقا، ربما تكون عدم الأفضلية أكثر ندرة وبين تفاعلات تأثير المذيب الداخلية مثل رباط الأيدروجين وإمكانية التفاعل بين عديد الجزيء والمذيب (أو شوائب المذيب مثل فوق الأكسيدات وهيدرو فوق الأكسيد) الذي يؤدي إلي انحراف لطيف الأشعة لنقطة قد تؤدي إلي طيف تم الحصول عليه بواسطة تقنيات أخري تكون متعذرة.

التكور والتسخين (الخلطة)   Mulls and pellets

الطرق المستخدمة الشائعة لتحضير العينة الصلبة للفحص تحت الأشعة الحمراء وهي الأقراص (التكوير) والتسخين. وكل تقنيه يجب أخذها بعناية منعا من التحليل للعينة. وعلي الكيميائي يجب أن يعرف طيف الأشعة المسجل ليس هو أصل عديد الجزيء أو الراتنج.

التحلل الحراري   Pyrolysis

التحكم الحراري للعينات لإعطاء صفات الانحلال تمت دراستها كما أن العديد من المواد ليست مؤهلة لتحليلها بالأشعة تحت الحمراء بواسطة تقنيات المعلومة. وبسبب الخاصية الفيزيائية، التحلل الحراري لمثل تلك المواد ربما يحدث لها تغيير في الشكل البنائي بعد التبريد. وعموما ناتج التقطير الجاف لتلك المواد المعقدة تجيز التسجيل للطيف المتولد والخاص للمادة الأصلية. يمكن تمثيل حالتين في الشكل (2-8) لمركب نايلون ٦٦ وعديد جزئ ساران (Saran) .

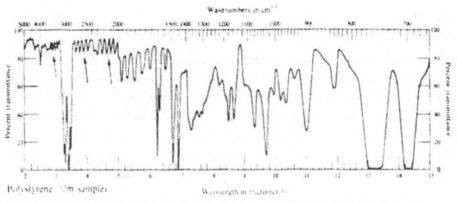

Fig. 8.1 Spectrum of polystyrene showing typical fringe patterns (arrows) obtained from thin film samples.

إجمالي معامل الانكسار المرقق   Attenuated total reflectance

الاستخدام لإجمالي معامل الانكسار المرفق (ATR) تمت دراسته مسبقا. هذه الطريقة لها قيمة في فحص المواد العديدة الجزيء الحادية لمجموعة أمين حيث يمكن أن ترسب العينة علي سطح لا انعكاسي

يلقي في قالب أو يصنع كفيلم لسمك ليس شفاف لضوء الأشعة تحت الحمراء لجهاز الطيف. شكل (3-8) يقارن طيف ATR للنايلون بما يقابله بطيف من ترسيب فيلم من محلول علي سطح ملح.

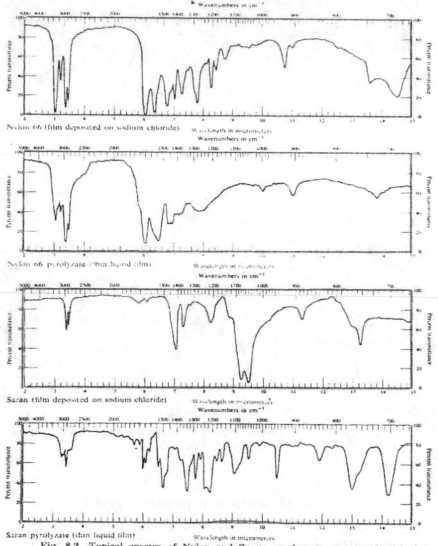

Fig. 8.2 Typical spectra of Nylon and Saran pyrolyzates contrasted with their respective polymer spectra.

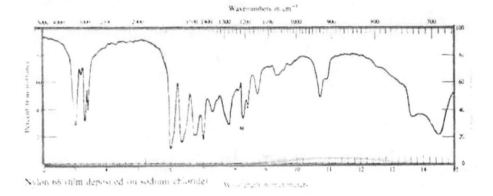

Nylon 66 film deposited on sodium chloride
ATR spectrum of nylon

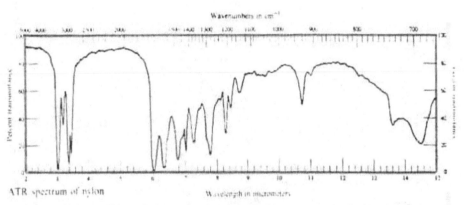

Fig. 8.3 ATR spectrum of Nylon contrasted with the spectrum of Nylon obtained from a film sample.

التحليل الكيفي لعديد الجزىء Qualitative analysis of polymers

الشكل (8-4) يبين تخطيطا منظما لعينات مجهولة الطيف، مثل هذا الجدول يسمح أو يعين الكيميائي لتعيين عديد الجزئي أو يقسم عديد الجـزئي حسـب نـوع المقارنـة مـع المواد المعلومة الطيف. وشكل (8-5) يشرح الأمثلة النموذجية للطيف. شكل (8-6) يبين الطيف لعديد جزئ مختلط مع طيف لعديد متجانس. ويلاحظ القـارئ مبـدئيا التقيـيم للمجموعات الفعالة في كل حالة.

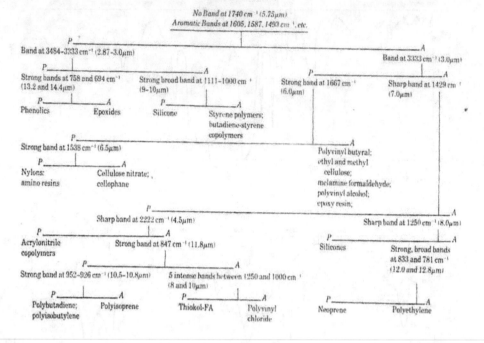

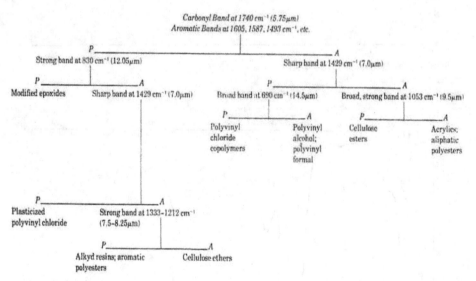

Fig. 8.4 A systematic scheme for the identification of polymers from their infrared
spectra. A = band absent; P = band present.

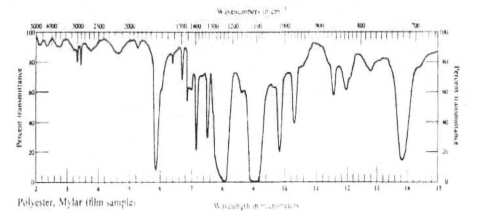

Polyester, Mylar (film sample)

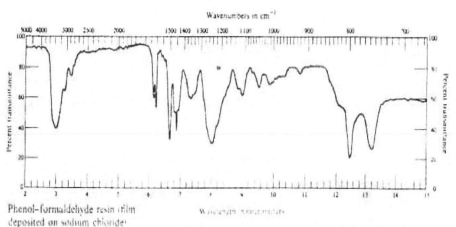

Phenol–formaldehyde resin (film
deposited on sodium chloride)

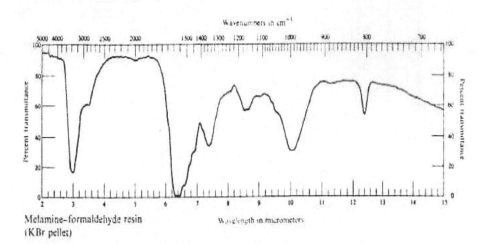

Melamine–formaldehyde resin
(KBr pellet)

Fig. 8.5 (contd.).

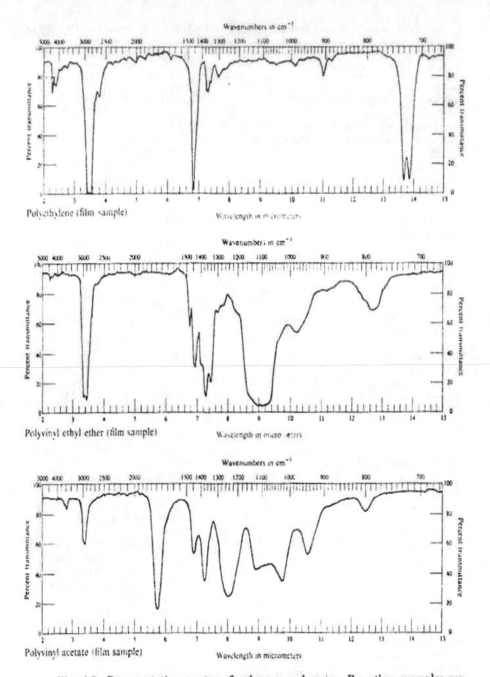

Wavenumbers in cm⁻¹

Polyethylene (film sample)

Wavelength in micrometers

Wavenumbers in cm⁻¹

Polyvinyl ethyl ether (film sample)

Wavelength in micrometers

Wavenumbers in cm⁻¹

Polyvinyl acetate (film sample)

Wavelength in micrometers

Fig. 8.5 Representative spectra of polymers and resins. For other examples see Figs. 8.1, 8.2, 8.6, 8.7, and 8.9.

Table 8.1.   Literature References to the Infrared Spectra of Polymers
(See the numbered list at the end of this chapter.)

Polymer	Lit. Reference
Acrylonitrile	(6)
Acrylonitrile-butadiene copolymer	(6) (13) (19) (117) (119) (126) (136) (137) (170)
Acrylonitrile-butadiene-phenolic resin	(6)
Acrylonitrile-vinyl chloride copolymer	(3) (6) (20)
Aldehydes	(95) (96) (100)
Aklyd resins	(135) (149) (152) (160) (163)
Amides	(3) (5) (6) (14) (35) (41) (48) (68) (85) (99) (104) (129) (190)
Benzylcellulose	(3)
Butadiene	(43) (50) (60) (130) (138) (151)
Butadiene-styrene copolymer	(4) (6) (19) (129) (136) (138) (139) (151) (159) (161) (168) (176)
Cellulose	(3) (30) (45) (58) (98) (110) (111) (112) (125) (154)
Cellulose acetate	(3) (5) (30) (56) (131) (154) (162)
Cellulose acetate-butyrate	(3) (30)
Cellulose butyrate-stearate	(3)
Cellulose caprate	(3)
Cellulose nitrate	(3) (17) (18) (104) (111) (154)
Cellulose triacetate	(111)
Chloroprene	(6) (19) (44) (89) (118) (136) (145) (149) (158)
Chlorosulfonate ethylene	(91) (121)
Epoxy resins	(3) (6) (82)
Esters	(2) (3) (6) (39) (40) (66) (86) (87) (88) (122) (123) (124) (153) (173) (174) (179)
Ethylcellulose	(3) (19) (131)
Ethylene	(3) (12) (14) (42) (46) (48) (56) (61) (62) (63) (64) (65) (78) (97) (101) (105) (108) (109) (113) (114) (115) (128) (141) (146) (148) (156) (165) (172)
Ethylene glycol	(80) (81)
p-Fluorostyrene	(71)
Ethylene terephthalate	(5) (6) (36) (39) (51)
Glyceryl phthalate	(125) (126)
Hydroxylethylcellulose	(30)
Isobutylene	(19) (72) (128) (129)

Table 8.1 – Cont.

Polymer	Lit. Reference
Isobutene-isoprene copolymer	(6) (13) (19) (44) (136)
Melamine-formaldehyde resin	(6)
Methylacrylate	(129)
Methacrylonitrile	(22)
Methylmethacrylate	(3) (22) (104) (129) (131) (161)
m-Methylstyrene	(31)
Peptides	(8) (11) (15) (26) (27) (28) (29) (57)
Phenol-formaldehyde resin	(2) (3) (6) (9) (10) (104) (106) (137) (171)
Phenylbutadiene	(103)
Propylene	(5) (84) (102)
Propylene glycols	(143)
Rubber (natural)	(6) (13) (19) (37) (41) (67) (83) (107) (116) (117) (118) (119) (125) (126) (129) (131) (132) (149)
Rubber (synthetic)	(19) (107) (139) (170)
Silicones	(3) (6) (7) (74) (75) (120) (133) (140) (150) (155)
Styrene	(3) (56) (69) (104) (125) (129) (167) (189)
Sulfides	(19) (136)
Tetrafluoroethylene	(3) (5) (90)
Tetrafluorethylene-trifluorochloroethylene copolymer	(59)
Trifluorochlorethylene	(3) (6) (70)
Urea-formaldehyde resin	(3) (6) (23)
Urethanes	(5) (147)
Vinyl acetate	(3) (14) (21) (41) (56) (125) (129)
Vinyl acetate-vinyl chloride copolymer	(5) (111) (129) (131) (178)
Vinyl alcohol	(3) (14) (21) (29) (41) (48) (52) (79) (129)
Vinyl chloride	(3) (14) (38) (41) (48) (54) (55) (56) (92) (93) (94) (118) (129) (142) (157)
Vinyl chloride-vinylidene chloride copolymer	(6) (33) (76) (92) (129) (164)
Vinyl ethers	(34)
Vinyl formal	(6) (21)
Vinyl fluoride	(16)
Vinyl nitrate	(77)

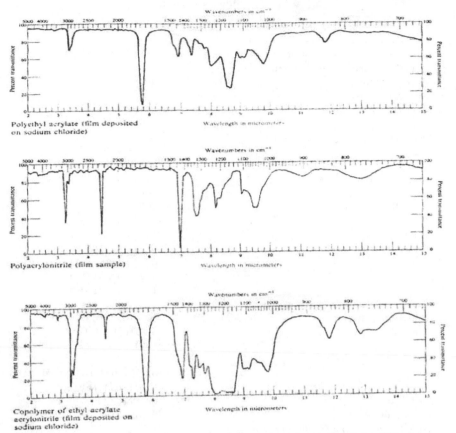

Polyethyl acrylate (film deposited on sodium chloride)

Polyacrylonitrile (film sample)

Copolymer of ethyl acrylate acrylonitrile (film deposited on sodium chloride)

Fig. 8.6 Typical copolymer contrasted with the corresponding homopolymers.

التحليل الكمي لعديد الجزىء Quantitative analysis of polymers

بناءا علي المناقشات السابقة. من الممكن فحص عدة مجموعات دالة كميا لعديد الجزئي، كما في عديد السيليكون الذي يحتوي علي استبدالات ميثيل وفينيل في السلسلة. ونسبه الميثيل إلي الفينيل تكون مميزة للعديد من تلك المجموعات. انظر الشكل (8-7) الذي يبين طيف مثل تلك الأنواع علي شكل فيلم للنوعين ويمكن أيضا إيجاد النسبة

بينهما حيث كانت $1266Cm^{-1}$ إلي $1441Cm^{-1}$ ويمكـن الوصـول إلي منحنـي مـدرج من إيجاد النسبة لعينه معلومة. انظر الشكل (8-8).

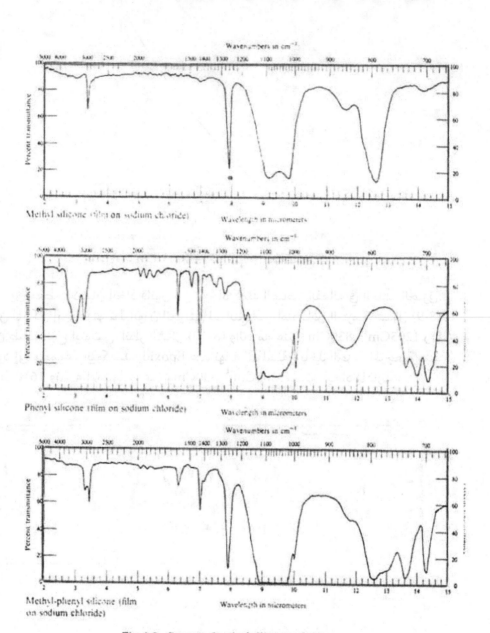

Fig. 8.7 Spectra of typical silicone polymers.

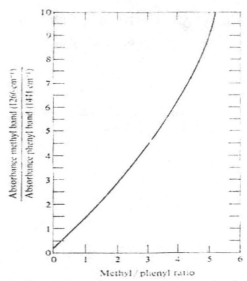

Fig. 8.8 Calibration curve for the determination
of the methyl-to-phenyl ratio in
silicone polymers (cf. Fig. 8.7).

وفي معظم الأحيان اتخاذ قانون بيير لإيجاد كمية العناصر الفعالة في العديد الجـزئي.
ومن الممكن إيجاد متوسط الوزن الجزيئي للـراتنج مـن امتصـاص الحزمـة. شـكل (9-8)
يبين طيف لنوع ايبوكسي. انظر الشكل (10-8) والحزمة عند $830Cm^{-1}$، $1205Cm^{-1}$ ربما
تعود إلى مجموعة ايبوكسيد Epoxide عند نهاية السلسلة ويأخذ الحزمة المرجعية عنـد
$1610Cm^{-1}$ ونسبة الامتصاص عند $830Cm^{-1}$، $1205Cm^{-1}$، يمكن إيجاد المقارنة .

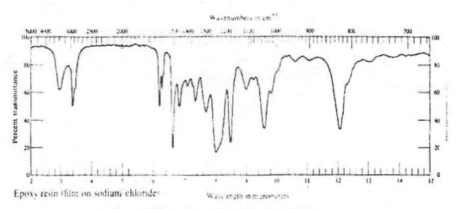

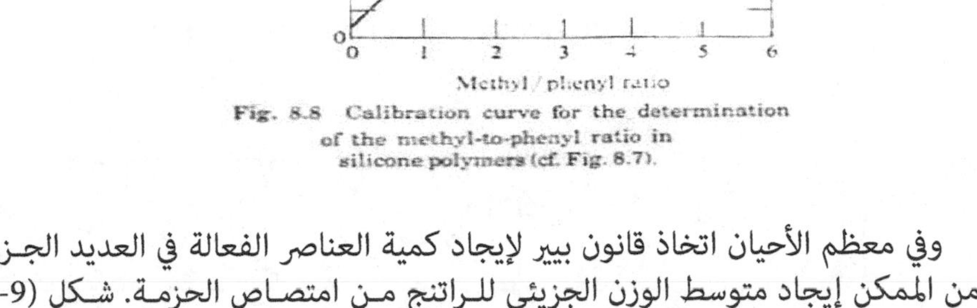

Epoxy resin (film on sodium chloride)

Fig. 8.9 Typical spectrum of an epoxy resin.

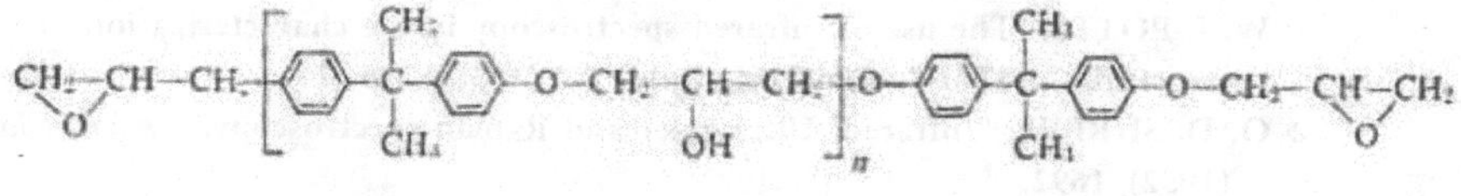

n = repeat unit

Fig. 8.10 Structural repeat unit for the epoxy resin in Fig. 8.9.

التبلمر Polymerization

التطبيق علي القياسات النوعية عموما في أنظمة عديد الجزىء يمكن تقييمها جيدا. مثل الفقد لمجموعة الايبوكسيد الطرفية يمكن إتباعها طيفيا لإيجاد المعدل لعملية التبلمر. وهذا يعتبر في حد ذاته دراسة حركية. وجدول (2-8) يعطي ملخص تطبيقي باستخدام طيف تحت الحمراء.

Table 8.2. Literature References to Quantitative Infrared Methods for Polymers
(See the numbered list at the end of this chapter.)

Polymer	*Lit. Reference*
Acrylonitrile-butadiene copolymer	(170)
Acrylonitrile-butadiene-methylisopropenyl ketone terpolymer	(175)
Acrylonitrile-styrene copolymer	(167)
Alkyd resins	(135) (149) (152) (160) (163)
Butadiene-methylmethacrylate copolymer	(169)
Butadiene-styrene copolymer	(139) (151) (159) (161) (168) (176)
Butadiene	(138)
Cellulose	(154)
Cellulose acetate	(162)
Cellulose plastics	(166)
Chloroprene	(145) (158)
Esters	(153) (173) (174) (179)
Ethylene	(141) (146) (148) (156) (165) (172)
Ethylene-propylene copolymer	(180)
Isoprene	(139) (170)
Methylmethacrylate	(161)
Methylmethacrylate-vinyl acetate copolymer	(144)
Phenolic resin	(137) (171)
Propylene glycols	(143)
Rubber (natural and synthetic)	(136) (145) (149) (177)
Silicone	(140) (150) (155)
Urethane	(147)
Vinyl acetate-vinyl chloride copolymer	(178)
Vinyl chloride	(142) (157)
Vinyl chloride-vinylidene chloride	(164)

SUGGESTED READING

1- W. J. POTTS, "The use of infrared spectroscopy in the characterization of polymer structure, " *ASTM* Special Tech. Publ. 247 (1958), 225- 241.
2- O. D. SHREVE, "Infrared, Ultraviolet and Raman spectroscopy, " Anal. *Chem.*, 24 (1952), 1692.

****

الباب التاسع

تفسير طيف الأشعة تحت الحمراء
Interpreted Infrared spectra

في هذا الباب سنستعرض ثلاثين طيفا في هذا الباب لمركبات مختلفة :

١- الهكسان Hexane

شكل (9-1) يعطي مثالا لسلسلة خطية كربونية مشبعة وان الحزمة الضوئية الشديدة الكثافة في المنطقة $3305Cm^{-1}$ وحتى $2817Cm^{-1}$ لمجموعة $-CH_2-$ امتصاص حزمة المثيلين المتماثلة عند $1375Cm^{-1}$ والتالية في طيف الامتصاص ولا يوجد برهنة لأي مجموعة أخري في المنطقة $3500Cm^{-1}$ وحتى $1400Cm^{-1}$ متوقعة غير الملاحظ قبل ذلك والامتصاص عند $725Cm^{-1}$ ربما يعتبر خاصة لسلسلة كربون - كربون في الهيدروكربونات الخطية المحتوية لمجموعة من المثيلين.

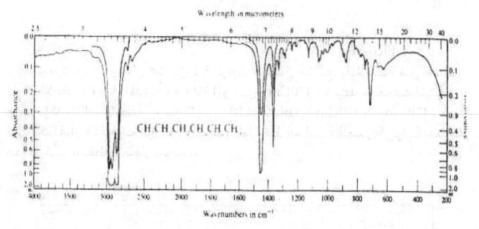

Fig. 9.1 *n*-hexane, pure liquid in capillary cell. (Courtesy of Sadtler Research Laboratories.)

٢- الهكسان الحلقي Cyclohexane

الشكل (9-2) يوضح طيف الهيدروكربونات المشبعة المفتوحة والمحقق يلاحظ حزمة مجموعة الميثيلين المتماثلة وغير المتماثلة المتوترة غير الموجودة علي طول رباط الميثيل المتماثلة عند $1375Cm^{-1}$ امتصاص حزمة الرباط للميثيلين عند $1446Cm^{-1}$ كما هو ملاحظ حادة عن مثيلها الامتصاصية في طيف الهكسان. قارن مع شكل (9-1): الحزم عند 900 و $850Cm^{-1}$ خاصة بالحلقة للهكسان.

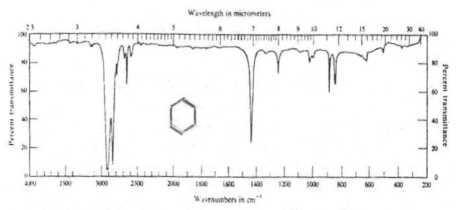

Fig. 9.2 Cyclohexane, pure liquid in capillary cell. (Courtesy of Sadtler Research Laboratories.)

Elcosane ٣- الكوسان

هو مركب يحتوي علي عشرين ذرة كربون - اليفاتي مشبع. بالملاحظة من الشكل (9-1) نلاحظ حزمة في المدى $1350Cm^{-1}$ وحتى $1470Cm^{-1}$ مبينه مجموعـة الميثيلـين، وهذا مؤكد بكثافة المنطقة $70Cm^{-1}$ نسبيا لتلك المنـاطق $1350Cm^{-1}$، $1470Cm^{-1}$ كمـا تبين الكثافة أن التفرعات غير موجودة علي طول خط السلسلة الهيدروكربونية عمومـا هذا المركب له نقطة انصهار منخفضة.

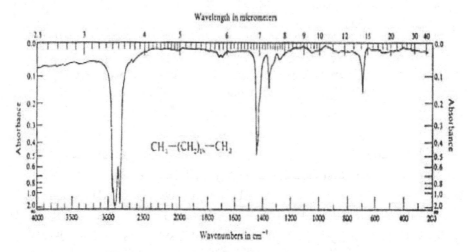

Fig. 9.3 Eicosane, melt in capillary cell. (Courtesy of Sadtler Research Laboratories.)

Vinyl cyclohexane — فاينيل هكسان حلقي

الكثافة الامتصاصية في الطيف للحزمة عنـد 2930Cm⁻¹ وحتـى 2855Cm⁻¹، حيـث المركب وجدت له حزمة امتصاص لمجموعة المثيلين عند 1442Cm⁻¹ – حادة. ولا يلاحـظ امتصاص لحزمة ميثيل غـير مماثلـة عنـد المنطقـة 1380Cm⁻¹ مشـيرا لمجموعـة الاكيـل الحلقية.

علي أي حال توجد حزمة تعود إلي مجموعة الفاينيل واضحة في الطيف للشـكل (9-4) يلاحظ امتصاص عند المنطقة 3055Cm⁻¹ تدل علي الرابطة المزدوجة كربون- كربـون، وحزمـة عنـد 1410Cm⁻¹ لرابطـة كربـون – هيـدروجين، ورابطـة أخـري لـنفس الرابطـة السابقة خارج المستوي عند المنطقة 980Cm⁻¹، 905Cm⁻¹ . كما يلاحظ عدة امتصاصات أخري من 2000Cm⁻¹ وحتى 1667Cm⁻¹ وتسجيل طيف آخـر سـميك عنـد 1825Cm⁻¹ وتكون مزدوجة للطيف الأول للكربون –هيدروجين خارج المستوي.

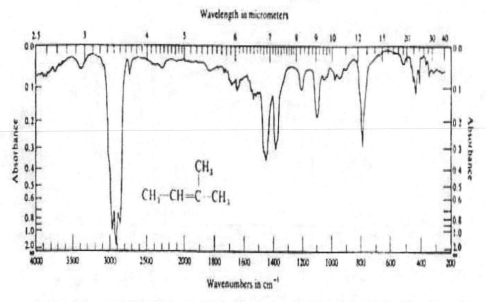

Fig. 9.5 2-methyl-2-butene, vapor in a gas cell. (Courtesy of Sadtler Research Laboratories.)

٥- 2- ميثيل - 2- بيوتين 2- methyl -2- butene

طيف هـذا المركـب كـما هـو واضـح مـن الشـكل (9-5) المـأخوذ مـن عينـه غازيـة. ويختلف المركب في الخصائص الطيفية مـن الشـكل (9-1) إلي (9-3) وجـود حزمـة عنـد المنطقـة $2975Cm^{-1}$ وهـي أكـثر الحـزم كثافـة وعنـد $2875Cm^{-1}$ وتركيبـه حزمـة ربـاط ميثيلين وميثيل عند $1500Cm^{-1}$، $1380Cm^{-1}$

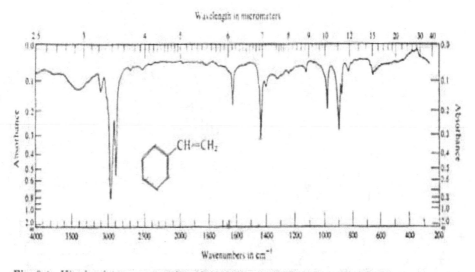

Fig. 9.4 Vinylcyclohexane, pure liquid in capillary cell. (Courtesy of Sadtler Research Laboratories.)

٦- ميتـــا – زيلـــين m-xylene

طبيعة مجموعات الالكيل يمكن أن تشتق في المنطقة مـن 2950 وحتـى $2850Cm^{-1}$ حيث إنها تتعلق لمجموعة كربون - هيدروجين الحلقية عند $2850Cm^{-1}$ حزمـة ضـوئية عند $1470Cm^{-1}$, $1375Cm^{-1}$ مرتبطة بمجموعة الميثيل أو سلسلة قصيرة جـدا لمجموعـة الكيل حزمة امتصاص رئيسية عند المنطقة 770Cm-1 مع الحزم في المنطقـة $2000Cm^{-1}$ وحتى $1167Cm^{-1}$ التي تبين استبدالات موضع الميتا. شكل (9-6) .

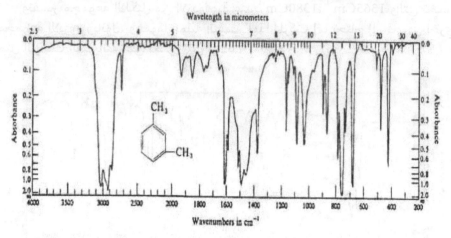

Fig. 9.6 *m*-xylene, pure liquid in capillary cell. (Courtesy of Sadtler Research Laboratories.)

٧- كيومين Cumene

الطيـف المنظـور في الشـكل (9-7) يبـين امتصـاص لمخلـوط المركبـات والاليفاتيـة والحلقية كما هو معين بالفحص للحزم متمركزة عند المنطقـة 3000Cm-1 عـدم وجـود امتصاص في منطقة الهيدروكسيل، الامينو والكربونيل بجانـب الافتقـار لأي حزمـة أخـري قوية أو مميزة تؤكد المهمة العامة لمجموعة الكيل بنزين.

تظهـر امتصـاص الحلقـة العطريـة الهيدروجينيـة عنـد $3075\ Cm^{-1}$، $3045\ Cm^{-1}$ $3020Cm^{-1}$ وتظهر حزمة امتصاص كربـون – كربـون عنـد $1600\ Cm^{-1}$، $1490Cm^{-1}$ في مستوي رباط الهيدروجين بينه عند $1100Cm^{-1}$، $1000Cm^{-1}$ ومزدوجـة عنـد $700Cm^{-1}$, $760Cm^{-1}$، والتي ربما تعود إلي مجموعة كربون – هيدروجين خارج السطح، علاوة عـلي ذلـك، نمـوذج الاسـتبدال الأحـادي عنـد المنطقـة $833Cm^{-1}$. وحتـى $625Cm^{-1}$. ويؤكـد التفسير بواسطة النمـوذج الميثـالي للاسـتبدال الأحـادي عنـد المنطقـة $2000Cm^{-1}$ وحتـى $1667Cm^{-1}$.

وتفسير مجموعة الالكيل من الازدواجية عند $1380Cm^{-1}$، $1365Cm^{-1}$ والتي تخـص مجموعة الايزوبروبانول. وعموما عملية التفسير لهذا المركب إنما تحتاج إلي فحوص أخري مثل البيانات الفيزيائية التي تحقق تلك المادة.

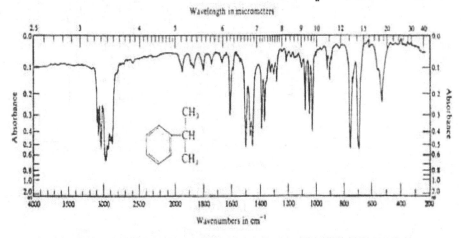

Fig. 9.7 Cumene, pure liquid in capillary cell. (Courtesy of Sadtler Research Lab- oratories.)

٨- رباعي – بيوتيل بنزين   t- Butylbenzone

ملاحظة مماثلة بين (7-9) (9-8) حيـث الفرق يظهـر الطيـف في جزئية السلسلة والفرق الواضح المهم هو في الكثافة $2959Cm^{-1}$ امتصاصية مماثلة في مجموعة الميثيـل وامتصاص عند $1268Cm^{-1}$، $1205Cm^{-1}$ لتعيين المركب المذكور.

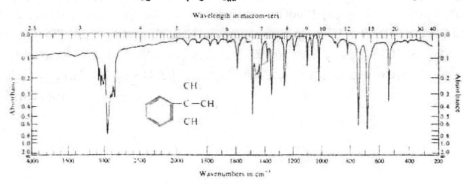

Fig. 9.8 t-butylbenzene, pure liquid in capillary cell. (Courtesy of Sadtler Research Laboratories.)

٩- بــارا – ســاـيمين   P-
cymene

البساطة في الطيف المخلوط لكلا من المجموعات العضوية والاليفاتية وعـدم وجـود مجموعات دالة هي الملاحظة الإبتدائية المهمة المطلوبة في الفحص لطيف الشـكل (9-9) حزمة ضوئية كثيفة قوية عنـد 815Cm⁻¹ مقترحا تركيبه لاستبدال –بـارا- عطريـة. هـذه الملاحظة يبين بواسطة حزمـة ربـاط فريـدة خارج السـطح بيـن 1667Cm⁻¹، 1429Cm⁻¹ والنموذج الخاص بين 1380Cm⁻¹ , 1360Cm⁻¹

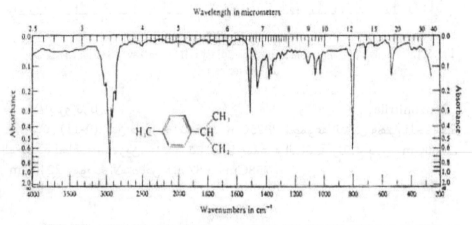

Fig. 9.9 *p*-cymene, pure liquid in capillary cell. (Courtesy of Sadtler Research Laboratories.)

١٠- فينيل اسيتيلين   Phenyl acetylene

يلاحظ وجود كثافـة ضـوئية لحزمـة عنـد 3275Cm⁻¹ لربـاط كربـون – هيـدروجين المتوترة مقترحا وجود ربـاط ثلاثي لمجموعة $C \equiv C$ حاصرة هيدروجين واحدة مستبدلة هذه المجموعة يظهر إنها لا تحتوي علي مجموعـة أكسـجين – هيـدروجين، ونتروجين – هيـدروجين والتقدير يخدد بوجود حزمة ضعيفة عنـد 2100Cm⁻¹ (4.76um)

ويبين الامتصاص عدم وجود امتصاص الكان (مشبع) ويوضح بشـدة حزمـة عطريـة عنـد 3050Cm⁻¹، 1485Cm⁻¹، 1445Cm⁻¹ والحزمـة النموذجيـة عنـد 695Cm⁻¹، 760Cm⁻¹ مبرهنا لاستبدال أحادي الحلقة

للبنـزين وكثافـة حزمـة بـين $2000Cm^{-1}$ ، $1667Cm^{-1}$ تعتـبر طفيفـة تماما لتؤكـد الاستبدال الأحادي.

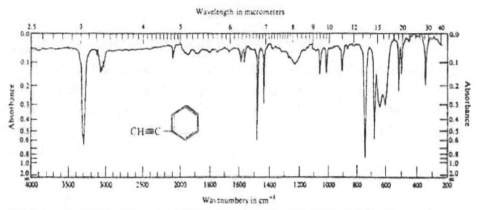

Fig. 9.10 Phenylacetylene, pure liquid in capillary cell. (Courtesy of Sadtler Research Laboratories.)

١١- بنزو نتريل Benzonitrile

شكل (11-9): يبين ظهور حزمة عند $2225Cm^{-1}$ لمجموعة النتريل وهـي المجموعـة الوحيـدة لحلقـة البنـزين. عنـدما تـرتبط لمجموعـة البنائيـة وتقـع بـين $2260Cm^{-1}$، $2240Cm^{-1}$ وموضع الامتصاص عند 687، $758Cm^{-1}$

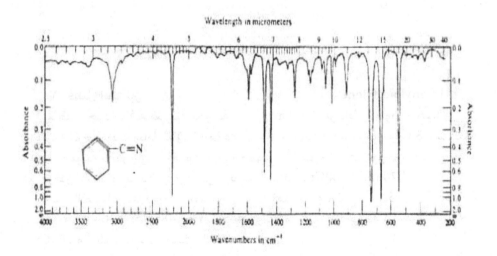

Fig. 9.11 Benzonitrile, pure liquid in capillary cell. (Courtesy of Sadtler Research Laboratories.)

١٢- فينول Phenol

انظر الشكل (9-12): يوضع حزمتين أساسيتين للطيف عند 3333Cm^{-1}، 1220Cm^{-1} مبينه مجموعة الهيدروكسيل المرتبطة للحلقة العطرية والتآلف لحزم عند 1660Cm^{-1}، 1500Cm^{-1} معا مع تلك الحزم عند 2000Cm^{-1}، 1667Cm^{-1} ومع الحزم بين 776، 680Cm^{-1} لتدل علي الاستبدال الأحادي لحلقة البنزين، وعادة الحزمة المتوترة لمجموعة C-H العطرية ضعيفة الامتصاص وغالبا غامضة بواسطة حزمة توتر مفلطحة لهيدروكسيل في المنطقة 3300Cm^{-1}

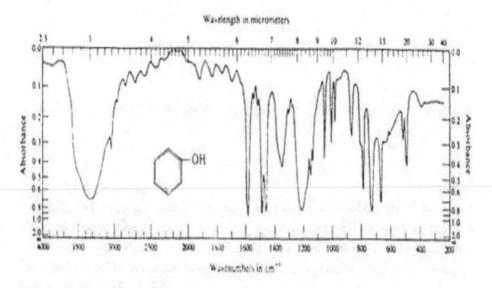

Fig. 9.12 Phenol, pure liquid in capillary cell. (Courtesy of Sadtler Research Laboratories.)

١٣- ن- نيونيل الكحول n- butylalcohol

شكل (9-13) يبين حزمة مفلطحة عند 3350Cm^{-1} مبينه لمجموعة الكحول أو أمين ويوضح الطيف مجموعة اليفاتية ولا توجد مجموعة عطرية كذلك توجد أحزمة بين 1250Cm^{-1}، 1000Cm^{-1} لحزمة توتر كربون - أكسوجين نموذجية للكحول.

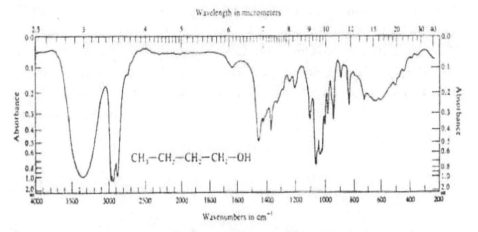

Fig. 9.13 *n*-butyl alcohol, pure liquid in capillary cell. (Courtesy of Sadtler Research Laboratories.)

١٤- رباعي - بيونيل t. Butanal

شكل (9-14): وجود مجموعتان من الحزم عند $3333Cm^{-1}$، $1205Cm^{-1}$ مبينه المجموعة الفعالة للكحول، كذلك لا يدل علي وجود مجموعة عطرية حزمة مؤكدة عند $2940Cm^{-1}$ - جزء اليفاتي، امتصاص عند المنطة ق $1464Cm^{-1}$ وامتصاص حاد عند $1390Cm^{-1}$، $1370Cm^{-1}$ مبينه لوجود مجموعة ميثيل موضحة إمكانية رباعي - بيوتيل أو استبدال لمجموعة ثنائية الميثيل.

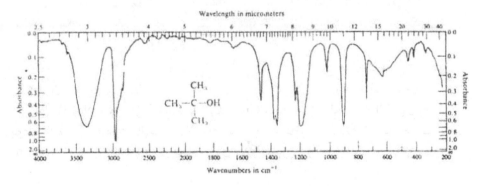

Fig. 9.14 *t*-butyl alcohol, pure liquid in capillary cell. (Courtesy of Sadtler Research Laboratories.)

١٥- بنزهيدرول Benzhydrol

شكل (9-15) يشير لامتصاص عند $3380Cm^{-1}$ للهيدروكسيل و$1030Cm^{-1}$ ولامتصاص الوحيد للاستبدال هذا يلاحظ جيدا في الحزمة النموذجية بين $2000Cm^{-1}$، $1667Cm^{-1}$ معا في كثافة حزمة في منطقة اقل تردد في الطيف وبمقارنة المركب مع الفينول يبين الفروق الواضحة والتدقيق التام للطيف المقترح، ربما توجد كمية من الاستبدالات والاليفاتية صغيرة والمبينة لحزمة امتصاصية ضعيفة عند $2885Cm^{-1}$ والموضحة لامتصاص كربون - هيدروجين.

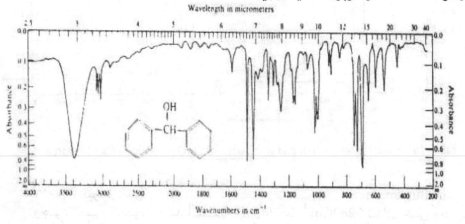

Fig. 9.15 Benzhydrol. melt in capillary cell. (Courtesy of Sadtler Research Laboratories.)

١٦- ن- بيوتيل ايثير n- Butylether

انظر الشكل (9-16): يلاحظ وجود مادة اليفاتية لحزمة توتر قوية جدا لمجموعة C-H في المنطقة $2899Cm^{-1}$، $2817Cm^{-1}$ والامتصاص عند المنطقة $1468Cm^{-1}$ إشارة إلي مجموعة ميثيلين وعند $1380Cm^{-1}$ خاصة لوضع تلك المجموعة لحزمة الميثلين المتوترة اللا تماثليه وعلي القارئ أن يقارن العلاقة النسبية للكثافة لحزمة الميثيل مع مجموعة الميثيلين التي تعطي قدرا معقولا للسلسلة القصيرة المرتبطة لذرة الأكسوجين وان الحزمة المبينة عند $7.25Cm^{-1}$ الوحيدة لتثبت وجود

مجموعة ثنائية ميثيل. كذلك الشكل المبين يوضح عدم وجود مجموعة هيدروكسيل أو أي مجموعة كربونيل أي أن الموجود هو مجموعة ايثير فقط وهذا ما تم توضيحه عند الحزمة $1110Cm^{-1}$ كذلك حزمة توتر بين كربون - هيدروجين عند $2817Cm^{-1}$ مقترحة اتصال مجموعة الميثيلين لذرة أكسوجين.

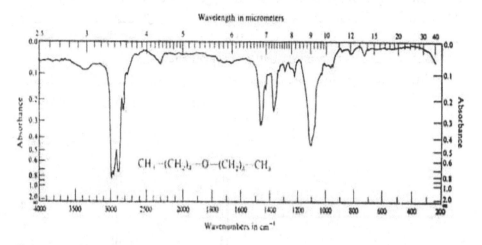

Fig. 9.16 *n*-butyl ether, pure liquid in capillary cell. (Courtesy of Sadtler Research

١٧- ن - بيوتيل آمين n- Butylamine

وجود الحزم الضوئية عند المنطقة $3370Cm^{-1}$، $3280Cm^{-1}$ تدلان علي وجود مجموعة أمين أو كحول، والحزمة عند المنطقة $1600Cm^{-1}$ وعدم وجود امتصاص قوي عند $1250Cm^{-1}$ وحتى $1000Cm^{-1}$ نموذج لمركب هيدروكسيل غير نشط لمادة محتوية لمجموعة أمين. ووجود المجموعة العضوية عند $1600Cm^{-1}$- تدل علي وجود N-H (اهتزازية في مستوي السطح) وإضافة حزمة مفلطحة وأخري منتشرة عند $840Cm^{-1}$ تدل علي وجود مجموعة N-H خارج سطح الرباط لشكل مجموعة أحادية الأمين (-NH2) وإجراء الدراسة في مذيب لا عضوي مخفف يعطي حزمة عند $3550Cm^{-1}$ مضاعفة $3422Cm^{-1}$ علي التوالي فالأولي تعني شكل غير متماثل والأقل تردد لشكل متماثل. انظر الشكل (17-9)

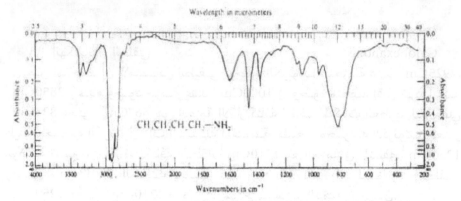

Fig. 9.17 *n*-butylamine, pure liquid in CsBr cell. (Courtesy of Sadtler Research Laboratories.)

١٨- ٤- ميثيل بريدين 4- methyl pipridine

الكثافة الامتصاصية في الطيف والمبينة في الشكل (18-9) والظاهرة عند $2900Cm^{-1}$ لندل علي نموذج معقد كثير الأجزاء خاص لمركب اليفاتي ويبرهن علي وجود حلقة بنـزين (عطرية) والامتصاص عند $3270Cm^{-1}$ متصلة مع حزمة مفلطحة كثيفة عنـد $750Cm^{-1}$، لتوضح الوجود لمجموعـة الأمـين مفضـلة عـلي مجموعـة الهيدروكسـيل. والطيـف يعتـبر نموذجيا لمجموعة امينية ثانوية عندما يسجل الطيف لعينه في محلـول مخفـف. ووجـود حزمة عند $1380Cm^{-1}$ أيضا تشير إلي وجود مجموعة ميثيل .

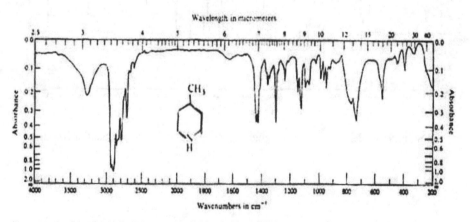

Fig. 9.18 4-methylpiperidine, pure liquid in capillary cell. (Courtesy of Sadtler Research Laboratories.)

١٩- الهكسانون الحلقي Cylohexanone

من الملاحظ أن الامتصاص الطيفي لوجود الكربونيل للحزمة عند $2925Cm^{-1}$، $2850Cm^{-1}$ وعدم وجود حزمة عند $1000Cm^{-1}$ في وجود منطقة اقل ترددا عند $833Cm^{-1}$ وحتى $667Cm^{-1}$ هي الحزمة الأكثر كثافة لطيف المركبات العطرية لتدل علي طيف مجموعة الكربونيل ذات السلسلة المفتوحة. طبيعة مجموعة الكربونيل تعتبر موضحة تفسيريا بالمقارنة لكثافة المنطقة $1710Cm^{-1}$ مع الحزمة في المنطقة $1250Cm^{-1}$ وحتى $1110Cm^{-1}$ والكثافة العالية عند $1710Cm^{-1}$ مقارنة لهؤلاء في المنطقة $1250Cm^{-1}$ وحتى $1710Cm^{-1}$ ما هي إلا نموذج لمجموعة الدهيد أو كيتون.

ومجموعة الالدهيد لا نستطيع تأكيدها وهذا يعود إلي عدم وجود خاصية امتصاص C-H في المنطقة العالية التردد بين $2850Cm^{-1}$ وحتى $2750Cm^{-1}$ ومن المناسب أن يعين التركيب للكينونات- السلسلة والاليفاتية.

وعدم وجود مجموعة ميثيل امتصاصية عند $1380Cm^{-1}$ يكون الاقتراح أن هذا المركب حلقي. ومن الدراسات السابقة تدل علي أن المركب سداسي الحلقة.

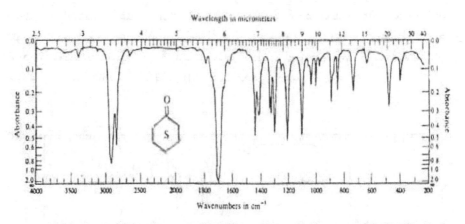

Fig. 9.19 Cyclohexanone, pure liquid in capillary cell. (Courtesy of Sadtler Research Laboratories.)

٢٠- بنزالدهيد Benzaldehyde

وجود حزمة كثيفة عند $1715Cm^{-1}$ تدل علي وجود مجموعة كربونيل وبمقارنة الكثافة الضوئية عند المنطقة $1715Cm^{-1}$ مع منطقة كثافية تعود إلي C-O الاهتزازية عند المنطقة 1250 وحتى $1105Cm^{-1}$، نلاحظ أن الحزمة عند $1715Cm^{-1}$ تعتبر الأكثر كثافة هذه العلاقات تدل علي أن مجموعة الالدهيد أو الكيتون ولو أن هذا هو العكس فان الاستر هو السائد وتؤكد مجموعة الالدهيد C-H ظهورها عند $2750Cm^{-1}$ ووجود حلقة عطرية ناتجة عند ظهور اهتزاز ضعيف لمجموعة C-H عند $3150Cm^{-1}$ وحزمة ثنائية حادة عند $1600Cm^{-1}$ ووجود حزمة قوية في المدى $775Cm^{-1}$ وحتى $660Cm^{-1}$ فالحزمة الأخيرة وكذلك الموجودين في المدى من $2000Cm^{-1}$ وحتى $1667Cm^{-1}$ لتدل علي أن الحلقة العطرية أحادية الاستبدال والمعلومات كتل توهج علي عدم وجود طيف لمجموعات البنائية موضحة تركيبه البنزالدهيد.

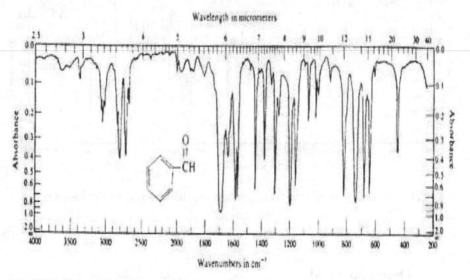

Fig. 9.20 Benzaldehyde. pure liquid in capillary cell. (Courtesy of Sadtler Research Laboratories.)

٢١- بنزوفينون   Benzophenone

وحـدد حزمـة قويـة في الطيـف عنـد 1660Cm^{-1}, 1277Cm^{-1} تـدل عـلي وجـود مجموعة كيتون. وعدم وجـود حـزمتين تـدلان عـلي وجـود اسـتر ويلاحـظ وجـود حزمـة ضعيفة ولكن حادة عند 3300Cm^{-1} تدل علي وجود مجموعة توتر اهتزازيـة لكربونيـل فوقيـة توافقيـة (over tone) عنـد 1660Cm^{-1} والحزمـة عنـد 1277Cm^{-1} تـدل عـلي مجموعة C-H رباط شكلي لمجموعة الكربونيـل ولنـا أن نلاحـظ عـدم وجـود مجموعـة مفتوحة لسلسلة وهذا الفحص للحزمة العطرية في المنطقة 833 وحتى 625Cm^{-1} لتدل علي أن الاستبدال أحادي للمركب العطري.

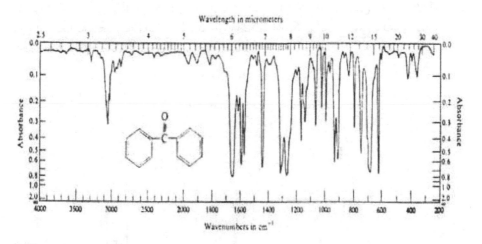

Fig. 9.21 Benzophenone, pure liquid in capillary cell. (Courtesy of Sadtler Research Laboratories.)

٢٢- ثنائي حمض عشرة كربون   Decundioic acid

الشكل (22-9) يبين طيف الامتصاص لثنائي حمض عشرة ذرات كربون البنائي. وهـذا يعتبر مثالا لمجموعة الكربوكسيل حيث يلاحـظ حزمـة اهتزازيـة لرباطـة هيدروجينيـة لمجموعـة كربوكسـيل عنـد منطقـة C-H متـوترة عنـد 3333Cm^{-1} وحتـى 2500Cm^{-1} ومجموعة حادة امتصاصية عند 1681Cm^{-1} لوجود مجموعة كربونيل متخذه حزمة

تدل علي الشكل C-O عند $1282Cm^{-1}$ ، $1190Cm^{-1}$ وظهور حزمة عند $925Cm^{-1}$ تدل علي وجود حمض ثنائي الجزئي مبرهنا علي المجموعة الحمضية الوظيفية والغياب لمجموعة ميثيل عند $1380Cm^{-1}$ تدل علي لا لوجود مجموعات ميثيل. مقترحه أما سلسلة حلقية البنائية مرتبطة بمجموعة كربوكسيل أو ثنائية الحمض.

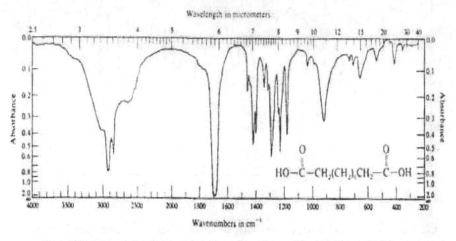

Fig. 9.22 Decanedioic acid, KBr pellet. (Courtesy of Sadtler Research Laboratories.)

٢٣- حمض البنزويك Benzoic acid

يلاحظ مفلطحة تقريبا عند $3333Cm^{-1}$ وحتى $2400Cm^{-1}$ مرتبطة مع حزمة كربونيل عند $1695Cm^{-1}$ مبينه لحمض الكربوكسيل مجموعة مؤكسدة بمنطقة امتصاص قوية لمجموعة C-O-C عند $1290Cm^{-1}$ وحزمة عند $930Cm^{-1}$ تدل علي أن الحمض ثنائي الجزئي. شكل (9-1) تدل علي أن التركيبة العضوية العطرية متضمنة استبدال أحادي يعود إلي وجود منطقة امتصاص ثنائيه عند $1600Cm^{-1}$ وأخري عند $7100Cm^{-1}$ وعلي القارئ يلاحظ من الحزم من $2000Cm^{-1}$ وحتى $1667Cm^{-1}$ تدل علي خاصية الاستبدال للحلقة العطرية ليست ممكنة في هذه الحالة التي تعود إلي وجود مجموعة الكربونيل.

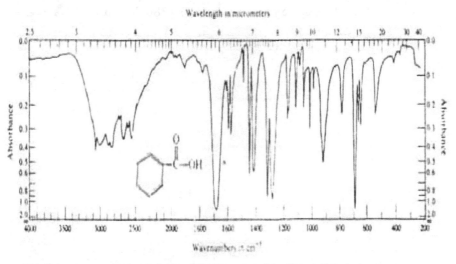

Fig. 9.23 Benzoic acid, KBr pellet. (Courtesy of Sadtler Research Laboratories.)

٢٤- فينيل اسيتات (استر) Phenyl acetate

شكل (9-24) وجود حزمة ذات كثافـة مفلطحـة تـدل عـلي وجـود الكربونيـل عنـد 1770Cm⁻¹ وحزمة قوية الكثافة عند 1200Cm⁻¹ تدل علي رابطة C-O-C والوضع عنـد 1770Cm⁻¹ ليست خاصة لمجموعة الكيل استر ولكن تدل عـلي الاتصـال لـذرة الكربـون للأكسوجين (الاستر).

والمنطقة عنـد 3333Cm⁻¹ تدل عـلي مجموعـة C-H وبـين 2500Cm⁻¹ والامتصـاص الضعيف يدل علي وجود مجموعة الميثيل، مفضلا ذلك عـن وجـود سلسـلة الكيـل التـي تعود لوضع الامتصاص عنـد 1425Cm⁻¹ والحزمـة العطريـة في المنطقـة مـن 1500Cm⁻¹ وحتى 1600Cm⁻¹ الواضحة تماما. وأما الحزمة عنـد 7000Cm⁻¹ وحتى 750Cm⁻¹ عـلي التوالي تدل علي الاستبدال الأحادي.وعلي القارئ أن يلاحظ ليـس مـن الممكـن اسـتخدام المنطقة ما بين 2000Cm⁻¹ وحتى 1667Cm⁻¹ ليؤكد هـذا التفسـير النـاتج مـن التـداخل لمجموعة الكربونيل في هذه المنطقة.

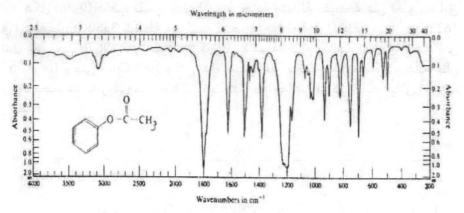

Fig. 9.24 Phenyl acetate, pure liquid in capillary cell. (Courtesy of Sadtler Research Laboratories.)

٢٥- ن - بيوتيل اسيتات n- butyl acetate

يلاحظ من الشكل (25-9) بوضوح لمادة اليفاتيه بها مجموعة كربون تحت الفحص في المنطقة $3000Cm^{-1}$ وحتى $2800Cm^{-1}$ والمنطقة مـن $2000Cm^{-1}$ وحتـى $1667Cm^{-1}$ ووجود شديدة الكثافة مفلطحة عند $1225Cm^{-1}$ مشيره إلي امتصاص المجموعـة (C-O-C) للاستر والمجموعة C=O عند 1735 هي أيضا مطابقة لدالـة مجموعـة الاسـتر وجـود حزمة ضعيفة عند $635Cm^{-1}$ وحتى $620Cm^{-1}$ لتؤكد وضع C-O-C المؤكسدة لمجموعة الاسيتات.

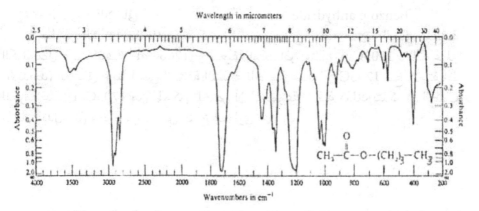

Fig. 9.25 *n*-butyl acetate, pure liquid in capillary cell. (Courtesy of Sadtler Research Laboratories.)

٢٦- بروبيوناميد   Propionamide

شكل (9-26) صعب تفسير بصورة سهلة. حزمة متماثلة مفلطحة علي نحـو مطـابق في المنطقة 3350Cm⁻¹ مرتبطة مع كثافة امتصاص مفلطحة في المنطقة عنـد 1625Cm⁻¹ تدل علي مجموعة الاميد ويحتوي الشكل علي سلسلة لحزم لكثافة تقـل في المـدى مـن 1667Cm⁻¹ وحتى 1000Cm⁻¹ والتي تدل مباشرة علي مجموعـة الاميـد. لا برهنـه عـلي وجود مجموعة عطرية. ومن هذه البيانات تدل صراحة علي المركب اميد اليفاتي أحاديـة (الاميد).

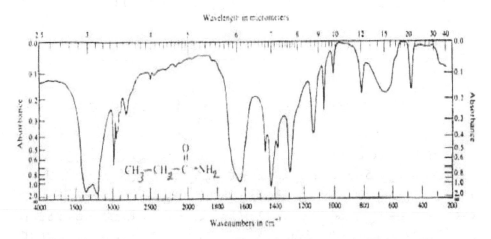

Fig. 9.26 Propionamide, melt (crystallized in cell). (Courtesy of Sadtler Research Laboratories.)

٢٧- البنزويك اللا مائي   Benzoic anhydride

يلاحظ من الشكل (27-9) حزمة كربونيل مزدوجـة في نهايـة التـردد العـالي لمنطقـة الكربونيـل عنـد كثافـة 1766Cm⁻¹، وضـعيفة امتصـاص عنـد 1705Cm⁻¹ دلالـة عـلي (الاندريد) اللا مائي. وبناءا علي الكثافة النسبية للحزمة عنـد 1766Cm⁻¹ مـع الاحتفـاظ للحزمة عند 1705Cm⁻¹ من الممكن تلخيص أن المجموعة خطية كذلك تتذكر أن الطيـف المتبقي يدل علي وجود مركب من النوع العطري.

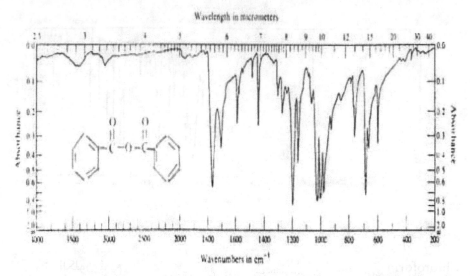

Wavenumbers in cm⁻¹

Fig. 9.27 Benzoic anhydride, melt in capillary cell. (Courtesy of Sadtler Research Laboratories.)

P-nitrotobuene ‏٢٨- بارا – نتروتوبوين

في هـذا الشـكل (28-9) ملاحظـة للطيـف المعقـد القـوي المفلطـح عنـد المنطقـة ‏1510Cm⁻¹ وحتى 1340Cm⁻¹ وأيضا الأخير يلاحظ انه متعدد التعقيد الـذي يـدل علـي وجود مجموعة نيترو، هذه الحزمة تدل علي التماثليه وعدم التماثليه لمجموعـة النـترو. ويمثل الطيف لمركب عطري للدراسة عند المنطقة 33335Cm⁻¹ وحتى 2500Cm⁻¹ ويدل أيضا علي مركب اليفاتي .

بمعني أن الحزمة عند 3065Cm⁻¹ لمجموعة C-H عضوية عطرية وعنـد 2910Cm⁻¹ تدل علـي الشـكل الاليفـاتي C-H، والجـزء العطـري للجـزيء يؤكـد بظهـور حزمـة عنـد 1600Cm⁻¹ وتركيبه متعدده الامتصاص في المدى من 900Cm⁻¹ وحتى 600Cm⁻¹. ومـن الواضح جيدا وجود ثلاث حزم في المـدى مـن 2000Cm⁻¹ وحتى 1667Cm⁻¹ تـدل علـي استبدال للوضع بارا.

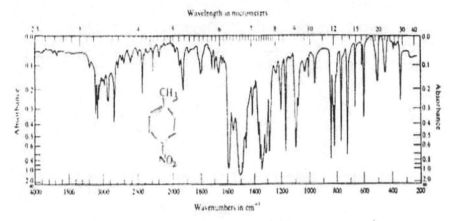

Fig. 9.28 p-nitrotoluene. melt in capillary cell. (Courtesy of Sadtler Research
Laboratories.)

٢٩- الكلوروفورم   Chloroform

يلاحظ وجود حزمة عند $770Cm^{-1}$ تدل علي وجود مجموعة C-Cl وعند $1330Cm^{-1}$ تدل علي إضافة توافقيه فوقيه (over tone) لمجموعة C-Cl وهي الأكثر صفه لهذا المركب. شكل (9-29)

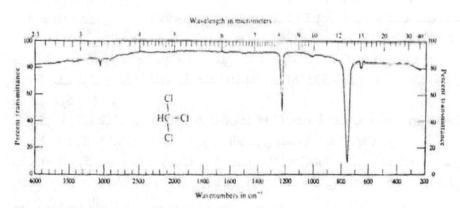

Fig. 9.29 Chloroform. pure liquid in capillary cell. (Courtesy of Sadtler Research
Laboratories.)

٣٠- ثنائي فينيل سلفون   diphenylsulphone

وجود حزمة عند المنطقة $1310Cm^{-1}$- تطابق مجموعة C-O-C وظهور حزمة إضافية فوقية عند $1155Cm^{-1}$ مع الحزمة $1310Cm^{-1}$ تؤكد مجموعة $-SO_2-$ والامتصاص العطري في المدى $625Cm^{-1}$

وحتى $800Cm^{-1}$ تـدل عـلي أن الاسـتبدال أحـادي الحلقـة العطريـة والحزمـة عنـد $1430Cm^{-1}$, $1667Cm^{-1}$ تدل علي أن المركب عطري ولا توجد مجموعة اليفاتيـة. وتـدل النتائج من شكل الطيف عـلي مجموعـة SO_2- الوحيـدة المسـتبدلة لمجموعـة الفينيـل مبينه اشتقاق مركب ثنائي فينيل سلفون.

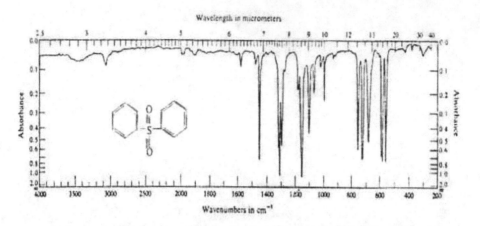

Fig. 9.30   Diphenylsulfone, KBr pellet. (Courtesy of Sadtler Research Laboratories.)

الباب العاشر
مسائل للتفسير
لطيف الأشعة تحت الحمراء

Problems in the interpretation

of infrared spectra

في هذا الباب سنتعرض لعده مركبات عضوية ممثله في الصيغة الجزيئية وشكل الطيف لها والمطلوب هو التعرف علي المركب والمجموعات الدالة في المركب .

مثال (١)

عينه لفيلم المركب (A) له الطيف في الشكل (1-10) وتبين من التحليل العنصري أن الكربون بنسبة 89.94% والأيدروجين 10.06% ومن هذه البيانات يتبين كيف يمكن اقتراح المركب.

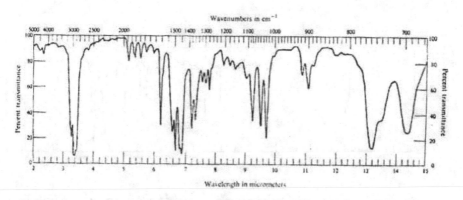

Fig. 10.1 Thin liquid film.

مثال (٢)

مركب (B) وجدت له الصيغة التجريبية C_8H_{14} ووزن الجزيئي 110.2 انظر الشكل (2-10) يبين كيف يمكن اشتقاق المركب (B)

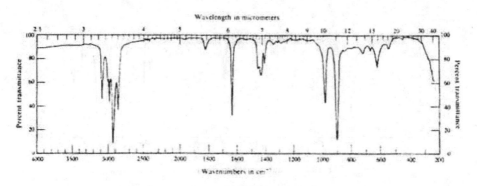

Fig. 10.2 (Courtesy of Sadtler Research Laboratories.)

مثال (٣)

مركبان لهما الوزن الجزيئي 180.25 (C.D). والشكل (10.3A) طفيف للمركب (C) والذي له درجة غليان 145° -144 بينما الشكل (10.3B) للعينة (D) بدرجة انصهار 125° -124 في فرص بروميد بوتاسيوم- من الشكلين (A, B) كيف يمكن اقتراح المركبين (C, D) وبإجراء عملية هيدرجه لها (C_1D) مبدئيا امتصا واحد مكافئ إيدروجين ليكون المركب (E) له وزن جزيئي 182.27 بتركيبه بنائيه $C_{14}H_{14}$ ودرجة انصهار 50-51 وكان طيف المركب (E) في الشكل (10.3E) بين كيف اشتقاق (E).

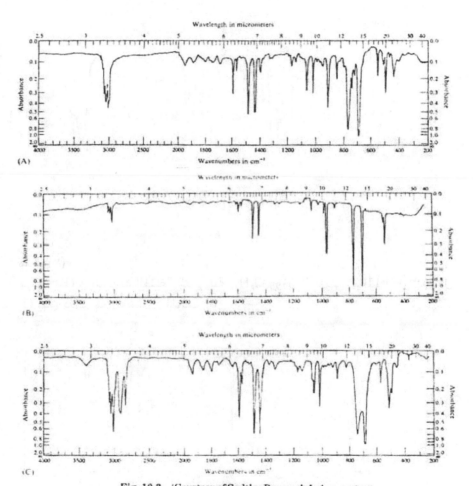

Fig. 10.3 (Courtesy of Sadtler Research Laboratories.)

مثال (٤)

هذه المركبات الآتية نواتج مجهود لتفاعل في معملـك بنـاءا عـلي الشـكل بـين أيهـما المركب المحتمل لناتج التفاعل .

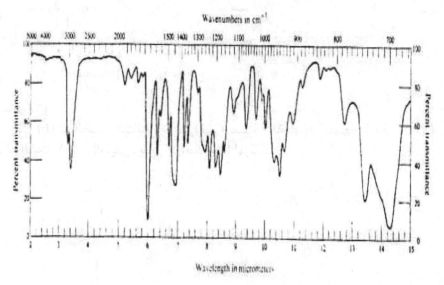

H

I

J

K

Fig. 10.1 Thin liquid film.

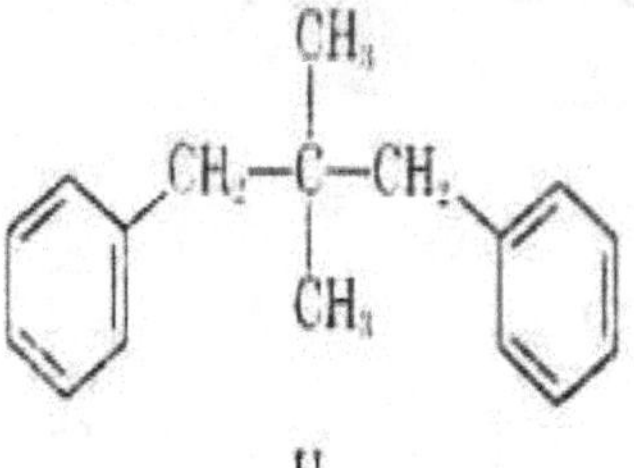

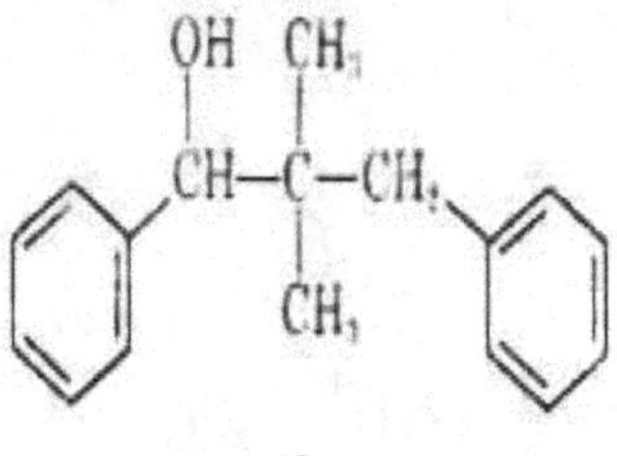

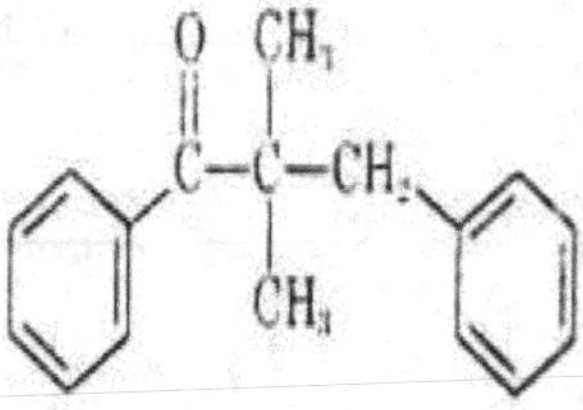

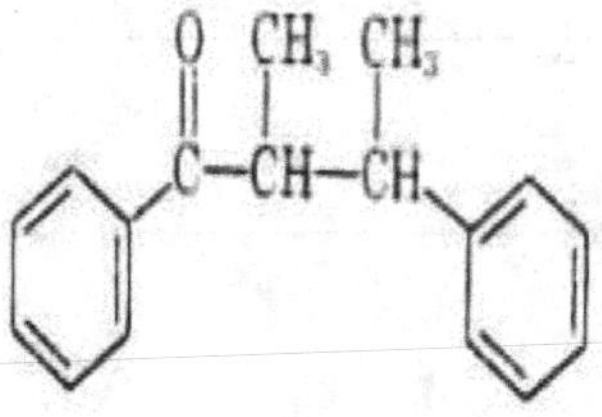

مثال (٥)

شكل (5.A) يبين طيف المركب F- وزن جزيئي 106.17 (صيغه بنائية C_8H_{10}) انظر الشكل 5B ماذا يكون التركيب المحتمل للمركبات F أو G؟

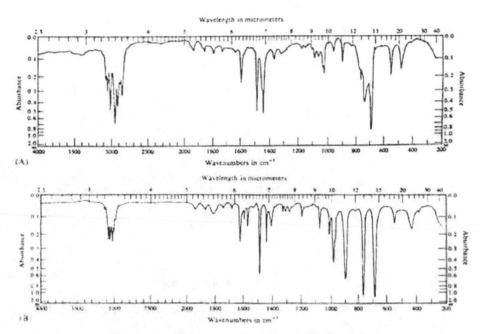

Fig. 10.5. (Courtesy of Sadtler Research Laboratories.)

مثال (٦)

مركب (L) له الصيغة البنائية $C_{12}H_8N_2O_4$ صلب – له درجة انصهار (°234- °35) وجد له الشكل (6) – الطيفي. يبين اقتراحك لهذا المركب.

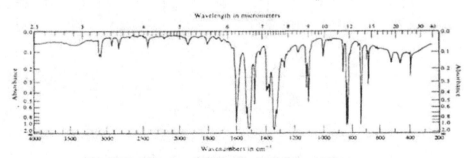

Fig. 10.6 (Courtesy of Sadtler Research Laboratories.)

مثال (٧)

مركب (M) له الشكل الطيفي (7) - وزنه الجزيئي (108) - صيغه بنائية C_7H_8O - بناءا علي تلك المعلومات ما هو تركيب هذا المركب؟

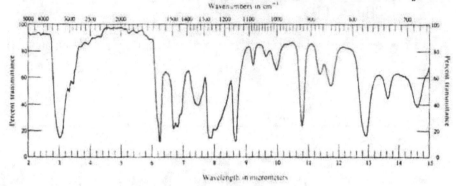

Fig. 10.7 Thin liquid film.

مثال (٨)

مركبان لهما الوزن الجزيئي علي التوالي 162 ,111 (N, O) مركب (N) يحتوي علي ست ذرات كربون واحدة أكسوجين، بينما المركب (O) يحتوي نفس عدد ذرات الكربون وواحدة ذرة بروم. بين المركبين من الشكلين (8B, 8A)

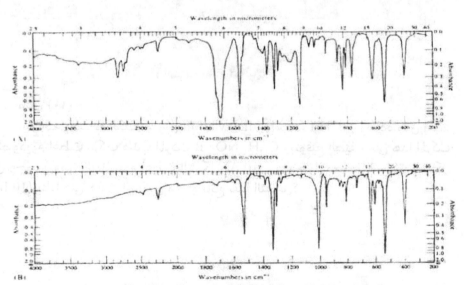

Fig. 10.8 (Courtesy of Sadtler Research Laboratories.)

مثال (٩)

شكل (٩) يبين طيف لناتج تفاعل خـام أدي لمخلوط مـن هـذا التفاعـل والتحليـل للناتج تبين وجود مركبين تقريبا لها كمية متساوية. ووجد أن الصيغة للمركب -$C_8H_{12}O$ P معطيا حزمة امتصاص قوية عند الموضع $1704Cm^{-1}$ بينما المركب $C_8H_{14}O_2$-Q – حزمة طيف $1757Cm^{-1}$. اقترح هذين المركبين من تلك البيانات.

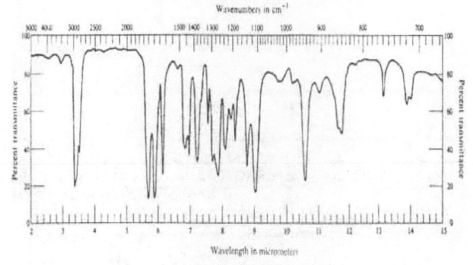

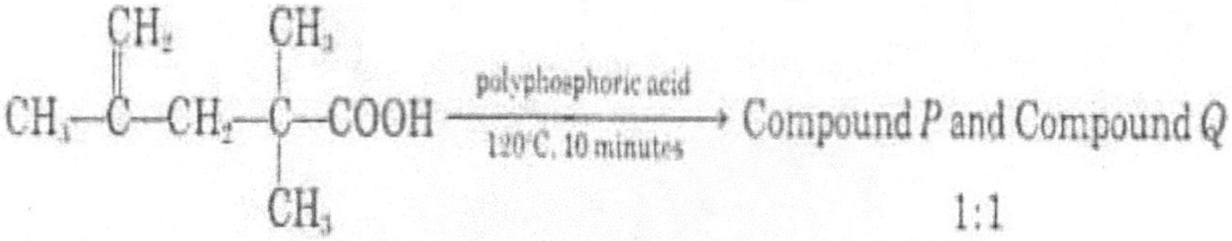

Fig. 10.9 Thin liquid film.

مثال (١٠)

محاولـة بإضافة الكلـه مـرتين dialkylation بواسـطة CH_3I في زيـادة مـن اميـد الصوديوم أعطت مركب صلب المركب $C_{12}H_{17}NO$ - R وبتوقيع الطيف علي هذا المركب في وجود بروميد البوتاسيوم أعطت الشكل (10.A) وفي وجود محلـول أعطت الشـكل (10.B) بناءا علي هذين الشكلين ما هو ناتج هذا التفاعل؟

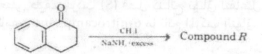

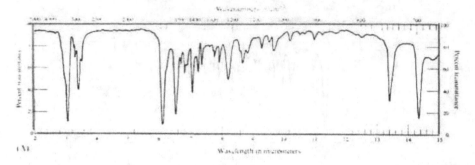

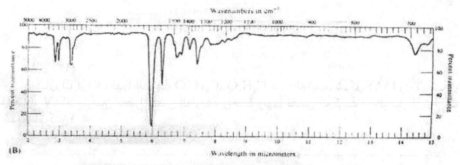

Fig. 10.10 (A) KBr pellet. (B) $CHCl_3$ solution (0.1-mm cell).

مثال (١١)

شكل (١١) بناءا علي الطيف: اقترح تركيبه هذا المركب لمادة غير مؤيده أو غير مقيده علي سطح من كلوريد الصوديوم. وهذه المادة لا تذوب في كلا مخلوط التفاعل ومذيب استخلاص خلال احد المحاولات لعمليات التحضير.

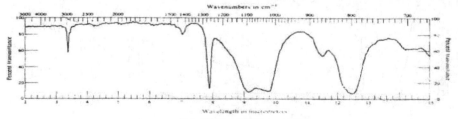

Fig. 10.11 Thin liquid film.

مثال (١٢)

شكل (12) يعطي طيف لمركب (S) فصل كناتج نهائي لتفاعل من خطوتين لمادة ابتدائية 6- نيتروكامفين 6-nitrocamphene ما ناتج المركب النهائي ؟

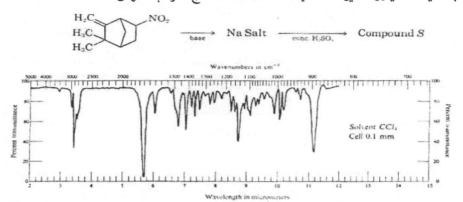

Fig. 10.12 CCl₄ solution (0.1-mm cell).

مثال (١٣)

مركبان (T),(V) لهما الصيغة C₅H₈O ،C₈H₁₂O علي الترتيب. شكل (13A) –T، شكل (13B) -V. كلا المركبين حضرا بنفس الطريقة واحدة ولهما نفس التركيبة الوظيفة. اقترح ما هذين المركبين؟

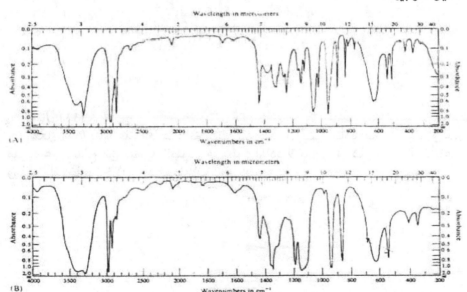

Fig. 10.13 (Courtesy of Sadtler Research Laboratories.)

مثال (١٤)

مركبان (V, W) متماثلان المواد لها الصيغة $C_6H_{14}O$. شكل (14.A) يوضح المركب (V)، والشكل (14.B) يوضح المركب (W) الطيفي لها كلا المركبين فحصا باستخدام خلية شعرية اشتق طبيعة المجاميع الدالة في المركبين V، W من الحزم العامة في الشكل (14) واقترح التركيبة لهما.

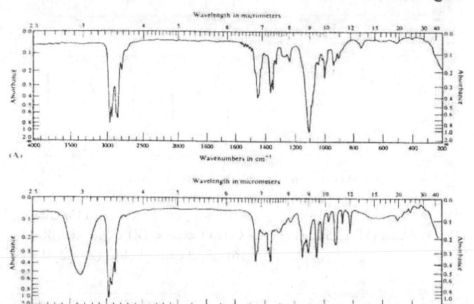

Fig. 10.14 (Courtesy of Sadtler Research Laboratories.)

مثال (١٥)

حضر مركبب (X) - C_8H_7N من مادة مفصولة كناتج تفاعل في المعمل بمعالجة للمادة C_8H_9NO بخامس كلوريد الفوسفور في البنزين. المركب (X) له درجة غليان (35° -233) وأعطي الشكل الطيفي (15A) اقترح المركب (X)- التركيب والمواد التي حضرت منه.

والشكل (15B) حصل عليه بالمثل من المركب C_8H_6ClN بين المكان للهالوجين بالمقارنة مع الدالة الاخري في المركب X؟

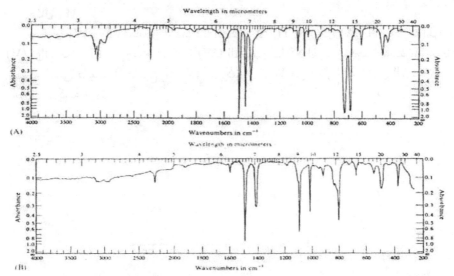

Fig. 10.15 (Courtesy of Sadtler Research Laboratories.)

مثال (١٦)

سائل نقي لمركب (Z) له صيغه C_7H_8O متجازئي مع مركب (M) مسألة رقم (7) اقترح المركب (Z) بناءا علي طيف الشكل (16)

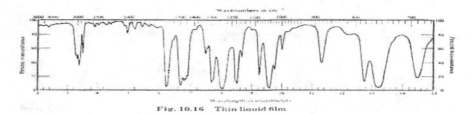

Fig. 10.16 Thin liquid film

مثال (١٧)

شكل (17) يبين المركب (AA)- له الصيغة $C_{11}H_{13}OCl$. اقترح تركيبه هذا المركب من بيانات الشكل.

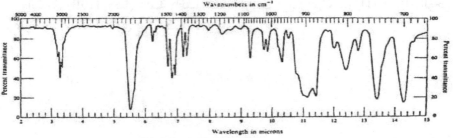

Fig. 10.17 Thin liquid film.

مثال (١٨)

مركب له الصيغة (C_8H_6) وكان الطيف في الشكل (18A) عولج بمركب كبريتات الزئبقيك في حمض الكبريتيك ليعطي المركب (C_8H_8O) شكل (18B) ما هو الشكل التركيبي للمركب B, A؟

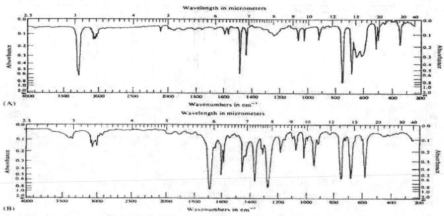

(B)

Fig. 10.18 (Courtesy of Sadtler Research Laboratories.)

مثال (١٩)

مركب (A) له الصيغة $C_{13}H_{16}O_2$ تفاعل مع فينيل كلوريد المغنسيوم في ايثير لا مائي، ليكون المركب B- بالصيغة $C_{19}H_{16}O$ والمركب A سجل باستخدام فيلم - والأخر B في KBr أعطيا الطيف للشكل A، والشكل B علي التوالي. ماذا تقول حول طيف والدالة للمركب B, A

.

(B)

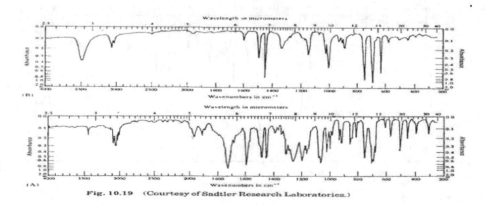

Fig. 10.19 (Courtesy of Sadtler Research Laboratories.)

مثال (٢٠)

مركب (A) له وزن جزيئي 162 هذا المركب تفاعل في وسـط قلـوي سـاخن ليعطـي مركب صلب $C_8H_8O_2$ وكحول ميثيلي. والمركب وجد له درجـة انصـهار منخفضـة. انظـر الشكل (20). ما هو تركيبه هذا المركب؟

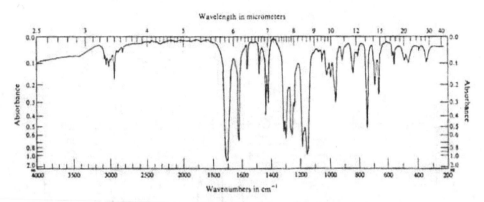

Fig. 10.20 (Courtesy of Sadtler Research Laboratories.)

مثال (٢١)

مركب للمركب (19) - عواج مع ثنـائي فينيـل كـادسيوم ليعطـي المركـب B- البنيـة $C_{13}H_{10}O$ - وعندما عولج المركـب (B) مع فينيل مغنسـيوم بروميـد أعطـي مركـب (C) ليعطي الشكل الطيفي (19B) وطيف المركب (B) (21) يبين كيف نستطيع تركيب (B)

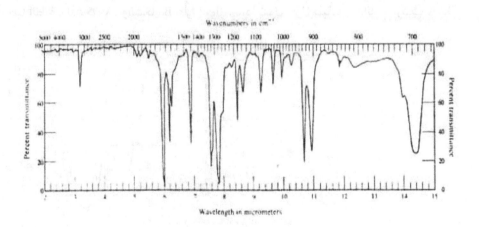

Fig. 10.21 (Courtesy of Sadtler Research Laboratories.)

مثال (٢٢)

مركب (A)- علي هيئة مادة صلبة- درجة انصهار 23 -25°C ومركب (B) – سائل أعطي الطيف في الشكل (22) وبتحليل المركب (A) وجد انه يأخذ الشكل البنائي $C_8H_{10}O_2$ والمركب (A) وجد انه لا يذوب في القواعد. فما هو شكل التركيب للمركب (A)

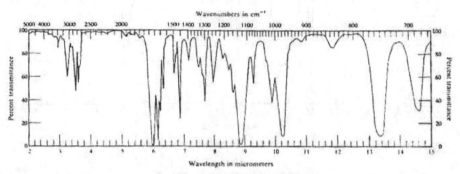

Fig. 10.25 Thin liquid film.

مثال (٢٣)

شكل (23A -23B) أعطيا طيف نموذجي لمركبين مماثلين وطيف المركب (C)- $C_4H_6O_2$ تبين في الشكل 23A والمركب (D) له التركيب $C_6H_{10}O_2$ للشكل 23B. ما هي الدالة لكلا المادتين وكيف يمكن التفريق بينهما في التركيب البنائي؟

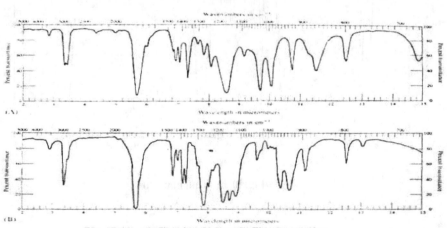

Fig. 10.23 (A) Thin liquid film. (B) Thin liquid film.

مثال (٢٤)

مركب (A) - صلب - C_8H_5NO طحن لدرجة السحق ثم علي هيئة قرص مع بروميد البوتاسيوم. شكل (24) أعطي الشكل الطيفي. فما هو المركب (A) الموضوع علي أساسه التركيبة الطيفية.

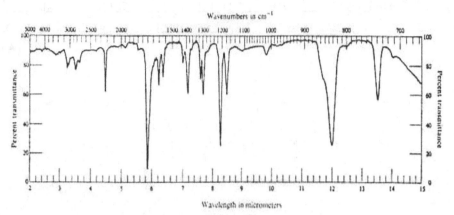

Fig. 10.24 KBr pellet.

مثال (٢٥)

مركب C_9H_8O. فصل من السكر الطبيعي كناتج ثانوي كتركيب بسيط آخر. اجري تحضيره علي خطوة واحدة من مواد متاحة هذا المركب أرسل إليك لفحصه بجهاز IR هل يمكن تحقيق هذا المركب بناءا علي الشكل (25)

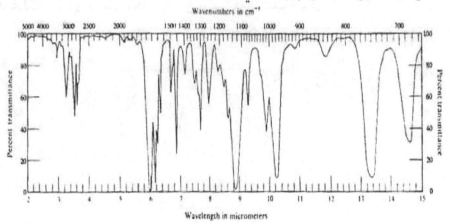

Fig. 10.25 Thin liquid film.

مثال (٢٦)

مركب اروماتي (حلقي) عديد الجزئي غير متجانس الحلقة، ثابت فجأة الحرارة حتى 400° في جو لأكسجين نقي. ناتج فأكسد التكثيف ومنها كان المركب (A) المفصول. وجد أن هذا المركب له وزن جزيئي 147.1- ليعطي تركيبه بنائيه (صيغه) $C_8H_5NO_2$. أعطي الشكل (26) الطيفي. فما هو تركيبه هذا المركب؟

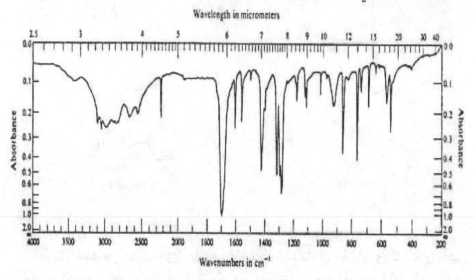

Fig. 10.26 (Courtesy of Sadtler Research Laboratories.)

مثال (٢٧)

حمض كربوكسيلي انظر المعادلة. عولج مع حمض عديد الفوسفوريك وأزيد الصوديوم Sad. Azide فأعطي أمين علي كل. وليس هو ناتج التفاعل الأساسي. في الحقيقة المركب الأصلي أعطي طيف في الشكل (27) هو المركب المفصول كمركب قاعدي. حيث يحتوي المركب فقط علي كربون وهيدروجين ونتروجين- درجة غليان 198° ⟵ 200° من هذا التحليل. ما هو المركب المقترح لهذا المركب؟

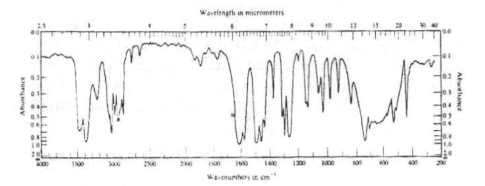

Wavelength in micrometers
Wavenumbers in cm^{-1}

Fig. 10.27 (Courtesy of Sadtler Research Laboratories.)

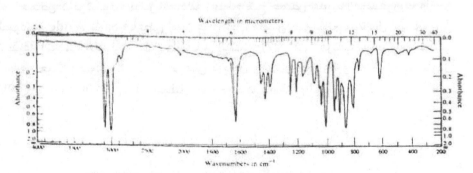

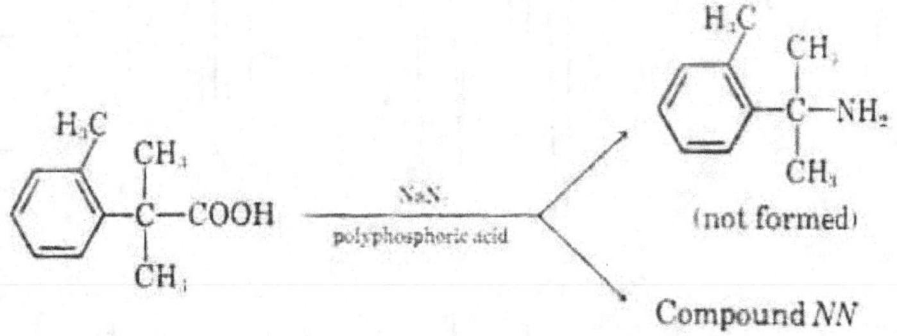

مثال (٢٨)

أجريت عينه من عديد جزئ علي هيئة فيلم وجففت في الهواء. وبالتسخين حتى 125°. تم الحصول علي مادة طياره كانت غير متوقعة. جمع المركب (٨) واخذ علي هيئة سائل- فيلم ثم درس طيفيا. أعطي الشكل (28) وبعد التحليل العنصر كان له وزن جزيئي 88 وكانت نسبة العناصر إلي بعضها (4 :2 :1) O:C:H علي الترتيب. فما هو شكل هذا المركب؟

Wavelength in micrometers
Wavenumbers in cm^{-1}

Fig. 10.30 (Courtesy of Sadtler Research Laboratories.)

مثال (٢٩)

مركب في المعادلة التالية عولج بواسطة نحاس- ساخن علي هيئة بخار في مـرور غـاز خامل. تكون عدة مركبات ولكن المركب (PP) هو المتكور الأكثر وكان الصيغة البنائيـة $C_8H_{12}O_2$ – انظر الشكل (29) – فما هو تركيبه المركب (PP)

مثال (٣٠)

استر في المعادلة الأخيرة التالية عوج مع حمض، ليعطي المركب QQ – وزن جزيئي 188 يحتوي علي كربون وهيدروجين. المركب QQ أيضا كون مع معالجة حمض ساخن للكيتوكزيم. من المركب QQ أعطي الشكل الطيفي (30). بين كيف يمكن تقييم تركيبه QQ؟

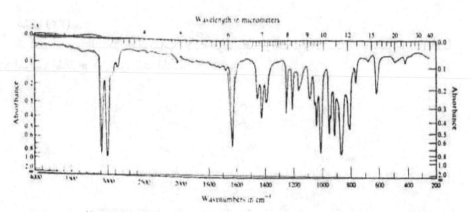

Fig. 10.30 (Courtesy of Sadtler Research Laboratories.)

مثال (٣١)

وصل إلي معملك عينه لمركب (A) مبدئيا أعطي النتائج التالية: وزن جزيئي 204.2، درجة انصهار 162.5 - °163. صيغه بنائية $C_{12}H_{12}O_3$. أعطي الطيف في الشكل (31). فما هو تركيبه هذه العينة؟

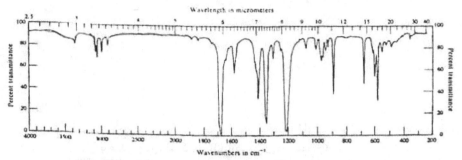

Fig. 10.31 (Courtesy of Sadtler Research Laboratories.)

مثال (٣٢)

مركب أعطي الشكل للمركبات الآتية فيما بعد. وأعطي الشكل الطيفي (32) فما هو المركب المقترح من بين تلك المركبات؟

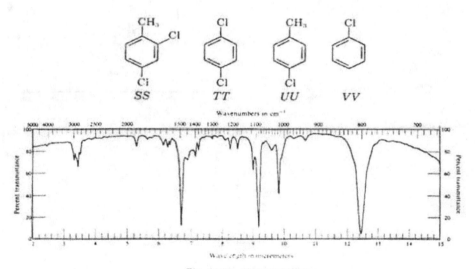

Fig. 10.32 Thin liquid film.

مثال (٣٣)

عولج مركب (A)- 2, 2, 4 ثلاثي ميثيل -3- بنتينال. 2, 2, 4 – trimethyl-3- pentenal مع نترات فضة في قاعدة ثم تبعه تحميض

لمخلوط التفاعل أعطي المركب (B) ليعطي الصيغة $C_8H_{14}O_2$ – شكل (33A) و المركب
(B) تفاعل أولا مع كلوريد أكاليل ثم تبعه مع الامونيا ليعطي الناتج (C) – صيغه بنائية
($C_8H_{15}NO$) – ثم فحص طيفيا في الكلوروفورم ليعطي الشكل (33B).
بمعالجة المركب (C) مع بارا تولوين سلفونيك كلوريد في البيريدين ليعطي المركب (D)
للشكل الطيفي (33C) والمركب (D) أيضا حضر من المعالجة للاوكزيم (Oxime) للمركب (E)
مع بارا –تولوين سلفونيك كلوريد في البيريدين. ومهما يكن، العناصر الثانية وجدت في مخلوط
ناتج التفاعل الخام بواسطة الشكل الطيفي (33D)

١- فما هو التركيب الموجود للمركبات B, C, D ؟
٢- ما هو تركيبه الشوائب في الشكل (33)؟

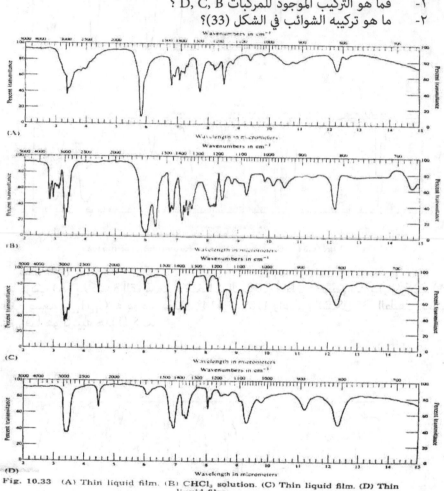

Fig. 10.33 (A) Thin liquid film. (B) CHCl₃ solution. (C) Thin liquid film. (D) Thin
liquid film.

مثال (٣٤)

مركب (A) عولج كمحلول بنـزين مـع كمية صـغيرة ثنـائي بنزويـل فـوق الأكسـيد وبفصل الناتج. المادة B هي الناتج. اقترح تركيبه كلا من B, A من الطيف 34 ,34A.

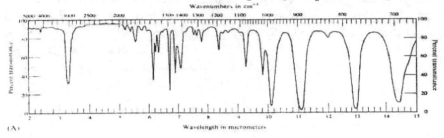

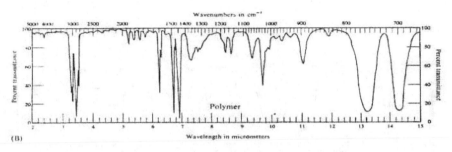

Fig. 10.34 (Courtesy of Sadtler Research Laboratories.)

مثال (٣٥)

مركب (A) بالأكسدة القوية مع برمنجنات السـاخنة أعطـي حمـض بنزويـل المركـب (A) أعطي صيغه $C_{11}H_{12}O$ له درجـة غليـان 114° إلي 118° وأعطـي الشـكل 35- الطيفـي لعينـه فيلم. فما هو تركيبه هذا المركب.

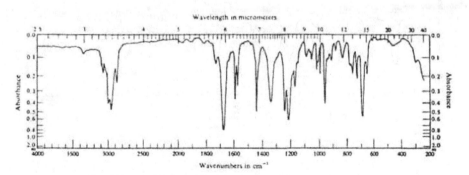

Fig. 10.35 (Courtesy of Sadtler Research Laboratories.)

مثال (٣٦)

ماده لها احد المركبات الثلاثة الآتية D' , E' , F' . وكانت تلك المواد موضوعه في بوتقات ووقعت تلك الرموز عندما كنت تحاول الوصول عليها بالفحص. وبعد محاولات عده تمكنت الوصول إلي إجراء هذا الفحص الطيفي وأعطي الشكل (36). يبين كيف يمكن التحقيق للمركب وتركيبه من الشكل؟

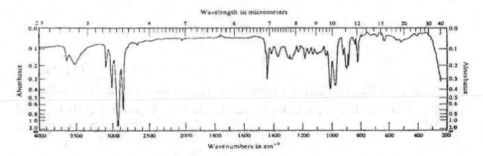

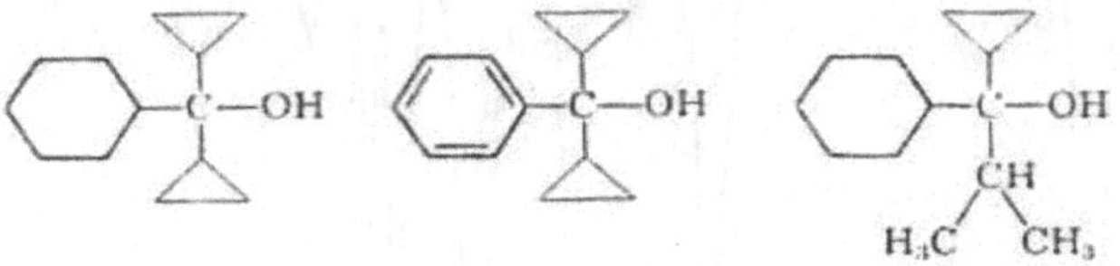

Fig. 10.36 (Courtesy of Sadtler Research Laboratories.)

مثال (٣٧)

مركب (A)- له صيغه بنائيه $C_6H_{16}O$ وأجريت عليه عمليات الفحص الطيفي- فيلم ليعطي الشكل (37). يبين الدالة الوظيفية الموجودة في هذا المركب.

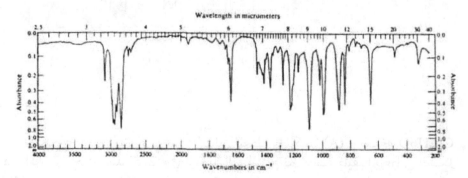

Fig. 10.37 (Courtesy of Sadtler Research Laboratories.)

مثال (٣٨)

مادة (A) لها الشكل الطيفي (38). جمعت من تحليل الكروماتوجرافي الغازي لسلسلة مركبات عضوية ذات وزن جزيئي منخفض محتويه مجموعات نيترو فينوليك فقط هيدروكسيليه. اقترح تركيبه هذا المركب (A)

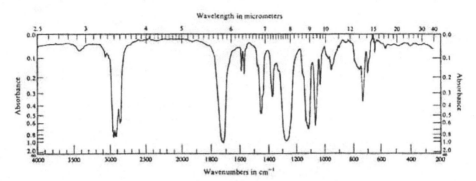

Fig. 10.38 (Courtesy of Sadtler Research Laboratories.)

مثال (٣٩)

مركب (A). فصل من تحليل اوزوني Ozonolysis للمركب الآتي بيانه. ثم عمل لناتج التحليل الاوزوني في الشكل المعتاد أعطى المركب (A) فما هو تركيبه هذا المركب الموجود بالشكل (39)- الطيفي

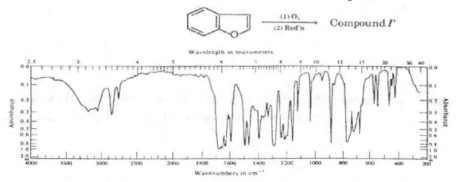

Fig. 10.39 (Courtesy of Sadtler Research Laboratories.)

مثال (٤٠)

أكسده عالية أجريت علي اسيتافيثالين ليعطي المركب (A) – صيغه $C12H6O$. هذا المركب يتحكم عند °275. وفي بروميد البوتاسيوم تم فحصه طيفيا ليعطي الشكل (40)

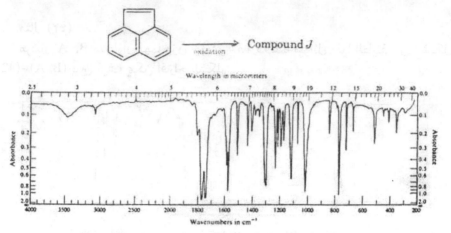

Fig. 10.40 (Courtesy of Sadtler Research Laboratories.)

مثال (٤١)

مركبان L, K فصلا من تفاعل لاكزيم انظر التفاعل مع حمض عديد فوسفوريك مركب (K) أعطي طيف في الشكل 41A (L) في الشكل 41B. فما هو تركيبه كلا منهما.

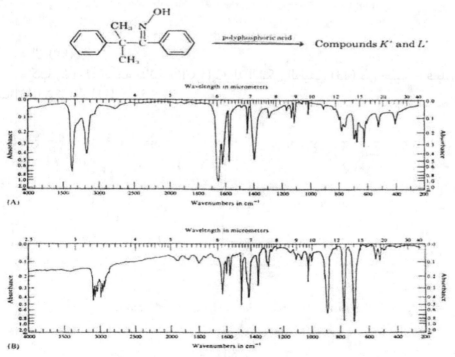

Fig. 10.41 (Courtesy of Sadtler Research Laboratories.)

مثال (٤٢)

مركبان B, A متجازآن لهما وزن جزيئي 137 كلاهما سوائل ولها الطيـف في الشـكل (42)- (B, A) يبين كيف يمكن اقتراح الشكلين.

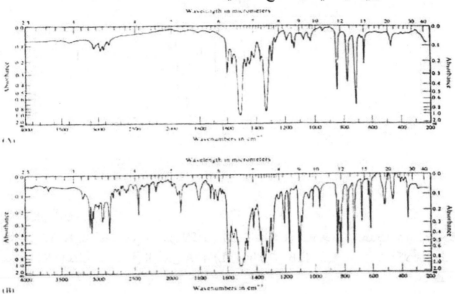

(B)

Fig. 10.42 (Courtesy of Sadtler Research Laboratories.)

مثال (٤٣)

مركب (A)- له صيغه بنائية C_8H_7ClO. له الشكل الطيفي (43) من خليـه - فـيلم سائل. ما تركيبه هذا المركب؟

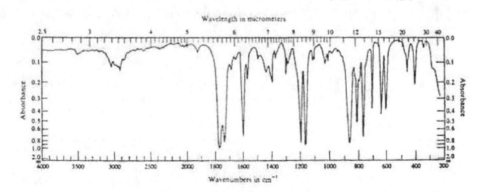

Fig. 10.43 (Courtesy of Sadtler Research Laboratories.)

مثال (٤٤)

فصل مركب (A) علي خطوتين كما هو مبين بالمعادلة الآتيـة. شـكل (44) يعطـي الشـكل الطيفي له، مركب صلب- له درجة انصهار 57° ⟵ 58° يبين كيـف يمكـن تعيـين تركيـب هذا المركب؟

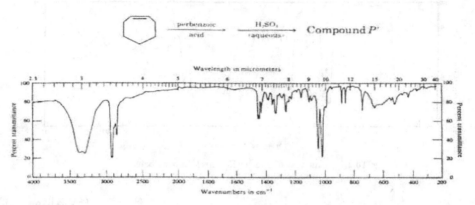

Fig. 10.44 (Courtesy of Sadtler Research Laboratories.)

مثال (٤٥)

مركبان (B, A) يحتويان علي ثلاثة عشرة ذرة كربون، وواحدة نتروجين وواحـدة أكسـجين. ولكن مختلفان فقط في عدد ذرات الكربون المركب (A) له وزن جزيئـي 197.2 بيـنما (B) لـه وزن جزيئي 203.3 لها الشكل الطيفي (B, A) يبين كيف يمكن تعيين التركيب لكل منها؟

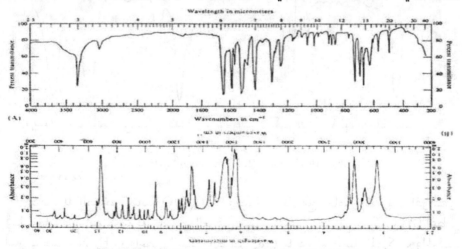

(B)

Fig. 10.45 (Courtesy of Sadtler Research Laboratories.)

مثال (٤٦)

مركب (A) له الصيغة البنائية $C_8H_{14}O_3$ والشكل (46) - IR يتكسر إلي سائل متطاير. فما هو تركيبه هذا المركب؟

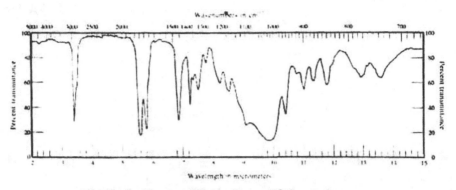

Fig. 10.46 (Courtesy of Sadtler Research Laboratories.)

مثال (٤٧)

مادة عديدة الجزئ فحصت كفيلم علي سطح كلوريد الفضة أعطت الشكل (47) للطيف.بين اقتراحك لتركيبه هذا المركب.

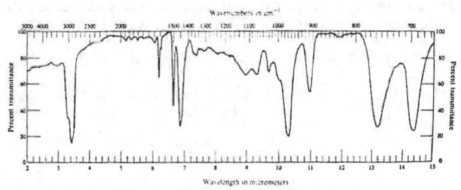

Fig. 10.47 Film deposited from solution.

مثال (٤٨)

مركب له الصيغة البنائية $C_7H_{11}NO$. وجد ليتفاعل مع حامض كلوريد الفوسفور في ايثير ليعطي اسيتو نيتريل خماسي الحلقي انظر التفاعل. اختزل للمركب (A) أعطي أمين بالصيغة $C_7H_{13}N$ وأعطي الشكل الطيفي (48) ما هو المحتمل للمركب والمركب $C_7H_{13}N$؟

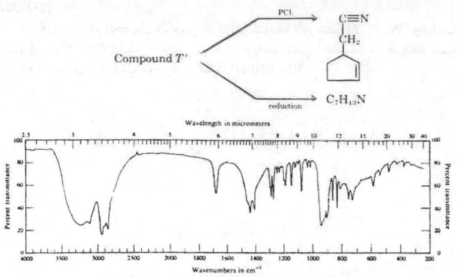

Fig. 10.48 (Courtesy of Sadtler Research Laboratories.)

مثال (٤٩)

مركب (A) له الصيغة البنائية $C_9H_7NO_4$ هذا المركب اختـزل حفزيـا تحـت ضـغط ليمتص 5 مكافئ أيدروجين. ولقد اختزل في وجود حديد وحمض ليعطي الصيغة البنائية $C_9H_9NO_2$ وكان له الشكل الطيفي باستخدام بروميد البوتاسيوم (49) فـما هـو تركيبـه هذا المركب بناءا علي تلك البيانات؟

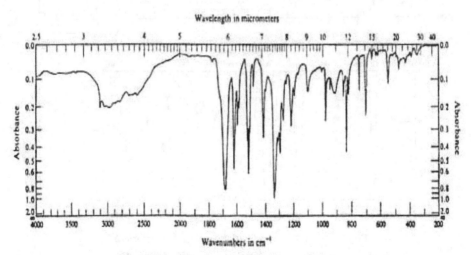

Fig. 10.49 (Courtesy of Sadtler Research Laboratories.)

مثال (٥٠)

الشكل (٥٠) تم الحصول عليه من المركبات المتوقعة لأي منهم (W, X, Y) والطيف الثاني في الشكل (50B) انظر التفاعل من هذه البيانات التي أعطيت، ما هو التركيب المتوقع للمركبات لها طيف موجود في الشكل (50A)، (B)؟

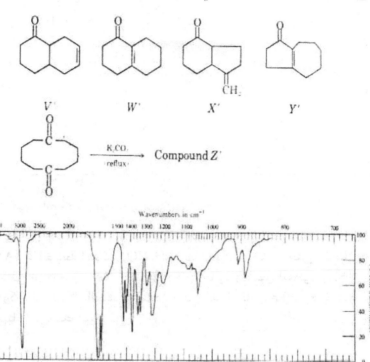

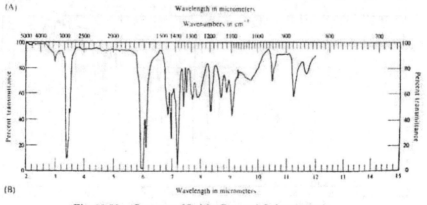

V'   W'   X'   Y'

Fig. 10.50 (Courtesy of Sadtler Research Laboratories.)

تذييله ١

Appendix (1)

جداول التحويل الطول الموجي - العدد الموجي

العلاقة

$$\text{الطول الموجي} = \frac{1}{\text{العدد الموجي}\ (Cm^{-1})}$$

والجدول القادم يعطي مقلوب التركيبة للمراجع السهل من 2 وحتى 19.9um أو في 2um واكبر 19.9um ، القيمة يمكن الحصول عليه بالعلاقة البسيطة الآتية :

$$1.0um = 10.000Cm^{-1}$$

$$20.um = 500\ Cm^{-1}$$

وهذا يعني أن : $20.um = 10000 \times \frac{1}{500}$

Wavenumber (cm^{-1})

Wavelength (μm)	0	1	2	3	4	5	6	7	8	9
2.0	5000	4975	4950	4926	4902	4878	4854	4831	4808	4785
2.1	4762	4739	4717	4695	4673	4651	4630	4608	4587	4566
2.2	4545	4525	4505	4484	4464	4444	4425	4405	4386	4367
2.3	4348	4329	4310	4292	4274	4255	4237	4219	4202	4184
2.4	4167	4149	4132	4115	4098	4082	4065	4049	4032	4016
2.5	4000	3984	3968	3953	3937	3922	3906	3891	3876	3861
2.6	3846	3831	3817	3802	3788	3774	3759	3745	3731	3717
2.7	3704	3690	3676	3663	3650	3636	3623	3610	3597	3584
2.8	3571	3559	3546	3534	3521	3509	3497	3484	3472	3460
2.9	3448	3436	3425	3413	3401	3390	3378	3367	3356	3344
3.0	3333	3322	3311	3300	3289	3279	3268	3257	3247	3236
3.1	3226	3215	3205	3195	3185	3175	3165	3155	3145	3135
3.2	3125	3115	3106	3096	3086	3077	3067	3058	3049	3040
3.3	3030	3021	3012	3003	2994	2985	2976	2967	2959	2950
3.4	2941	2933	2924	2915	2907	2899	2890	2882	2874	2865
3.5	2857	2849	2841	2833	2825	2817	2809	2801	2793	2786
3.6	2778	2770	2762	2755	2747	2740	2732	2725	2717	2710
3.7	2703	2695	2688	2681	2674	2667	2660	2653	2646	2639
3.8	2632	2625	2618	2611	2604	2597	2591	2584	2577	2571
3.9	2564	2558	2551	2545	2538	2532	2525	2519	2513	2506
4.0	2500	2494	2488	2481	2475	2469	2463	2457	2451	2445
4.1	2439	2433	2427	2421	2415	2410	2404	2398	2392	2387
4.2	2381	2375	2370	2364	2358	2353	2347	2342	2336	2331
4.3	2326	2320	2315	2309	2304	2299	2294	2288	2283	2278
4.4	2273	2268	2262	2257	2252	2247	2242	2237	2232	2227
4.5	2222	2217	2212	2208	2203	2198	2193	2188	2183	2179
4.6	2174	2169	2165	2160	2155	2151	2146	2141	2137	2132
4.7	2128	2123	2119	2114	2110	2105	2101	2096	2092	2088
4.8	2083	2079	2075	2070	2066	2062	2058	2053	2049	2045
4.9	2041	2037	2033	2028	2024	2020	2016	2012	2008	2004
5.0	2000	1996	1992	1988	1984	1980	1976	1972	1969	1965
5.1	1961	1957	1953	1949	1946	1942	1938	1934	1931	1927
5.2	1923	1919	1916	1912	1908	1905	1901	1898	1894	1890
5.3	1887	1883	1880	1876	1873	1869	1866	1862	1859	1855
5.4	1852	1848	1845	1842	1838	1835	1832	1828	1825	1821

Wavelength (μm)	Wavenumber (cm⁻¹) 0	1	2	3	4	5	6	7	8	9
5.5	1818	1815	1812	1808	1805	1802	1799	1795	1792	1789
5.6	1786	1783	1779	1776	1773	1770	1767	1764	1761	1757
5.7	1754	1751	1748	1745	1742	1739	1736	1733	1730	1727
5.8	1724	1721	1718	1715	1712	1709	1706	1704	1701	1698
5.9	1695	1692	1689	1686	1684	1681	1678	1675	1672	1669
6.0	1667	1664	1661	1658	1656	1653	1650	1647	1645	1642
6.1	1639	1637	1634	1631	1629	1626	1623	1621	1618	1616
6.2	1613	1610	1608	1605	1603	1600	1597	1595	1592	1590
6.3	1587	1585	1582	1580	1577	1575	1572	1570	1567	1565
6.4	1563	1560	1558	1555	1553	1550	1548	1546	1543	1541
6.5	1538	1536	1534	1531	1529	1527	1524	1522	1520	1517
6.6	1515	1513	1511	1508	1506	1504	1502	1499	1497	1495
6.7	1493	1490	1488	1486	1484	1481	1479	1477	1475	1473
6.8	1471	1468	1466	1464	1462	1460	1458	1456	1453	1451
6.9	1449	1447	1445	1443	1441	1439	1437	1435	1433	1431
7.0	1429	1427	1425	1422	1420	1418	1416	1414	1412	1410
7.1	1408	1406	1404	1403	1401	1399	1397	1395	1393	1391
7.2	1389	1387	1385	1383	1381	1379	1377	1376	1374	1372
7.3	1370	1368	1366	1364	1362	1361	1359	1357	1355	1353
7.4	1351	1350	1348	1346	1344	1342	1340	1339	1337	1335
7.5	1333	1332	1330	1328	1326	1325	1323	1321	1319	1318
7.6	1316	1314	1312	1311	1309	1307	1305	1304	1302	1300
7.7	1299	1297	1295	1294	1292	1290	1289	1287	1285	1284
7.8	1282	1280	1279	1277	1276	1274	1272	1271	1269	1267
7.9	1266	1264	1263	1261	1259	1258	1256	1255	1253	1252
8.0	1250	1248	1247	1245	1244	1242	1241	1239	1238	1236
8.1	1235	1233	1232	1230	1229	1227	1225	1224	1222	1221
8.2	1220	1218	1217	1215	1214	1212	1211	1209	1208	1206
8.3	1205	1203	1202	1200	1199	1198	1196	1195	1193	1192
8.4	1190	1189	1188	1186	1185	1183	1182	1181	1179	1178
8.5	1176	1175	1174	1172	1171	1170	1168	1167	1166	1164
8.6	1163	1161	1160	1159	1157	1156	1155	1153	1152	1151
8.7	1149	1148	1147	1145	1144	1143	1142	1140	1139	1138
8.8	1136	1135	1134	1133	1131	1130	1129	1127	1126	1125
8.9	1124	1122	1121	1120	1119	1117	1116	1115	1114	1112
9.0	1111	1110	1109	1107	1106	1105	1104	1103	1101	1100
9.1	1099	1098	1096	1095	1094	1093	1092	1091	1089	1088
9.2	1087	1086	1085	1083	1082	1081	1080	1079	1078	1076
9.3	1075	1074	1073	1072	1071	1070	1068	1067	1066	1065
9.4	1064	1063	1062	1060	1059	1058	1057	1056	1055	1054
9.5	1053	1052	1050	1049	1048	1047	1046	1045	1044	1043
9.6	1042	1041	1040	1038	1037	1036	1035	1034	1033	1032
9.7	1031	1030	1029	1028	1027	1026	1025	1024	1022	1021
9.8	1020	1019	1018	1017	1016	1015	1014	1013	1012	1011
9.9	1010	1009	1008	1007	1006	1005	1004	1003	1002	1001
10.0	1000.0	999.0	998.0	997.0	996.0	995.0	994.0	993.0	992.1	991.1
10.1	990.1	989.1	988.1	987.2	986.2	985.2	984.3	983.3	982.3	981.4
10.2	980.4	979.4	978.5	977.5	976.6	975.6	974.7	973.7	972.8	971.8
10.3	970.9	969.9	969.0	968.1	967.1	966.2	965.3	964.3	963.4	962.5
10.4	961.5	960.6	959.7	958.8	957.9	956.9	956.0	955.1	954.2	953.3

Wavelength (μm)	Wavenumber (cm^{-1}) 0	1	2	3	4	5	6	7	8	9
5.5	1818	1815	1812	1808	1805	1802	1799	1795	1792	1789
5.6	1786	1783	1779	1776	1773	1770	1767	1764	1761	1757
5.7	1754	1751	1748	1745	1742	1739	1736	1733	1730	1727
5.8	1724	1721	1718	1715	1712	1709	1706	1704	1701	1698
5.9	1695	1692	1689	1686	1684	1681	1678	1675	1672	1669
6.0	1667	1664	1661	1658	1656	1653	1650	1647	1645	1642
6.1	1639	1637	1634	1631	1629	1626	1623	1621	1618	1616
6.2	1613	1610	1608	1605	1603	1600	1597	1595	1592	1590
6.3	1587	1585	1582	1580	1577	1575	1572	1570	1567	1565
6.4	1563	1560	1558	1555	1553	1550	1548	1546	1543	1541
6.5	1538	1536	1534	1531	1529	1527	1524	1522	1520	1517
6.6	1515	1513	1511	1508	1506	1504	1502	1499	1497	1495
6.7	1493	1490	1488	1486	1484	1481	1479	1477	1475	1473
6.8	1471	1468	1466	1464	1462	1460	1458	1456	1453	1451
6.9	1449	1447	1445	1443	1441	1439	1437	1435	1433	1431
7.0	1429	1427	1425	1422	1420	1418	1416	1414	1412	1410
7.1	1408	1406	1404	1403	1401	1399	1397	1395	1393	1391
7.2	1389	1387	1385	1383	1381	1379	1377	1376	1374	1372
7.3	1370	1368	1366	1364	1362	1361	1359	1357	1355	1353
7.4	1351	1350	1348	1346	1344	1342	1340	1339	1337	1335
7.5	1333	1332	1330	1328	1326	1325	1323	1321	1319	1318
7.6	1316	1314	1312	1311	1309	1307	1305	1304	1302	1300
7.7	1299	1297	1295	1294	1292	1290	1289	1287	1285	1284
7.8	1282	1280	1279	1277	1276	1274	1272	1271	1269	1267
7.9	1266	1264	1263	1261	1259	1258	1256	1255	1253	1252
8.0	1250	1248	1247	1245	1244	1242	1241	1239	1238	1236
8.1	1235	1233	1232	1230	1229	1227	1225	1224	1222	1221
8.2	1220	1218	1217	1215	1214	1212	1211	1209	1208	1206
8.3	1205	1203	1202	1200	1199	1198	1196	1195	1193	1192
8.4	1190	1189	1188	1186	1185	1183	1182	1181	1179	1178
8.5	1176	1175	1174	1172	1171	1170	1168	1167	1166	1164
8.6	1163	1161	1160	1159	1157	1156	1155	1153	1152	1151
8.7	1149	1148	1147	1145	1144	1143	1142	1140	1139	1138
8.8	1136	1135	1134	1133	1131	1130	1129	1127	1126	1125
8.9	1124	1122	1121	1120	1119	1117	1116	1115	1114	1112
9.0	1111	1110	1109	1107	1106	1105	1104	1103	1101	1100
9.1	1099	1098	1096	1095	1094	1093	1092	1091	1089	1088
9.2	1087	1086	1085	1083	1082	1081	1080	1079	1078	1076
9.3	1075	1074	1073	1072	1071	1070	1068	1067	1066	1065
9.4	1064	1063	1062	1060	1059	1058	1057	1056	1055	1054
9.5	1053	1052	1050	1049	1048	1047	1046	1045	1044	1043
9.6	1042	1041	1040	1038	1037	1036	1035	1034	1033	1032
9.7	1031	1030	1029	1028	1027	1026	1025	1024	1022	1021
9.8	1020	1019	1018	1017	1016	1015	1014	1013	1012	1011
9.9	1010	1009	1008	1007	1006	1005	1004	1003	1002	1001
10.0	1000.0	999.0	998.0	997.0	996.0	995.0	994.0	993.0	992.1	991.1
10.1	990.1	989.1	988.1	987.2	986.2	985.2	984.3	983.3	982.3	981.4
10.2	980.4	979.4	978.5	977.5	976.6	975.6	974.7	973.7	972.8	971.8
10.3	970.9	969.9	969.0	968.1	967.1	966.2	965.3	964.3	963.4	962.5
10.4	961.5	960.6	959.7	958.8	957.9	956.9	956.0	955.1	954.2	953.3

Wavelength (μm)	Wavenumber (cm⁻¹) 0	1	2	3	4	5	6	7	8	9
16.0	625.0	624.6	624.2	623.8	623.4	623.1	622.7	622.3	621.9	621.5
16.1	621.1	620.7	620.3	620.0	619.6	619.2	618.8	618.4	618.0	617.7
16.2	617.3	616.9	616.5	616.1	615.8	615.4	615.0	614.6	614.3	613.9
16.3	613.5	613.1	612.7	612.4	612.0	611.6	611.2	610.9	610.5	610.1
16.4	609.8	609.4	609.0	608.6	608.3	607.9	607.5	607.2	606.8	606.4
16.5	606.1	605.7	605.3	605.0	604.6	604.2	603.9	603.5	603.1	602.8
16.6	602.4	602.0	601.7	601.3	601.0	600.6	600.2	599.9	599.5	599.2
16.7	598.8	598.4	598.1	597.7	597.4	597.0	596.7	596.3	595.9	595.6
16.8	595.2	594.9	594.5	594.2	593.8	593.5	593.1	592.8	592.4	592.1
16.9	591.7	591.4	591.0	590.7	590.3	590.0	589.6	589.3	588.9	588.6
17.0	588.2	587.9	587.5	587.2	586.9	586.5	586.2	585.8	585.5	585.1
17.1	584.8	584.5	584.1	583.8	583.4	583.1	582.8	582.4	582.1	581.7
17.2	581.4	581.1	580.7	580.4	580.0	579.7	579.4	579.0	578.7	578.4
17.3	578.0	577.7	577.4	577.0	576.7	576.4	576.0	575.7	575.4	575.0
17.4	574.7	574.4	574.1	573.7	573.4	573.1	572.7	572.4	572.1	571.8
17.5	571.4	571.1	570.8	570.5	570.1	569.8	569.5	569.2	568.8	568.5
17.6	568.2	567.9	567.5	567.2	566.9	566.6	566.3	565.9	565.6	565.3
17.7	565.0	564.7	564.3	564.0	563.7	563.4	563.1	562.7	562.4	562.1
17.8	561.8	561.5	561.2	560.9	560.5	560.2	559.9	559.6	559.3	559.0
17.9	558.7	558.3	558.0	557.7	557.4	557.1	556.8	556.5	556.2	555.9
18.0	555.6	555.2	554.9	554.6	554.3	554.0	553.7	553.4	553.1	552.8
18.1	552.5	552.2	551.9	551.6	551.3	551.0	550.7	550.4	550.1	549.8
18.2	549.5	549.1	548.8	548.5	548.2	547.9	547.6	547.3	547.0	546.7
18.3	546.4	546.1	545.9	545.6	545.3	545.0	544.7	544.4	544.1	543.8
18.4	543.5	543.2	542.9	542.6	542.3	542.0	541.7	541.4	541.1	540.8
18.5	540.5	540.2	540.0	539.7	539.4	539.1	538.8	538.5	538.2	537.9
18.6	537.6	537.3	537.1	536.8	536.5	536.2	535.9	535.6	535.3	535.0
18.7	534.8	534.5	534.2	533.9	533.6	533.3	533.0	532.8	532.5	532.2
18.8	531.9	531.6	531.3	531.1	530.8	530.5	530.2	529.9	529.7	529.4
18.9	529.1	528.8	528.5	528.3	528.0	527.7	527.4	527.1	526.9	526.6
19.0	526.3	526.0	525.8	525.5	525.2	524.9	524.7	524.4	524.1	523.8
19.1	523.6	523.3	523.0	522.7	522.5	522.2	521.9	521.6	521.4	521.1
19.2	520.8	520.6	520.3	520.0	519.8	519.5	519.2	518.9	518.7	518.4
19.3	518.1	517.9	517.6	517.3	517.1	516.8	516.5	516.3	516.0	515.7
19.4	515.5	515.2	514.9	514.7	514.4	514.1	513.9	513.6	513.3	513.1
19.5	512.8	512.6	512.3	512.0	511.8	511.5	511.2	511.0	510.7	510.5
19.6	510.2	509.9	509.7	509.4	509.2	508.9	508.6	508.4	508.1	507.9
19.7	507.6	507.4	507.1	506.8	506.6	506.3	506.1	505.8	505.6	505.3
19.8	505.1	504.8	504.5	504.3	504.0	503.8	503.5	503.3	503.0	502.8
19.9	502.5	502.3	502.0	501.8	501.5	501.3	501.0	500.8	500.5	500.3
	0	1	2	3	4	5	6	7	8	9

SUGGESTED READING

1- R. M. Badger, *J. Chem. Phys.*, 2(1934), 128.

2- W. Gordy, *J. Chem. Phys.*, 14 (1934), 305.

3- G. HERZBERG, *Spectra of diatomic Molecules.* D. van Nostrand Company. Inc., Princeton, N. J., 1950, PP. 455-459.

****

تذييلة ٢

Appendixes 2

طريقة بسيطة لحساب وضع الحزمة المتوترة المترددة بناءا علي قانون هوك

Simplified method of calculating bond position, for stretching frequencies, based on hooke's, law.

من المعادلة (9) في الباب الثاني تحور للتعبير عن v التردد في العدد الموجي(Cm^{-1}) μ . كتلة مختزلة لزوج الذرات (المحسوبة من وزن جرام ذري)، K- ثابت القوي بالوحدات 10^{-3} داين/ سم، ويمكن إعادة كتابة المعادلة علي النحو :

$$v_{Cm^{-1}} = 1307 \sqrt{\frac{k}{U}} \qquad -1$$

وبأخذ المعادلة (١) يمكن لنا توقع الموضع للامتصاص لعديد المجموعات الدالة من هذه الحسابات يستطيع القارئ ملاحظة الكتل للنظام المحققة ولكن ثابت القوي المستخدم يشتق تجريبيا بنسبه صحيحة حتى ±5%

مثال (١)

احسب المواضع المتوقعة لرباط كلا من C-H ، C-D - في $CHCl_3$ ، $CDCl_3$ يمكن حساب كتلة C-H من المعادلة (5) في الباب الثاني :

$$\mu = \frac{m_1 m_2}{m_1 + m_2} = \frac{12.00 \times 1.0}{12.00 + 1.0} = 0.923$$

بنفس الشكل لحساب (C-D)

$$\mu = \frac{m_1 m_2}{m_1 + m_2} = \frac{12.00 \times 2.0}{12.00 + 2} = 1.71$$

ثابت القوي لمركب C-H للاهتزاز المتوتر حوالي 5×10^5 داين/سم بالاستبدال للقيم , K μ والتردد للرابطة C-H ، C-D يمكن تعيينها من المعادلة (١) فبالنسبة C-H .

$$\nu_{C-H} = 1307 \sqrt{\frac{5}{0.923}} = 3042\, Cm^{-1}$$

وبالنسبة للرباط C-D

$$\nu_{C-D} = 1307 \sqrt{\frac{5}{1.71}} = 2235\, Cm^{-1}$$

والأوضـاع الملاحظـة للامتصـاص للـتردد C-H في الكلوروفـورم، C-D عـلي النحـو $2915 Cm^{-1}$ ، $2256\ Cm^{-1}$ علي الترتيب

مثال (٢)

احسب مواضع الامتصاص C = O ،P=S والكتل المختزلة لتلك الدوال عـلي الترتيـب 6.86، 15.75 علما بان ثابت القوي للدالة C=O 12×10^5 دايـن/سـم، P=S هـي 5×10^5 داين/سم.

$$\nu_{C=D} = 1307 \sqrt{\frac{12.0}{6.86}} = 1725\, Cm^{-1}$$

$$\nu_{P=S} = 1307 \sqrt{\frac{5.0}{15.75}} = 750\, Cm^{-1}$$

عادة بالنسبة C= O الامتصاص وجد عند $1725 Cm^{-1}$ وحتى $1680 Cm^{-1}$ وبالنسـبة P=S وجد الامتصاص $750 Cm^{-1}$ وحتى $600 Cm^{-1}$

مثال (٣)

احسب موضع الامتصاص H-Cl مستخدما قاعدة Badger. علما بـان ثابـت القـوي للمركب H-Cl (1-5) الكتلة المختزلة 0.073 باستخدام المعادلة (١)

$$\nu_{H=C} = 1307 \sqrt{\frac{5.1}{0.973}} = 2993\, Cm^{-1}$$

ولوحظ من التحاليل IR. إنها تقع في المنطقة 2886Cm-1، وكما هو ملاحظ الاتفاق في النتائج الحسابية والعملية.

****

الفهرس

****

T0224341

Printed in the United States
By Bookmasters